临颍县耕地地力评价及应用

◎ 李红兵　韩培锋　吕根有　主编

中国农业科学技术出版社

图书在版编目（CIP）数据

临颍县耕地地力评价及应用 / 李红兵，韩培锋，吕根有主编 . —北京：中国农业科学技术出版社，2016. 4
ISBN 978 -7 -5116 -2569 -4

Ⅰ. ①临…　Ⅱ. ①李…②韩…③吕…　Ⅲ. ①耕作土壤 - 土壤肥力 - 土壤调查 - 临颍县②耕作土壤 - 土壤评价 - 临颍县　Ⅳ. ①S159. 261. 4②S158

中国版本图书馆 CIP 数据核字（2016）第 067735 号

责任编辑　张国锋
责任校对　马广洋

出 版 者　中国农业科学技术出版社
北京市中关村南大街 12 号　邮编：100081
电　　话　(010)82106636(编辑室)　(010)82109702(发行部)
(010)82109709(读者服务部)
传　　真　(010)82106631
网　　址　http://www. castp. cn
经 销 者　各地新华书店
印 刷 者　北京富泰印刷有限责任公司
开　　本　787mm ×1 092mm　1/16
印　　张　13. 25　　彩插　14 面
字　　数　350 千字
版　　次　2016 年 4 月第 1 版　2016 年 4 月第 1 次印刷
定　　价　58. 00 元

《临颍县耕地地力评价及应用》

编　委　会

前　　言

临颍县地处河南省中部，隶属漯河市，全县辖10镇5乡，367个行政村，779个自然村，人口75万人，其中农业人口63万人，耕地面积5.72万公顷，是全国粮食生产大县、无公害农产品生产基地县、科技先进县。常年粮食作物种植面积7.47万公顷，其中小麦种植面积4.25万公顷，玉米种植面积2.81万公顷。曾在1959年和1981年，开展两次土壤普查，查明了临颍县土壤的种类、数量和分布情况，系统地掌握了临颍县当时的土壤养分含量状况及地力水平。

2007年临颍县被纳入国家测土配方施肥补贴项目县，按照项目要求，自2007年到2009年，在全县共采集6 300个土样，分析化验土样6 300个，通过在小麦、玉米等主要农作物上的“3414+1”、丰缺指标、氮肥施用量等田间试验，获得了肥料利用率、校正系数、养分丰缺等数据参数，为全面推广普及测土配方施肥技术奠定了基础。同时，利用现代计算机技术，充分挖掘和保护第二次土壤普查的成果，合理配置土、肥、水资源，针对性地改良、利用耕地，搞好高标准粮田建设，建立测土配方施肥长效机制，满足耕地质量动态监测与预警体系的建立和完善两个层面上的需求，全面开发、丰富测土配方施肥项目的数据，开展耕地地力评价，探讨不同耕地类型的耕地土壤肥力演变与科学施肥规律，合理制订主要农作物施肥技术参数和施肥指标技术体系，为科学施肥和耕地质量提升提供决策依据。

本次耕地地力评价是按照《全国测土配方施肥技术规范》（试行）和《耕地地力评价指南》（第二版）确定的技术方法和技术路线进行，采用了由农业部、全国农业技术推广服务中心和江苏省扬州市土肥站共同开发的《县域耕地资源管理信息系统3.0》系统平台，参考《临颍县志》、《临颍县土壤志》、《临颍县水利志》、《临颍县统计年鉴》、《临颍县农业区划》等资料，通过耕地地力评价，探明了临颍县耕地地力情况，为耕地资源的利用和开发提供了详实的基础数据，为合理配置耕地资源和调整种植业结构奠定了基础。我们期望该书的出版能对临颍县的农业发展起到积极的促进作用。

此书可供有关农业教学、科研人员在工作中参考，可用于基层农业技术推广人员和农民群众学习农业技术、指导农业生产。

在本书资料收集及编写过程中，得到了河南省土壤肥料站、河南农业大学资源与环境学院、漯河市土壤肥料站以及崔书耀、杨俊伟、王春花、韩红霞等同志的鼎力支持，同时蔡志锋、郭瑞锋、薛平安、宋玉民等同志在项目实施中也做了大量工作，在此一并表示谢意。

本书是集体智慧的结晶，因涉及学科较多、编写时间仓促，错漏之处在所难免，敬请读者批评指正。

编　者

2016年3月

目　　录

第一部分　耕地地力评价

第二部分　作物适应性评价

第三部分　专题报告

第一部分

耕地地力评价

第一章

农业生产与自然资源概况

第一节 地理位置与行政区划

一、地理位置

临颍县位于河南省中部，隶属漯河市，是以水命名的县，汉志云“临颍以在颍水之上故名”。地理坐标在北纬 33°43′～33°59′，东经 113°44′～114°10′，东西长 39km，南北宽 29km，总面积 821km^2。东邻周口市西华县、西靠许昌市襄城县，南接漯河市郾城区、北连许昌市，是南北文化、东西地理融汇交错之处。临颍县地理位置优越，北距省会郑州国际机场 100km，京广铁路、107 国道、京珠高速以及京广高铁并行穿境而过，交通十分便利。

临颍县地处沙颍河冲积平原和黄泛区平原的交接地带，系黄淮平原的一部分，属暖温带半干旱大陆季风型气候，四季分明，冬春两季干旱多风，夏季炎热多雨，常年主导风向为北风、东南风、东北风，年平均风速 2.2m/s。境内地势平坦，地貌类型简单，地势由西北向东南微倾，自然坡降 0.58%，平均海拔 63m。地面海拔高程西北最高，海拔 72m；东南最低，海拔 53m。

二、行政区划

临颍县辖 10 镇 5 乡，367 个行政村，779 个自然村。总人口 75.1 万人，其中，农业人口 63.3 万人；总户数 18.9 万户，其中，乡村户数 16.1 万户。乡村劳动力 41.7 万人。2008 年末，耕地面积 5.72 万 hm^2；常年粮食种植面积 7.47 万 hm^2，其中，小麦种植面积 4.25 万 hm^2，玉米种植面积 2.81 万 hm^2。

第二节 农业生产与农村经济

一、农村经济情况

临颍县是农业生产大县，工业基础薄弱，少地下矿藏，是一个典型的以种植业为主的平原农业县，农林牧副渔全面发展，主要盛产小麦、玉米、小辣椒、大豆、烟叶、大蒜及品种繁多的鲜果、蔬菜，畜牧养殖业发达，粮食、食品加工业发展迅速，是全国粮食生产和加工大县。近几年来，临颍县农村经济结构发生了较大的变化，种植结构的调整步伐进一步加快，农业区域布局进一步优化，实现了农产品生产优质化、专业化和区域化，扩大了优质专用农产品、特色农产品和绿色农产品的生产规模。《2009年临颍统计提要》显示，2009年末，国内生产总值171.4亿元，是1980年1.3亿元的131.8倍；地方财政收入3.8亿元，是1980年1349万元的28.2倍；农民人均纯收入5 950元，是1980年144元的41.3倍；农林牧渔业总产值47.5亿元，是1980年1.1亿元的43.2倍，其中，种植业占57.22%，畜牧业占38.75%，林业占0.62%，渔业占0.25%，农林牧渔服务业占3.16%。

二、农业生产现状

临颍县经过农业综合开发、农田水利基本建设以及优质粮食产业工程等一系列农业发展项目的实施，农业生产基础条件有了很大改善。随着新品种、新技术的推广应用，粮食产量有了明显的提升，2009年，全县粮食总产50.65万t，较1980年22.34万t增长了2.3倍。就全县而言，粮食生产发展还很不平衡，县域内东西部差距明显，颍河故道的个别中低产区，平均每亩（1亩≈667m^2）单产仅400kg左右，而县城东部的一些高产区，每亩单产600kg已非常普遍。造成中低产田区域粮食产量偏低的主要原因如下。

（1）沿颍河故道流域的中低产田土壤肥力偏低，土壤大部分属潮土类的沙壤轻壤土，土壤有机质含量偏低，全氮、速效磷、速效钾含量一般，加之保水保肥能力差，前期农作物幼苗生长很旺盛，后期脱水脱肥严重，籽粒饱满度差，产量水平不高。

（2）京广铁路以东的部分中低产区土壤肥力较高，土壤类型属砂姜黑土类的黑老土，耐旱怕涝不易耕作。农作物播种后一保全苗困难，前期苗子长势偏弱，后期营养不足，籽粒千粒重偏低，产量也不高。

（3）窑厂复耕地复耕时间短，土壤结构不良，有机质含量低，氮、磷、钾速效成分含量少，既不养苗，又不拔籽，穗数少、穗粒数不高，短时间内实现高产困难。

（4）农田基本建设投入偏低。这些地区除土壤养分、灌水条件比较差外，交通条件、农田防护林条件、机电配套条件均比较差，并且均没有实施过农业综合开发、农田水利基本建设和中低产改造项目，粮食产量水平较全县平均水平相差较大，较高产田的产量水平差距更大。

第三节　光热资源

一、气温

临颍县地处中原腹地，四季分明，常年平均气温为14.5℃，其中极端最高温度43.4℃，最低气温-20.6℃，1月最低，7月最高。12月至次年3月气温均在10℃以下，4~10月气温均在14℃以上。稳定通过0℃有92%的保证率天数为315d，稳定通过10℃有92%的保证率天数为217d，稳定通过20℃有96%的保证率天数为100~109d，土壤冻结深度300mm，常年无霜期为226d，最短169d，最长268d。从上述情况看，本地热量资源可以满足冬小麦和夏玉米的需要。就冬小麦来说，全生育期内需要≥0℃的积温为2 000~2 250℃·d。本区冬小麦以 10 月 15 日播种到次年 6 月上旬收获，≥0℃的积温为 2 137℃·d。冬小麦可以忍受 -21～-15℃的低温，本区历年极端最低为 -13.5℃，还可以忍受 40℃的高温。而本区大于 40℃的高温均不出现在冬小麦生育期内，因而热量资源可以满足其生长的要求。

二、光照与热量

日照时数的多少，与地理纬度和季节变化有关。临颍县平均日照时数为 2143.3h，占可照时数的 48%。日照时数的季节变化比较明显，夏季最多，冬季较少，春季多于秋季。经有关分析，冬小麦整个生育期需要 1 300～1 400h 的日照；夏玉米需 581～801h 的日照。临颍县 10 月至翌年 6 月上旬（冬小麦全生育期），日照时数为 1 359.5h，6 月中旬至 9 月底（夏玉米全生育期），日照时数为 729.5h，完全可以满足冬小麦、夏玉米的需光要求。

临颍县的太阳辐射量较为丰富。年平均总辐射量为 118.8kCal/cm^2，年最大值为 138.5kCal/cm^2。太阳辐射量的各个季节变化也很不均衡，夏季最大，秋季次之，春、冬季较少。6 月最大，达 145kCal/cm^2，12 月最小，仅为 59kCal/cm^2。12 月至次年 6 月为递增趋势，6 月至 11 月递减。作物千粒重的多少，对形成产量关系重大。因而，4～5 月、8～9 月的太阳辐射的多少，对农业生产十分重要。

第四节　水资源与灌排

一、地表水资源

（一）降水量

临颍县降水量比较适中，多集中在 7～8 月，年平均降水量为 737.1mm，年平均自然蒸发量 1 466.3mm，可以满足本地作物对水分的需求量。但由于季风环流影响，时空分布不均，年季变化大，最多年降水量 1 095.1mm，最少年降水量 378.1mm，相差 717.0mm，平均相对变率 22%。作物生长季节的降水量和作物在重要发育阶段的降水量，关系到作物丰歉问题。临颍县夏粮主要以冬小麦，秋粮以夏玉米为主，每年的 10 月至次年 5 月底是冬小麦的生育期，此时平均降水量为 310.8mm，夏玉米全生育期的降水量为 494.4mm。近 30 年，临颍县洪水灾害一般间隔 2 年或 5 年左右，除了强度大小、危害轻重有差别外，在发生频率上也不一致。20 世纪 50 年代有洪水灾害 6 年，60 年代有洪水灾害 3 年；70 年代有洪水灾害一年。50 年代有洪水灾害的年份多，强度较小；而 60 年代特别是 70 年代洪水灾害的年份虽然少，但危害严重。2008 年 8 月 5 日 23 时到 6 日 6 时，临颍县遭遇特大暴雨袭击，局部地区最大降水量达 370mm，瞬时最大风速达 12 级，并伴有雷电冰雹。暴雨使大面积农田被淹，沿路林带破坏严重，全县农田受灾面积达 3.6 万 hm^2，区域内受灾率接近 100%。自 1956 年到 1980 年，临颍县出现干旱的年份有 12 年，其中 8 年为重旱年，平均 3 年左右一遇。2009 年春季出现了 50 年一遇的严重旱情。

（二）地表河流

临颍县境内有大中小河流 21 条，总长 318km，属淮河北水系。流经境内河流都发源于西北黄土地区。颍河、清潩河自西北流向东南，并列斜穿全境，小洪河、新沟河、小黑河、外沟河、早治河、清阳渠、五里河、黄龙渠等清溟河支流在县东平宁城村汇流出境，乌江沟、北马沟、南马沟自老颍河故道东流出境，黄花渠、蜈蚣渠、浬河由西北襄城县经县西南入漯河郾城区。境内河流大部分为季节性河流。全县地表水量0.79亿m^3，大部分耕地基本上做到旱能浇、涝能排，为农业可持续发展提供了有力的保障。

二、地下水资源

临颍县属于平原区，地下水资源丰富，地下水补充渠道较多，除降雨入渗，河道侧渗，田间灌溉回归外，城市生活废弃用水流经临颍县一部分也渗入地下。从全县总的情况来看，各地地下水差异不大，常年地下水位稳定在5~7m，干旱年份在10~12m，一般浅水井不仅不能满足农田灌水，甚至群众生活用水也没有保证。

临颍县水资源总量为1.732亿m^3，其中地下水为1.243亿m^3，比1986年《漯河市水利区划报告》中记载的水资源总量减少了0.32亿m^3，现人均水资源量为247m^3，是全省平均水平的60%，仅为全国平均水平的1/6。

为确保农业生产用水需求，通过农田水利基本建设，全县现有完好机井1.6万眼，已配套1.6万眼，有效保灌面积3.4万hm^2，旱涝保收面积2.33万hm^2。

第五节　农业机械

使用机械装备农业是农业生产的一大变革，也是农业生产工具的一次飞跃。2009年全县拥有农用总动力943 770kW。其中，大中型拖拉机31 035台，小型拖拉机29 800台，大中型拖拉机配套农机具2 500套，小型拖拉机配套农机具54 100套，农用排灌动力机械151 200kW，农用水泵2 1 400台，联合收割机1 774台。全县小麦机耕面积4.25万hm^2，机播面积4.25万hm^2，机收面积4.17万hm^2，分别占小麦播种面积的100%、100%和98.46%。玉米机播面积2.29万hm^2，占玉米面积的81.5%；机收玉米面积0.63万hm^2，占玉米面积的22.3%。玉米秸秆还田面积2.61万hm^2，占玉米播种面积的92.9%。

第六节　农业生产施肥

临颍县的农业生产受社会、科学技术进步水平、物质文化生活、农业生产条件的改善等诸多要素的制约，其发展道路呈波浪式向前发展。特别是表现在粮食生产上，由新中国成立初期亩均单产50余千克，逐步发展到20世纪60~70年代的250余千克。党的十一届三中全会实施农村承包责任制以后，极大地解放了生产力，粮食产量一年一个台阶，年年都有新的突破，小麦、玉米等主要粮食作物单产很快突破350kg，使全县人民实现了温饱。尤其是20世纪90年代以来，随着新品种、新技术的推广速度加快，农民科学种田的水平提高，农业基础生产条件的改善，党中央惠农政策的实施，又使临颍县粮食产量上了一个新的台阶。进入21世纪以后，随着国家及地方扶持发展农业投资的加强，全面取消农业税、种粮补贴、良种补贴等各种支农惠农政策的落实，临颍县的农业生产水平跨入了一个新的生产领域，粮食单产、总产都有了重大的突破，抗灾减灾能力有了很大提升，涌现了不少亩产超吨粮的乡镇。之所以能取得此成绩，主要得益于党的正确决策，高新科学技术普及推广，农业生产的科技含量增强，特别是新优品种的支撑，配方施肥技术的配套，抗灾减灾技术措施的保障。

一、历史施用化肥数量、粮食产量的变化趋势

在新中国成立初期，由于我国化肥工业的极端落后，临颍县的农民不知什么是化肥，农业生产几乎全部是掠夺性经营，补充一些农家肥，品质差，养分含量不足（秸秆根茬几乎全部用作生活烧材），粮食高产年份产量也不过百斤，灾害年份连种子也收不回。随着新中国的成长，氮肥产量的增加，20 世纪 60～70 年代，碳铵成为各生产队的抢购之物，粮食产量每亩达到 200kg，群众生活也有了明显的改善。十一届三中全会以后，随着化肥生产企业数量的增加以及生产规模的壮大，化肥产量逐年加大，粮食产量也逐年提高，化肥的使用量成为决定粮食产量的主要因素，此期，临颍县的每亩小麦平均单产稳定在 300kg 左右。受当时品种特性与盲目加大播量等因素的制约，加之单一施用氮肥、过度施肥，粮食作物曾出现了大面积倒伏现象。80 年代后，随着第二次土壤普查成果的推广应用，农业技术人员提出了“稳氮、增磷、补钾”的施肥原则，仅增施磷肥一项，临颍县的粮食产量就有了一个大的飞跃。80 年代末，氮肥每亩施用量稳定在 65kg（碳铵），磷肥施用量稳定在 40kg（钙镁磷肥，且主要是在小麦生产季节施用），这一时期，全县小麦平均每亩稳定在 350kg 以上。进入 90 年代后，随着复合肥（主要靠进口）的推广使用，钾肥施用不足问题初步得到改善，粮食产量进一步提升，每亩一直稳定在 350～400kg。进入 2000 年以后，复合肥、配方肥在农业生产上大面积推广应用，“补钾”技术措施得到落实（主要表现在小麦生产上），小麦单产又有了新的突破，全县小麦每亩单产正常年份都保持在 425kg 左右。实施测土配方施肥项目后，农业生产状况有了更大的提升，在玉米生产上表现极为突出。据调查，测土配方施肥项目实施之前，全县玉米氮肥施用量每亩平均在 18.7kg（折纯氮），最高的施用量达 34kg，且 95% 的农户均是单一施用氮肥（主要是碳铵），而现在，临颍县玉米施用单质化肥现象基本绝迹。据统计，2007 年，全县小麦每亩施肥量 N 11.6kg、P 6.5kg、K 4.2kg，玉米每亩施肥量 N 15.4kg、P 3.3kg、K 3.2kg，到 2009 年，全县小麦每亩施肥量 N 13.2kg、P 6.6kg、K 6.2kg，玉米亩施肥量 N 15.4kg、P 3.4kg、K 5.1kg。根据这些数据的分析，结合对临颍县土壤养分化验结果的分析，目前的平均施肥量基本上与我们所制定的最佳经济施肥量接近。因此，在 2007—2008 年度遭遇历史上 50 年不遇的特大干旱的情况下，每亩平均单产依然达到 500kg，2009 年、2010 年小麦单产分别实现 500.6kg 和 512kg，创历史上的新高。在 2008 年遭遇特大洪灾的情况下，2008 年、2009 年、2010 年三年的玉米产量每亩分别达到 462kg、496kg 和 502kg，三年平均产量较测土配方施肥项目实施前的 2004—2006 三年平均单产每亩增产 77kg，增长 11.9%。

二、有机肥施肥现状

临颍县有机肥的施用情况，则与化肥使用情况基本上刚好相反。随着化肥施用的普及，有机肥的施用量和施肥面积呈逐年减少趋势。近些年来，随着养殖业的发展壮大、秸秆还田机械的应用、秸秆还田以及秸秆综合利用技术的推广，有机肥施用面积又呈上升趋势。据 2009 年调查，小麦播种前临颍县底施有机肥施用面积为 0.73 万 hm^2，仅占麦播面积的

17%，平均每亩施有机肥为 1 000kg；玉米出苗后，追施有机肥面积为 0.27 万 hm^2，仅占种植面积的 10%，每亩平均有机肥施用量为 800kg。

从上述情况来看，目前施有机肥的情况与临颍县的粮食产量水平很不相适应，有机肥施用面积不足，施肥水平偏低，不利于粮食的持续高产、稳产。由于长期使用化肥，作物经济产量得到大幅提升，生物产量也提高很大，但同时也造成了土壤板结、农产品品质下降。随着农民经济收入的增长和农村生活状况的改善，秸秆基本上成为废弃物，甚至一度出现大面积的焚烧秸秆现象，对土壤理化性状造成了极大的破坏。近年来，通过推广秸秆还田技术，秸秆还田面积大幅度提升，作物秸秆还田数量呈递增趋势。据 2009 年统计，秸秆还田面积临颍县小麦达 3.17 万 hm^2，玉米 2.61 万 hm^2，分别达到收获面积的 70.0% 和 92.9%。通过秸秆还田，基本上弥补了有机肥施用数量的不足，为农业的可持续发展奠定了良好的基础。

三、化肥施用现状

临颍县化肥施用情况虽然趋于科学合理，但全县小麦生产还有近 0.3 万 hm^2 没有按配方施肥，配方肥施用面积仅为 3.95 万 hm^2，玉米配方肥施用面积仅为 1.67 万 hm^2，还有 1.15 万 hm^2 没有按配方施肥，棉花、花生、红薯等作物配方施肥使用更少，蔬菜作物没有进行施肥量的研究。这次配方施肥主要针对玉米、小麦，并做了大量的肥料试验、示范，取得了重要的科技成果。在试验、示范辐射带动下，农民的常规施肥习惯得到了大的改变，据 2008 年、2009 年以及 2010 年的示范情况统计，农民已逐渐由传统的习惯施肥向配方施肥转变，但施肥量偏大，配方区与农民习惯施肥区的施肥量差异在 6%～7%。据调查分析，临颍县小麦每亩平均施肥量 N 14.4kg、P 5.6kg、K 4.1kg，与小麦施肥配方 N 13.5kg、P 6.8kg、K 5.2kg 比较，N 高 0.9kg、P 低 1.2kg、K 低 1.1kg；玉米的习惯施肥量分别较玉米施肥配方 N 高 4.2kg、P 低 1.4kg、K 低 1.2kg。习惯施肥的施用方法，大部分依然采用“一炮轰”，玉米虽然采用分期施肥，但多采用前重（N）后轻，前期追施单一氮肥提苗，后期追复合肥攻籽。从施用的肥料品种看，小麦、玉米施用的复合肥在 N、P、K 配比构成上，与按测土结果设计推荐的配方肥品牌在配方上有很大的差异，普遍存在养分含量中 P、K 含量偏低，N 含量偏高。

四、其他肥料施用现状

临颍县粮食产量水平较周边地区相对较高，但广大农民追求更高产量的劲头不止，他们除积极按照测土配方进行施肥外，还积极探索如何补充其他养分以获得更高的产量。特别是近几年，临颍县叶面追肥的面积所占的比例增长迅速。据调查，结合“一喷三防”，使用叶面肥的面积达 3.6 万 hm^2，占小麦播种面积的 84.6%；小麦后期喷施磷酸二氢钾的面积达 1.67 万 hm^2，占麦播面积的 1/3。叶面喷施高效活力素等微量营养元素肥料的面积也在 0.67 万 hm^2 以上，在蔬菜生产中喷施高效活力素等微量元素肥料的面积几乎达到 100%。但在临颍县，农民“重夏轻秋”的问题还普遍存在，在玉米施肥上，除追施以氮素为主的肥料外，正常情况下施用其他肥料的几乎没有（除非玉米出现病害时在专家指导下才会施用锌肥或其他微肥）。秋季作物生长快，而玉米后期植株高，进地作业困难，这也是玉米上没有施用其他肥料的一个原因。另外，临颍县的农作物在苗情诊断中无明显的缺素症状，从最近几年的检测化验结果来看，临颍县土壤微量元素也不缺，因此施用微肥的面积很小，只占总面积的6%。

五、大量元素氮磷钾比例及利用率

氮、磷、钾是农作物生长的三大重要元素，但是由于农民对此认识不足，形成了重氮、轻磷、不施钾的习惯，且这一习惯很难一下子扭转。特别是近几年，由于农村劳动力大量外出务工，农事管理更为粗放，长期形成的不见到事实不改变的生产习惯很难改变。这次测土配方施肥项目，安排了大量的试验、示范项目，技术人员根据群众重事实的特点，有意识地多布点、广布点，试验、示范点尽可能地安排在交通便利的地区，起到了较好的示范带动效果。短短3年的实践，基本解决了推广氮、磷、钾配合施肥的问题，目前临颍县主要农作物按配方施用复合肥的面积达到了100%。据统计，小麦整个生育期内，氮、磷、钾的比例达到4.2∶1.5∶1，玉米氮、磷、钾的比例达到4.5∶1∶0.8。根据肥料试验的分析及对农户跟踪调查，临颍县小麦氮、磷、钾肥料当年的利用率分别达到30.2%、20.1%、28.31%，玉米氮、磷、钾肥料当年利用率分别达到26.4%、18.82%、30.04%。通过该项目的实施，目前临颍县科学施肥水平已达到了预期目标。

六、施肥实践中存在的主要问题

从临颍县各种肥料的整体使用情况来看，通过该项目的实施，农业生产管理中施肥量的问题已经明显好转，配方肥使用面积越来越大，施肥数量、施用方法越来越科学、合理。但在施肥实践中，还存在以下几个方面的问题，集中表现在施用方法上。一是化肥表施问题突出，肥效浪费严重。据2008年调查，临颍县小麦施基肥的有40%的地块存在施肥深度不足的问题，其主要原因是这些农户普遍采用旋耕，在旋耕之前将肥料撒在地表，旋耕后耙平、压实即播种。由于旋耕土壤没有翻转，致使肥料损失严重、利用率降低；同时，表层残留化肥较多，部分地块小麦苗出土后造成一定的肥害。玉米生产上表施现象也时有发生，主要是玉米第二次追肥中，由于此时气温高，加之玉米植株高大，约有20%的农户图省力，趁降雨将化肥撒施到田间。这样靠天等雨施肥的方式，如果遇到降雨量足够大还好些，肥料能渗入土壤；如果降雨不足或降雨过猛、过大，田间形成径流，肥料留地表过多或肥料溶解在雨水径流中带走过多，就会造成肥料的极大浪费。二是肥料用量不科学，盲目施肥的现象仍然存在。目前临颍县的主要农作物还没有完全实现按配方进行施肥，其施用的所谓的配方肥有相当一部分是市场上销售的“通货”，这主要是部分农户怕推荐的施肥量不够农作物利用，因此选择复合肥时除选择高氮复合肥外，还盲目加大施肥量。据统计，临颍县这样施肥的面积还有近0.67万hm^2。这些农户在农作物出现不同程度的倒伏时，不在施肥种类上找原因，而是归罪于气候条件、种植作物品种等，这些问题还需加强宣传指导并加以纠正。三是在叶面喷肥的方法中存在着方法不对的问题。在农户叶面喷肥的现场我们看到，农民将配好的液体肥料背起后，到田间拿起喷头就喷洒，大部分肥液都喷到作物叶正面，因作物正面已角质化，比较光滑，大部分肥液直接流入地表，没有真正起到叶面补肥的应有效果。

第七节 农业生产中存在的主要问题

临颍县是一个以种植业为主的平原农业县，也是全国“粮食生产核心区”。小麦、玉米两大主要作物生产水平在全省位次都比较靠前。2008 年，全国性的春季麦田管理现场会在临颍县召开，对临颍县农业生产所取得的成绩给予了充分肯定，并受到了河南省政府的嘉奖。但是也应该清醒地认识到，当前的农业生产中仍然存在着不可忽视的问题。一是农业基础建设还比较滞后。临颍县工业基础较弱，是典型的农业大县、财政穷县，地方财政扶持农田基本建设困难，尽管经过近几年国家农业综合开发、农田水利基本建设等项目的实施，临颍县的农业基础有了一定的改善，但与现代农业的发展要求还有很大的差距。由于排灌不良，一部分农田产量变幅较大，部分低洼地块一旦遭受暴雨侵袭就会造成内涝，致农作物严重减产甚至绝收，相当一部分田块井机配套不合理，更没有铺设地下浇水管道，只能浇保命水，抗旱、排涝问题已成为临颍县粮食夺取更高产量的主要限制因子。二是农田的养分含量与高产现状不相适应。从这次土壤测试情况来看，临颍县的土壤有机质含量平均为 16.35g/kg，最高的也仅为 26.1g/kg，与每亩 500～600kg 的产量要求存在着差距，与发达国家和地区的差异更大，对粮食高产极为不利。临颍县土壤有效磷仍然偏低，目前的高产主要靠施肥获得，靠施肥补充养分存在着肥料利用率偏低的问题。另外，临颍县人多地少、耕地复种指数偏高，更没有对土地进行过一个生产季节的休闲，普遍存在着长年连作问题。由于长期连作，带来了有害生物入侵问题，如小麦的全蚀病入侵、花生地蛴螬猖獗问题比较严重。尽管近几年引起临颍县广大干群注意，采取一系列防治措施，但目前的千家万户的生产方式，不能统一行动，造成防治周期拉长。这些问题已成为临颍县广大干群和技术人员最为关注的热点和难点问题。

第二章

土壤与耕地资源特征

土地是人类生产、生活的基础条件之一，土地资源是耕地、村镇、园林、交通、河流、沟渠、坑塘、特殊用地和难于利用地的总和。耕地是用来进行农业种植的一部分土地。了解耕地气候、立地条件、剖面构型、耕层理化性状、障碍因素等内容，为合理确定农、林、牧用地，充分利用耕地资源及科学用地养地提供参考依据。

第一节 地貌类型

临颍县地处汝颍河、清溵河冲积平原与黄泛平原的交接地带。总的地势是西高东低，由西北向东南微倾，地面平均坡降为0.58%，西北最高，海拔72m，东南最低，海拔53m。在广阔平原中，依据地貌形态、特征、成因、地面物质组成及人类活动的影响，大体可以分以下几个类型。

一、冲积平原

冲积平原是本县面积大，范围广的主要地貌单元，由汝颍河、清溵河和黄河泛滥冲击而成。

1. 缓平高地

为河流交互沉积而成微度起伏的地形。主要分布在县境中部四十五里黄土岗。地面组成是黄土性物质，土壤发育为褐潮土。由于地势相对较高，排水畅通，但是受窑厂烧砖掘土影响，现土窑已废止，由于复耕时间短，应加快培肥土壤。

2. 老颍河残道两侧高平地

颍河1955年自繁城向东南改道后，原颍河河道两侧因河流改道而造成相对的高平地，排水良好，地下水4~6m，土壤发育为褐潮土，质地较轻，生产水平处于中等偏下水平。

3. 平地

平地是河流冲积的缓平地区，相对高差小，地下水略高，土壤发育为两合土，是当地粮食作物的高产农田。

二、洼地

1. 洼地

系冲积平原中局部低洼地带，有季节性积水，主要分布在俗称“断人湖”的王岗镇，土壤发育以灰质砂姜黑土为主。

2. 低平洼地

系冲积平原中的低平地区，有季节性积水，主要分布在县东北部及西南的大郭乡，地面组成多为壤、黏质沉积物，土壤发育为灰质黑老土。

3. 河间洼地

包括大小河流改道后残存的河旁局部洼地，在冲积平原中近河道地段均有，土壤发育为淤土和灰质黑老土。

第二节　土壤类型

临颍县的土壤分类系统是按四级划分，即土类、亚类、土属、土种。其中，土类和亚类属高级分类单元，主要反映土壤形成过程的主导方向和发育分级；土属、土种是分类单元，主要反映土壤形成过程中土壤属性和发育程度量上的差异。本县的土壤划分为 2 个土类、3 个亚类、6 个土属和 14 个土种，其分类系统见表 2－1。

表 2－1　临颍县土壤分类系统

序号	县土类名称	县亚类名称	县土属名称	县土种名称	县土壤代码	汇总面积（hm^2）
1	潮土	黄潮土	两合土	小两合土	2112121	3 507
2	潮土	黄潮土	两合土	腰沙小两合土	2112122	43
3	潮土	黄潮土	两合土	底黏小两合土	2112123	423
4	潮土	黄潮土	两合土	两合土	2112124	8 898
5	潮土	黄潮土	两合土	底沙两合土	2112125	106
6	潮土	黄潮土	淤土	淤土	2113131	3 295
7	潮土	褐土化潮土	褐土化沙土	褐土化沙壤土	2332311	133
8	潮土	褐土化潮土	褐土化两合土	褐土化小两合土	2332321	5 315
9	砂姜黑土	灰质沙浆黑土	褐土化两合土	褐土化底沙小两合土	2332322	553
10	潮土	褐土化潮土	褐土化两合土	褐土化两合土	2332323	4 777
11	潮土	褐土化潮土	褐土化两合土	褐土化底沙两合土	2332324	123
12	砂姜黑土	灰质沙浆黑土	灰质砂姜黑土	灰黑土	5114141	7 222
13	砂姜黑土	灰质黑老土	灰质砂姜黑土	灰质深位少量砂姜黑土	5114142	1 134
14	砂姜黑土	灰质黑老土	灰质黑老土	灰质壤质厚复黑老土	5115151	21 681

根据农业部和省土肥站的要求，将临颍县土种与省土种进行对接，对接后共有 14 个省土种，对接与土种合并情况见表 2－2。

表 2－2　临颍县土种对照表

序号	县土种名称	县土壤代码	省土种名称	省土壤代码（老）
1	小两合土	2112121	小两合土	23011557
2	腰沙小两合土	2112122	浅位沙小两合土	23011542
3	底黏小两合土	2112123	底黏小两合土	23011545

（续表）

序号	县土种名称	县土壤代码	省土种名称	省土壤代码（老）
4	两合土	2112124	两合土	23011539
5	底沙两合土	2112125	底沙两合土	23011543
6	淤土	2113131	淤土	23011621
7	褐土化沙壤土	2332311	沙壤质沙质脱潮土	23051114
8	褐土化小两合土	2332321	脱潮小两合土	23051223
9	褐土化底沙小两合土	2332322	脱潮底沙小两合土	23051226
10	褐土化两合土	2332323	脱潮两合土	23051216
11	褐土化底沙两合土	2332324	脱潮底沙两合土	23051217
12	灰黑土	5114141	石灰性青黑土	21021411
13	灰质深位少量砂姜黑土	5114142	深位少量砂姜石灰性砂姜黑土	21021116
14	灰质壤质厚复黑老土	5115151	壤盖石灰性砂姜黑土	21021311

第三节　耕地土壤

一、耕地土壤类型及面积

临颍县处于汝颍河、清溵河冲积平原与黄泛平原的交接地带，地形比较平坦，土壤形成受沉积物类型、地下水活动及人为耕作活动的影响，广泛分布着隐域性土壤潮土和砂姜黑土两大土类。潮土面积 27 176hm^2，占临颍县耕地面积的 47.5%；砂姜黑土面积 30 037hm^2，占临颍县耕地面积的 52.5%。潮土分 2 个亚类、4 个土属、11 个土种，肥力水平中等，通气透水性能好，耐涝怕旱，易于耕作。砂姜黑土分 1 个亚类、2 个土属、3 个土种，质地黏重，结构不良，通透性差，适耕期短，虽不养苗，但保、供肥能力强，是临颍县的主要粮食产区。

各个土种面积及各乡镇分布情况详见表 2－3。

二、不同耕地土壤的立地条件和障碍因素

临颍县地处伏牛山东麓平原和淮北平原交错地带，整个地势西高东低，由西北向东南方向倾斜。按微地貌划分，临颍县耕地可分冲积平原、洼地二个地貌单元类型。

（一）潮土

临颍县的潮土是发育在汝颍河、清溵河沉积物上，在地下水的直接参与下，经耕作熟化而成的土壤。因汝颍河，清溵河河水流量小于黄河，在它的沉积物上发育形成的土壤，一米土体中没有像豫东受黄河泛滥改道所形成的潮土具有明显的沙、壤、黏间层的层次，一般质地比较均一。在县城东南 1 500m 处的自然断面中可看到一米土体以下有明显的沙黏间层，系早期汝颍河的交互沉积。有关资料表明，县域潮土的形成时间比豫东潮土的形成时间相对较长。

潮土的成土物质受河水的分选作用，在不同时期和不同部位沉积物质的颗粒大小差异很大，在广大平原中就形成不同质地剖面的沉物。流水速度不仅在水平分布上有差异，

表 2－3　临颍县土壤面积统计

（单位：hm²）

乡　镇	总土壤面积	占总土壤面积百分比（%）	小两合土	腰沙小两合土	底黏小两合土	两合土	底沙两合土	淤土	褐土化沙壤土	褐土化小两合土	褐土化底沙小两合土	褐土化两合土	褐土化底沙两合土	灰黑土	灰质深位少量沙姜黑土	灰质壤质厚复黑老土
合计	57 210	100	3 507	43	423	8 898	106	3 295	133	5 315	553	4 777	123	7 222	1 134	21 681
占总土地面积百分比（%）			6. 13	0. 08	0. 74	15. 55	0. 19	5. 76	0. 23	9. 29	0. 97	8. 35	0. 21	12. 62	1. 98	37. 9
沃城	3 855	6. 74	489	43								421		894	314	1 694
王孟	3 877	6. 78	150			475	53					264		1 304	56	1 575
王岗	5 876	10. 27				302		10						2 704	19	2 841
瓦店	3 672	6. 42				311		549				728			206	1 878
三家店	3 817	6. 67										95		213	139	3 370
陈庄	2 564	4. 48				190		157			94	437	123	61	71	1 431
石桥	2 757	4. 82	482		277	528	53	212							165	1 040
繁城	4 558	7. 97	1 109		39	1 583			70	1 127	113	16				501
巨陵	4 145	7. 25				1 310								891	46	1 898
固厢	2 765	4. 83	330			351			32	715		878		54		405
城关	1 768	3. 09				530		162		17		675				384
皇帝庙	3 509	6. 13				722		1 290		149						1 348
台陈	5 031	8. 80	247			1 623		445		1 627		995				94
杜曲	4 061	7. 10	700		107	566		363	31	1 680	346	268				
大郭	4 955	8. 66				407		107						1 101	118	3 222

“紧出沙，慢出淤，不紧不慢出两花（两合）”，而流水速度又与地形、距离河道主流远近、季节等因素密切相关。通常距河道愈近流速愈大，以沉积沙粒为主，距河道愈远，流速渐缓，静水沉积以黏粒为主。由于河流的多次泛滥改道，每次流经地区不同就在广大平原上沉积了土层深厚、质地层次明显而厚薄不一的土层。所以，潮土具有土体沉厚，质地层次明显，土壤发生层次不明显，颜色较浅，有机质和氮素含量少，钾、钙等元量较为丰富，pH 值 7～8，土壤呈中性至微碱性，剖面下部有时有蓝灰或红褐色铁锈斑纹或细小的铁锰结核等主要特征。

依据地形及水文条件对土壤发育的影响，本县的潮土分黄潮土和褐土化潮土两个亚类，它们有着发生的联系，具有潮土的特性，但因其附加的成土过程不同，而在形态和农业生产上有着差异。

1. 黄潮土

临颍县的黄潮土主要受发源和流经褐土地区的颍河、清㵐河沉积物的影响，由上游冲积而来的富含碳酸钙的黄土性沉积物，使土体的石灰反应较强，呈微碱性，pH 值 7.2～8.0。因河流的泛滥，沉积特征决定了质地的分选明显，分两合土和淤土两个土属，分别叙述如下。

（1）两合土。两合土是黄潮土的一个土属，是发育在汝颍河，清泥河的壤质沉积物上的土壤。所处地势平坦，地下水 1～8m。主要分布在繁城、固厢、杜曲、台陈、城关等乡镇，土壤面积为 12 977hm^2，占临颍县总土壤面积的 22.7%。

A. 小两合土

小两合土全剖面以轻壤为主，有时夹有沙壤土或中壤土，土体深厚，心土层下部或底土层有时有不太明显的铁锈斑纹，适耕期长，易耕作，适种作物广，产量水平中等。

0～20cm，黄褐色，轻壤，粒状结构，疏松，根系多，pH 值 7.6，石灰反应较强。

20～37cm，黄褐色，轻壤，碎块状结构，较松，根系多，pH 值 7.6，石灰反应较强。

37～53cm，灰黄色，轻壤偏中，碎块状结构，轻松，根系较多，pH 值 7.7，石灰反应较强。

53～110cm，浅灰黄色，轻壤偏沙，碎块状结构，较松，根系少，有少量锈纹斑，pH 值 8.1，石灰反应强。

其主要物理性状见表 2－4。

B. 腰沙小两合土

该土种由河流的交互沉积发育而成。表层以下 20～50cm 的层段中，有一层 20～50cm 的沙土或沙壤土夹层，形成一个漏水、漏肥的障碍层次。虽发小苗，但由于脱肥作物生长后期往往生长不良，是两合土土属中生产性能较差的一种土体构型。

0～13cm，灰黄色、轻壤土、粒状结构，松，石灰反应强。

13～35cm，灰黄色，轻壤土，块状结构，较松，石灰反应强。

35～62cm，浅黄色，沙土，无结构，松，石灰反应弱。

62～103cm，棕黄色，中壤土，块状结构，较紧，石灰反应中，有铁纹锈斑。

该种土壤深耕不宜过深，应采取“少量多次”的施肥方法和“小水勤浇”的灌溉原则，防止水肥流失，保证农业增产。

表 2-4　小两合土的物理性状

土层（cm）	质地	机械组成（%）						
		1.0～0.05（mm）	0.05～0.01（mm）	0.01～0.005（mm）	0.005～0.001（mm）	<0.001（mm）	>0.01（mm）	<0.01（mm）
0～20	轻壤	16.7	58.2	6	6	13.1	74.9	25.1
20～37	轻壤	14.7	55.2	9	14.1	7.0	69.9	30.1
37～58	轻偏中	15.7	53.2	7	12.1	12.0	68.9	31.1
58～110	轻偏沙	21.0	62.0	4	3	10.0	83.0	17.0

C. 底黏小两合土

该种土壤是在河流的早期黏质沉积物上覆盖了近代壤质沉积物的母质上发育而形成的一种土壤。表层轻壤，50cm 以下土体中出现大于 20cm 的重壤或黏土的层次，上虚下实，因黏土层出现的部位稍深，有一定的保水保肥性能。此外，如遇特大降雨，地表径流不畅，黏土层能阻隔水分的下渗，形成土壤水分饱和，作物受滞。主要分布在石桥乡驼铺以西地区。20 世纪 50 年代群众所称的盐碱地在这一地区曾有片状分布，因近几年春季返盐不明显，未单独勾绘图斑。如石桥乡李庄村赵庄东南 350m，地势平坦，地下水 2.8m。

0～25cm，灰黄色，轻壤土，粒状结构，松，根系多，石灰反应强。

25～45cm，浅灰黄色，轻壤土，块状结构，较松，根系较多，石灰反应强。

45～55cm，浅黄色，轻壤土，块状结构，稍紧，根系少，石灰反应强。

55～108cm，黄棕色，重壤土，块状结构，紧，根系少，有铁子，石灰反应中。

D. 两合土

两合土由河流冲积的中壤质物质发育而成。全剖面以中壤为主，有的夹有轻壤土或重壤土，土体深厚，下部有较明显的锈纹斑。该土种是临颍县分布范围大，产量水平较高的一种土壤，土壤面积为 8 898hm^2，占临颍县总土壤面积的 15.6%。肥力水平较高，比小两合土保水保肥能力强。如皇帝庙乡潘牛村高庄西北 550m，地势平坦，地下水 3m。

0～19cm，浅灰褐色，中壤土，粒状结构，疏松。根系多，pH 值 7.4，石灰反应较强。

19～47cm，浅棕褐色，重壤土，块状结构，较紧，根系较多，pH 值 7.4，石灰反应较强。

47～85cm，褐黄色，中壤土，块状结构，较紧，根系少，pH 值 7.6，石灰反应较强。

85～140cm，浅棕黄色，中壤土，块状结构，较紧，无根系，有铁锈斑纹，pH 值 7.6，石灰反应较强。

其物理性状见表 2-5。

表 2-5　两合土的物理性状

土层（cm）	质地	机械组成（%）							容重（g/cm^3）	孔隙度（%）
		>0.01（mm）	<0.01（mm）	<0.001（mm）	1.0～0.05（mm）	0.05～0.01（mm）	0.01～0.005（mm）	0.005～0.001（mm）		
0～19	中壤	57.8	42.2	16.1	9.6	48.2	10.1	16.0	43.3	46.04
19～47	重壤	46.8	53.2	14.1	11.6	35.2	15.0	24.1	1.53	42.26

（续表）

土层 (cm)	质地	机械组成（%）							容重 (g/cm³)	孔隙度 (%)
		>0.01 (mm)	<0.01 (mm)	<0.001 (mm)	1.0～0.05 (mm)	0.05～0.01 (mm)	0.01～0.005 (mm)	0.005～0.001 (mm)		
47～85	中壤	57.8	42.2	15.1	14.7	43.1	10.1	17.0	1.58	40.38
85～140	中壤	69.0	31.0	15.0	14.0	55.0	9.0	7.0		

两合土的质地结构良好，0.05～0.01mm 粒级占物理沙粒的 70%～80%，0.001mm 粒级占物理黏粒的 30%～40%，沙黏比例适当。疏松，易于耕作，保水保肥性能较好。表层有机质有少量积累，含量一般在 1.0% 以上，肥效较长，耐旱，耐涝，适种作物广，前期发苗快，后期不早衰，作物产量较高。临颍县产量较高的一些村，两合土面积都很大。所以，群众有"买牛要买抓地虎，种地要种两合土"之说。

为了发挥两合土良好的生产性能，应增施有机肥料，逐年加厚耕层，合理施用氮素化肥，并注重 N、P 配合施用，种植上应以一年二到三熟为主，防止单一种植，以利用地养地相结合，逐渐培肥地力，达到稳产高产的目的。

E. 底沙两合土

底沙两合土由河流的交互沉积物发育而成。表层中壤，50cm 以下土体中出现有大于 20cm 的沙土或沙壤土的层次，漏水漏肥，为不良层次。在生产性能上虽比沙土或沙壤土出现部位较高的腰位较好，但仍是两合土土属中较差的一种土体构型。如王孟乡高村、马庄东北 150m。

0～14cm，灰黄色，中壤土，粒状结构，疏松，根系多。

14～35cm，灰黄色，中壤土，块状结构，较松；根系较多。

35～62cm，棕灰褐色，中壤土，块状结构，根系少，有铁子。

62～109cm，灰黄色，沙土，无结构，松，极少根系，有锈纹锈斑。

（2）淤土。淤土是发育在近代河流静水沉积的黏质沉积物上的土壤。主要分布在距河道较远的低洼地带或半封闭洼地。皇帝庙、瓦店等乡镇面积较大，有 3 295hm²，占临颍县总土壤面积的 5.76%。

淤土所处地形部位较为低洼，地下水在 1.5～2.5m，土壤受地下水作用较明显，土壤质地黏重，具有以下特点：①淤土一般透水性弱，持水力强，干湿交替时土壤膨胀收缩厉害，易形成小核状结构，结构面上常有胶膜；②土层紧实，微生物活动比较困难，成土过程比较慢，常保持密实的沉积层次；③非毛管孔隙少，小孔中空气不易排出，土壤有效水分低，但地下水位高，毛细管水仍可充分补给上层土壤水分；④黏滞性强，可塑性、胀缩性大，干时坚硬龟裂，不仅耕作困难，而且易损害作物根系，影响作物生长发育，遇水后土粒膨胀分散，透水性很快减弱，泥泞不堪；⑤质地黏重，黏粒含量高，土壤比表面积较大，代换量较高，自然肥力较高。以皇帝庙乡坡高村东南 150m 剖面为例说明之。

0～20cm，灰棕色，中黏土，粒状碎块状结构，植物根系多，石灰反应弱。

20～103cm，黄棕色，重黏土，核状块状结构，紧，植物根系较少，有少量铁锈斑纹和胶膜，石灰反应弱。

103～120cm，暗棕色，中黏土，块状结构，紧，根系极少，出现铁锈纹斑，石灰反应弱。

淤土的物理性质见表2－6。

表2－6 淤土的物理性质

土层（cm）	质地	机械组成（%）							容重（g/cm³）	孔隙度（%）
		>0.01（mm）	<0.01（mm）	<0.001（mm）	1.0～0.005（mm）	0.05～0.01（mm）	0.01～0.005（mm）	0.005～0.001（mm）		
0～20	中黏	17.1	82.9	37.8	—	17.1	14.0	31.1	1.56	41.13
20～103	重黏	7.5	92.5	47.1	—	7.5	14.1	31.3	1.54	41.89
103～120	中黏	15.7	84.3	43.0	2.4	13.2	11.1	22.0	1.50	43.40

淤土所处地形部位较为低洼，地下水位比较高，而且土壤质地黏重，结构不良，耕作困难，不耐旱，易涝，一般种植小麦、玉米、不宜种棉花。

淤土的理化性质差，但自然肥力比较高。应采取精耕细作，深耕晒垡，促进风化，少耕多耙，适时耙耱，疏松土壤，改良其不良耕性及其物理性质，同时多施沙性有机肥料，配合磷肥，就可以获得较好的收成。

由于气候的影响，雨季有积水现象，春季又易干旱，因此，应注意春季浇灌和雨季排涝，以利于作物播种，生长和收获。

2. 褐土化潮土

褐土化潮土是在冲积平原中，因河流多次泛滥改道，形成微度起伏的地势，地下水位降至4～5m或更深，使土壤发育开始了向褐土发展的初期阶段。土层50～70cm具有比较明显的黏粒移动淀积特性，0.001mm黏粒显著增加，表层及亚表层系植物根系集中分布的层段，疏松而多隙，比较干燥，心土层沿根孔有假菌丝分布及黏粒的淀积，在虫孔等较大的孔隙内更为明显，心土层下部和底土层仍保留一定的冲积层次，而且是潜水经常活动的层段，可见锈纹锈斑。

褐土化潮土主要分布在颍河故道沿线地形部位较高地带，有褐土化沙土和褐土化两合土两个土属，土壤面积10 901hm²，占临颍县总土壤面积的19.1%。

（1）褐土化沙土。褐土化沙土土属在县境内仅有褐土化沙壤土一个土种，在繁城镇颍河沿岸有133hm²，约占临颍县总土壤面积的0.23%。

褐土化沙壤土通体为沙壤土，碎块状结构，疏松易耕作。40cm以下出现粉末状或菌丝状钙淀积。通透性好，保水保肥性能差，肥力水平低。

（2）褐土化两合土。褐土化两合土发育在颍河、清溪河的壤质沉积物上，由地下水下降后而形成。质地适中，结构性良好，排水通畅，疏松多孔，通透性好，心土层有粉末状或菌丝状钙淀积，褐土层有较明显的锈纹斑，主要分布老颍河残道两侧及冲积平原中微度高起部位，包括褐土化小两合土、褐土化底沙小两合土、褐土化两合土、褐土化底沙两合土四个土种，土壤面积10 768hm²，占临颍县总土壤面积的18.8%。

A. 褐土化小两合土

褐土化小两合土通体轻壤，有的夹有沙壤土或中壤土；土壤面积5 315hm²，占临颍县总面积的9.29%。如台陈镇临涯张村小郭庄东北500m，为褐土化小两合土。

0～22cm，灰黄色，轻壤，粒状结构，松，根系多，pH值7.4，石灰反应强。

22～60cm，灰黄色，轻壤偏沙，碎块状结构，较紧，根系较多，pH值7.5，石灰反应强。

60～92cm，黄灰褐色，轻壤，碎块状结构，较紧，根系较少，pH值7.5，石灰反应强，有少量假菌丝、铁锈斑纹。

92～130cm，灰黄色，轻壤，碎块状结构，较紧，根系极少，pH值7.5，石灰反应强，有铁锈斑纹。

褐土化小两合土的物理性质见表2－7。

表2－7　褐土化小两合土的物理性质

土层（cm）	质地	机械组成（%）							容重（g/cm³）	孔隙度（%）
		>0.01（mm）	<0.01（mm）	<0.001（mm）	1.0～0.05（mm）	0.05～0.01（mm）	0.01～0.005（mm）	0.005～0.001（mm）		
0～22	轻壤	78.92	21.08	10.04	23.7	55.22	5.02	6.02	1.43	46.04
22～60	轻偏沙	84.0	16.0	9.0	22.0	62.0	4.0	3.0	1.46	44.91
60～92	轻壤	71.0	29.0	15.0	18.0	53.0	8.0	6.0	1.46	44.91
92～130	轻壤	72.9	27.1	11.04	14.66	58.24	7.02	9.04		

B. 褐土化两合土

褐土化两合土通体中壤，有的夹有轻壤或重壤，土壤面积4 777hm²，占临颍县土壤总面积的8.53%。例如：城关镇五里头东200m，地势缓高，地下水7m。

0～18cm，灰黄色，中壤，粒状结构，疏松，根系多，pH值7.3，石灰反应中。

18～50cm，黄褐色，中壤，块状结构，稍紧，根系较多，pH值7.4，石灰反应中。

50～97cm，棕黄褐色，中壤，块状棱块状结构，紧，根系少，有少量假茵丝，pH值7.4，石灰反应中。

97～120cm，黄棕色，重壤，块状棱块状结构，紧，无根系，pH值7.4，石灰反应中。

褐土化两合土的物理性质见表2－8。

表2－8　褐土化两合土的物理性质

土层（cm）	质地	机械组成%（粒径mm）						
		>0.01	<0.01	<0.001	1.0～0.05	0.05～0.01	0.01～0.005	0.005～0.001
0～18	中壤	59.2	40.8	24.7	5.0	54.2	14.1	2.0
18～50	中壤	62.2	37.8	23.3	6.0	56.2	7.1	7.0
50～97	中壤	58.4	41.6	26.6	2.4	56.0	9.0	6.0
97～120	重壤	47.4	52.6	29.6	4.4	43.0	12.0	11.0

褐土化两合土的沙、黏比例适当，质地轻壤—中壤，结构性较良好。疏松多孔，通透性

和保水保肥性、耕作生产性能均较良好。由于所处地形部位稍高，地下水位较低，地下水不能上升到地表补充上层土壤水分，在一定的灌溉条件下，土壤肥力容易发挥，是本县烟叶生产的主要土壤。因此，应首先发展灌溉，扩大保灌面积，同时广辟肥源，增施优质有机肥料，培肥土壤，提高土壤的保墒抗旱能力，以充分发挥该种土壤的生产能力，促进农作物产量持续增长。

C. 褐土化底沙两合土

褐土化底沙两合土表层轻壤，50cm 以下出现大于 20cm 的沙土或沙壤土层，耕性好，肥力水平低。

（二）砂姜黑土

砂姜黑土是北亚热带和暖温带南部湿润、半湿润气候区潜育土上发育的旱耕熟化土壤。也就是说在低洼排水不良的环境条件下，经过长期的地质作用与人为的排水耕作，使土壤发生脱沼泽过程而形成的一种暗黑色的耕作土壤。其成土母质为第四系上更新统新蔡组浅湖相沉积物。据古地理科研工作者的研究，淮北平原在史前为黄河冲积扇的前缘。因此，沉积物富含碳酸钙。根据地质资料，我们认为这里曾生长过湿生性草本植物，由于嫌气性的生物积累，形成了“黑土层”。同时，有机质分解产生二氧化碳，形成碳酸，使碳酸钙变成碳酸氢钙，随水下渗到底土层或地下水中，旱季来到，水位下降，碳酸氢钙脱水，凝聚为钙层或砂姜；同时地下水中的碳酸氢钙在减压增温的条件下亦可使碳酸钙析出。所以在深厚的沉积物中，有多次砂姜或砂姜盘出现。

典型的砂姜黑土，在一米土体的剖面，具有耕作层、犁底层、残余黑土层（包括淡黑土层）、潜育层和砂姜层（钙积层）。其主要诊断层为黑土层、潜育层和砂姜层。主要特征：质地偏黏，比较均一，没有明显的沉积层理，土壤呈中性或微碱性反应，盐基高度饱和，水分主要是上下运行；棱块状结构面上的灰色胶膜碳酸钙钙淋溶淀积明显；黑土层颜色偏暗，有机质含量相应较高，一般在 1.0% 以上；黏土矿物以蒙脱石为主，其次为水云母，因此胶体部分的交换量高，每 100g 土达 50～60mg 当量。此外，全磷含量中等，速效磷中上等，全钾和速效钾含量均较低。

临颍县的砂姜黑土由于气候条件的影响，再加上来自褐土地区黄土状冲积物质的复钙作用，使土体都有弱—中的石灰反应。为了同典型砂姜黑土（没有石灰反应）加以区别，我们在分类中，把土属一级前边加“灰质”二字，以作区别。多集中分布在窝城、王岗、三家店、瓦店、陈庄、大郭等乡镇的浅平低洼地带。其他乡镇的浅洼地带也有零星分布。这一低洼地区，50 年前地下水很高，夏季经常渍水。目前地下水位下降，一般在 2～3m，夏季多雨时，仍有上浸现象。

根据黑土层被覆盖的情况，临颍县的砂姜黑土分为灰质砂姜黑土和灰质黑老土 2 个土属，3 个土种。总面积 30 037hm^2，占临颍县总土壤面积的 52.5%。

1. 灰质砂姜黑土

灰质砂姜黑土由于施用石灰性土杂肥和富含碳酸钙的水质等的影响，发生复钙作用，土体有弱到强的石灰反应。根据砂姜含量的多少，划分为灰黑土、灰质深位少量砂姜黑土二个土种。主要分布在窝城、王孟、王岗、巨陵、三家店、陈庄等乡镇的低洼地带，面积 8 356hm^2，占临颍县总土地面积 14.6%。

（1）灰黑土。灰黑土的黑土层出露地表，一米土体内无砂姜或砂姜含量小于 10%。主要分布在王岗、窝城、陈庄等乡镇，土壤面积 7 222hm^2，占临颍县总土壤面积的 12.6%。王岗镇谢庄村西北 1 500m，地势低洼，地下水 2m，典型剖面如下。

0～30cm，灰褐色，轻黏土，碎块状结构，较松，根系多，pH 值 7.3，石灰反应弱。

30～75cm，黑灰色，中黏土，块状结构，紧，根系少，pH 值 7.3，石灰反应极弱。

75～100cm，褐灰色，重壤土，块状结构，紧，极少根系，pH 值 7.5 石灰反应极弱，软铁子和铁锈斑纹。

100～115cm，灰黄色，中壤，块状结构，紧，极少根系，pH 值 7.7 石灰反应弱，有少量砂姜及锈纹斑。

灰黑土的物理性质见表 2－9。

表 2－9　灰黑土的物理性质

土层（cm）	质地	机械组成（%）							容重（g/cm^3）	孔隙度（%）
		>0.01（mm）	<0.01（mm）	<0.001（mm）	1.0～0.05（mm）	0.05～0.01（mm）	0.01～0.005（mm）	0.005～0.001（mm）		
0～30	轻黏	31.1	68.9	36.7	—	31.1	8.1	24.1	1.27	52.08
30～75	中黏	21.4	78.6	78.7	7.0	14.4	—	—	1.34	49.44
75～100	重壤	45.2	54.8	41.8	5.0	40.2	4.0	9.0	1.45	45.28
100～115	中壤	58.0	44.0	32.8	12.5	43.5	7.0	14.2	—	—

（2）灰质深位少量砂姜黑土。灰质深位于少量砂姜黑土在 50cm 以下土体砂姜含量 10%～30%，巨陵镇马庙村灰岗南 700m，地形低平，地下水 2m，剖面结构如下。

0～26cm，褐灰色，轻黏土，粒状、碎块状结构，较松，根系多，pH 值 7.1，石灰反应弱。

26～78cm，黑灰色，重黏土，块状棱块状结构，紧，根系少，有胶膜，极少小砂姜，pH 值 7.1，石灰反应弱。

78～102cm，浅棕灰色，重黏土，碎块状结构，紧，无根系，有少量砂姜，铁锈纹斑，pH 值 7.6，石灰反应强。

灰质深位少量砂姜黑土的物理性质见表 2－10。

灰质砂姜黑土是临颍县的一种面积大，分布集中的主要高产土壤，土体深厚，潜在肥力较高。表层有机质含量高，平均在 1.1% 以上，最高达 25g/kg。但由于地形低洼，甚至局部为封闭洼地，容水面积大，且排水不良，雨季易积水成涝。虽然解放以后，临颍县人民大兴水利，减少了涝害，但因降雨期集中，每到雨季尚有积水成涝之害。因其质地黏重，结构性差，干燥收缩强烈，易龟裂，遇水黏重，土壤总孔隙度小，土壤有效蓄水量低，雨季或水分多时，土壤内排水不良，被水分饱和，不利根系对水分的吸收；水分少时，土体上部耕层水分损失快，而 50cm 以下土层水分，沿毛管上升高度低，速度慢，渗透系数小，不能及时补给土层，土壤因蒸发而造成的水分亏损，植物可利用水少，作物易受旱。受气候的影响，降水量不均，春播和秋播期间雨水稀少，土壤干旱，特别是 4 月下旬至 6 月上旬的干热风多，土壤水分的蒸发量大，此时正值小麦扬花灌浆期，常因干旱而减产。所以，砂姜黑土不仅怕涝，更不耐旱，物理性质不良，致使土壤中的水、肥、气、热诸因素之间关系不协调，土壤供肥能力差，有效养分含量不高，特别是速效磷（P_2O_5）较缺。突出地限制了土壤潜在肥力的发挥。砂姜黑土质地黏粒大都在60%以上，甚至达78%以上，干时坚硬，湿时泥泞，难耕难耙，适耕期短，不仅影响耕作质量，而且影响种子出苗和作物生长。正如农谚所说"早晨软，上午硬，到了下午锛不动"。因此，改善耕种制度是提高农业生产水平的重要途径。

表2-10 灰质深位少量砂姜黑土的物理性质

土层(cm)	质地	机械组成（%）						
		>0.01(mm)	<0.01(mm)	<0.001(mm)	1.0~0.05(mm)	0.05~0.01(mm)	0.01~0.005(mm)	0.005~0.001(mm)
0~26	轻黏	36.1	63.9	28.7	13.1	23.0	7.0	28.2
26~78	重黏	2.4	97.6	97.6	0.4	2.0	0	0
78~102	重黏	11.2	88.8	32.1	5.1	6.1	15.2	41.5

针对砂姜黑土易旱易涝、有效养分低、耕性差等突出问题，首先应搞好以排为主、排蓄结合的水利基本建设。虽然近几年来，地下水有所下降，仍应注意雨季的排水。在彻底治理砂姜黑土内外排水不良等问题的基础上，发展灌溉，采取浅水勤浇、沟灌、窄畦短灌和喷灌等科学灌水技术，实现旱涝保丰收。其次，实行以生物为主体的农业措施，用养结合，培肥地力。因土种植，合理轮作，在水肥条件较差的低平洼地，宜恢复种植抗逆性强，稳产保丰收的作物。可因地制宜，积极发展绿肥。抓好秸秆还田，增施有机肥料，在作物布局中，要保持适当的豆科作物面积。第三，普施钾肥，氮、磷配合，协调N、P、K比例。要注意科学用肥，提高肥料利用率，减少损失。可采用一耕多耙的耕作措施蓄水保墒，利于秋播和春播，促进农业增产。

2. 灰质黑老土

灰质黑老土分布在低平洼地的边缘地带，其黑土层上覆盖近代河流冲积物。由于河流泛滥改道，冲积的情况不同，其覆盖层厚度、颗粒大小就不一致。临颍县的灰质黑老土覆盖厚度在27~50cm，黑土层厚40cm左右。按其覆盖物的质地、厚度以及黑土层的发育程度，划分为灰质壤质厚复黑老土一个土种，土壤面积21 681hm²，占临颍县总土壤面积的37.9%。

灰质壤质厚复黑老土，黑土层上覆盖30~80cm的壤质沉积物，表层质地疏松，易于耕作。如王岗镇墩台李村北300m，地形低平，地下水3m，黑土层覆盖48cm的壤质沉积物。

0~19cm，灰黄色，中壤，粒状结构，疏松，根系多，pH值7.5，石灰反应中。

10~48cm，灰黄色，重壤，块状结构，较紧，根系较多，pH值7.4，石灰反应中。

48~87cm，浅灰黑色，重壤碎块状结构，紧，根系少，有少量铁子、铁锈斑纹，pH值7.5，石灰反应弱。

87~130cm，黄褐灰色，中壤，块状结构，紧，有铁锈斑纹，铁子，pH值7.7，石灰反应中。

其物理性质见表2-11。

表 2－11　灰质壤质厚复黑老土的物理性质

土层 (cm)	质地	机械组成（%）							容重 (g/cm³)	孔隙度 (%)
		>0.01 (mm)	<0.01 (mm)	<0.001 (mm)	1.0～0.05 (mm)	0.05～0.01 (mm)	0.01～0.005 (mm)	0.005～0.001 (mm)		
0～19	中壤	55.4	44.6	19.4	14.9	40.5	8.0	17.2	1.1	58.49
19～48	重壤	54.2	45.8	22.5	13.6	40.6	8.1	15.2	1.42	46.42
48～87	重壤	46.4	53.6	46.4	13.6	32.8	0	7.2	1.49	43.77
87～130	中壤	59.4	40.6	7.3	21.0	38.4	5.0	28.3	—	—

灰质壤质厚复黑老土，群众叫灰黄两合土，表现质地疏松，耕作性能良好，保水保肥力强，养苗拔籽，是比较好的土壤。

（三）土壤的障碍因素

临颍县的土壤有不同的个体类型，其耕作生产性能有很大差别。砂姜黑土 30 037hm²，占土壤总面积的 52.5% 左右；淤土 3 295hm²，约占土壤总面积的 5.76%。土壤潜在肥力虽然相对较高，但所处地势低洼，土壤质地黏重，结构性不良，土壤内外排水不良，耕作生产性能差，在低平洼地的局部地区，土体的不同层位含有数量不等、大小不一、形状各异的砂姜，一定程度上影响着耕作和作物生长。在平原中的不同地区分布有沙壤土和在不同层位出现厚度不一的沙土间层的腰沙、底沙小两合土（两合土）等，其沙土层质地粗、松散，肥力低，漏水漏肥，成为农业生产的障碍因素，需要进行因土改良合理利用。

第四节　耕地改良利用与生产状况

耕地是人类赖以生存的基本条件。随着人口的增长和社会的快速发展，临颍县可开发利用的土地已开发殆尽，工业用地、道路用地、村镇占地呈上升趋势，确保粮食安全的唯一出路是在提高耕地的单产上下功夫，在增加复种指数上做文章。因此，我们必须根据人多地少这一县情，总结好耕地改良的经验，结合耕地的生产现状，寻求农业生产的增长点，尽快促使粮食生产、农民经济收入提升到新的台阶，并把切实保护耕地工作摆上重要的位置。

一、临颍县耕地改良模式及效果

勤劳的临颍县人民在农业生产中，一直把耕地改良培肥地力，作为重要的工作内容。由新中国成立初期到 20 世纪 70 年代末期，增施农家肥，深耕土地，适度土地休闲，种植绿肥等措施，使临颍县每亩的粮食产量由 50 余 kg 逐步上升到超过 200kg，特别是进入 80 年代后，通过第二次土壤普查，摸清了土壤养分状况，提出了增氮、增磷的施肥技术，粮食产量明显提升。紧接着实施了商品粮基地建设和黄淮海中低产田开发等项目，农田基本建设情况有了明显的好转，大部分农田实现了 2.67hm² 地一眼机井，基本实现了旱能浇、涝能排，粮食产量又有了新的提升，特别是王岗、三家店、大郭等乡镇的部分洼地，通过挖沟、修路等大的农田基本建设项目的实施，使 1.33 万 hm^2 低产田改变了面貌，成为临颍县的主要粮仓。通过上述项目的改造，到 90 年代末粮食每亩单产稳定突破了 450kg。

二、临颍县耕地利用程度与耕作制度

临颍县的广大农民十分珍惜每寸耕地，房前屋后，除种树外，把能利用的空闲地均开垦种果、种菜。对大块耕地更是因地制宜，最大限度地发挥其增产、增效作用，特别是对难以耕作、占重要地位的砂姜黑土类，根据该土类的保水保肥能力强的特点，大力发展粮食作物；对容易耕作，但漏水、漏肥的沙壤土，发展耐脊的大豆、花生等油料作物，对适耕期适中，保水、保肥能力较强的壤质耕地，充分发挥保肥能力较强的优势，实施间作套种、一年多熟的种植方式，而对于临近村庄，交通条件便利，土壤耕作条件较为优越的地块种植瓜果蔬菜。这种安排方式，不仅适应临颍县的土壤条件，也基本上满足临颍县人民不断增长的物质生活的需求。

（一）小麦—玉米一年两熟模式

临颍县的光热资源完全能够满足小麦—玉米一年两熟的要求。广大农民在长期的实践中掌握了小麦—玉米一年两熟栽培技术，此种植模式临颍县各乡镇均有分布，面积达 2.67 万 hm^2，临颍县小麦、玉米每亩双双突破 500kg，在 20 世纪不仅为解决温饱作出了应有的贡献，新世纪中又为保证社会稳定和粮食安全、推动新农村建设作出新的贡献。

（二）小麦 + 棉花 + 瓜类一年三熟模式

此种种植模式主要分布在皇帝庙、巨陵等乡镇，面积达 0.5 万 hm^2。该区水利条件较好，土壤适耕期较长，保水保肥能力较强，农民投资意愿强，但该模式复种指数较高，尤其是棉花、瓜类的根茬在地中几乎没有残留，土地的养分被作物带走的多、归还的少，应加大有机无机肥料的投入，确保肥力的可持续性。

（三）小麦—辣椒一年两熟模式

此种种植模式主要集中在王岗、三家店、瓦店、窝城 4 个镇和皇帝庙、巨陵、王孟、石桥等乡镇的零星村庄，面积达 1.87 万 hm^2，该区地势平坦，土层深厚，土质肥沃，水利条件好，利于尖椒的生长，因此以种植尖椒为主、小麦为辅，小麦播种时种二行或三行小麦，预留二行尖椒空档，在麦收前适时将尖椒定植在预留空档内。这样延长了尖椒的生育期，便于增加尖椒的产量。

（四）蔬菜一年多熟种植模式

该模式主要分布在巨陵、固厢、石桥、王孟、皇帝庙等乡镇的零星村庄，面积 1 672hm^2。该区的突出特点是交通条件便利，浇水条件好，土壤肥力水平较高，适宜蔬菜生长。固厢乡的城顶新兴改良塑料大棚，经济收入为每亩平均 1 万元以上。

三、不同耕地类型投入产出情况

临颍县的耕地包括粮地、菜园地两种生产类型，两种耕地类型的肥料投入以菜地投入最多，粮地次之。

（一）菜地的肥料投入及产出情况

临颍县的菜地分为露地栽培和保护地栽培两个主要类型，其中保护地栽培菜类较多，又可分为近城郊一年多熟叶菜生产基地和远乡大宗蔬菜生产基地，如固厢乡、巨陵镇的部分村，主要是生产城乡所需的叶菜，如大青菜、芹菜、黄心菜、菠菜、苋菜、荆芥、番茄和黄瓜等蔬菜，这类蔬菜地一般均是一年三到四熟，化肥、农家肥投入较多，一般情况下，一年在冬闲时普施一次优质牲畜圈肥，每亩施肥量在5 000kg，每个蔬菜生长周期内普施复合肥50kg，尿素20～30kg，年施肥量复合肥150～200kg，尿素80～100kg；蔬菜产量每亩常年均在1万kg以上，每亩产值在万元左右，远乡的菜地一般是一年两至三熟的种植方式，如大白菜、萝卜种植区，采用冬闲（个别农户种些越冬菠菜、香菜等）早春种植玉米，玉米收获后种植大白菜，此种植模式施肥量相对偏低。一般冬闲时每亩施入优质农家肥4 000kg，尿素10kg，玉米大部分作为鲜食玉米上市（每亩折产玉米约600kg），秋菜生产季节主要以尿素为主，每亩施肥量为50kg，每亩鲜菜产量在5 000kg以上，年每亩产值在3 000～4 000元。保护地种植区的种植模式主要是春季提前栽培和秋延后栽培的一年两熟，因这两季蔬菜生长期较长，施肥水平相对较高，除每亩施优质圈肥5 000kg外，一个生产期施肥量均在100kg复合肥和30kg尿素，蔬菜两季每亩产量一般均在10 000kg以上，产值均在2万元以上。

（二）粮地肥料投入产出情况

临颍县的粮地种植主要有小麦、棉花（尖椒）瓜类一年三熟，小麦—玉米和小麦—大豆一年两熟种植模式，其中一年三熟模式肥料投入较高，小麦、玉米种植模式肥料投入次之，小麦、大豆种植模式肥料投入最低，常年每亩平均化肥投入分别为150kg、100kg、80kg，产量水平分别为小麦450kg、棉花250kg或尖椒（干）250kg、瓜类3 000kg，小麦500kg、玉米500kg，小麦500kg、大豆200kg；经济收入分别达到3 000元、1 500元和1 500元。

第五节 耕地保养管理的简要回顾

临颍县由于所处南北过渡的特殊气候，广大农民在农业生产实践中积累了丰富的耕地保养和管理的经验，除因地调整种植结构，根据肥源轮翻重施农家肥、深耕改土等措施外，更注重抗旱除涝的田间治理。随着农田基本建设条件的改善，耕地质量明显提升，粮食产量大幅度提高。目前，临颍县已成为河南省的重要产粮大县和商品粮基地强县。

一、近年来重大项目投入对耕地地力的影响

临颍县是一个典型的平原农业县，传统的粮食生产大县，经济基础薄弱，通过近几年农业综合开发等项目的实施，农业生产基础条件有了一定的改善，但与现代农业发展的要求还有很大的差距，脆弱的农业基础设施条件已成为制约农业生产快速腾飞的瓶颈，勤劳的临颍县人民长期养成了不等不靠的工作作风，充分利用有限的项目建设资金、技术，达到了较好的耕地质量提升效果。

（一）黄淮海开发项目使项目区耕地地力明显提升

临颍县的土壤类型有2个大类，砂姜黑土类占临颍县耕地面积的52.5%，该土类自身存在土壤质地黏重、透气性差、适耕期短的问题，而制约产量提升的关键问题是地势偏低，除涝困难和整地质量差、散墒快外，保全苗困难。在黄淮海开发项目实施中，紧紧抓住这一

主要矛盾，在疏通渠道和提高灌溉面积上狠下功夫。通过项目的实施，使临颍县王岗、三家店、大郭等乡镇的1.7万hm^2中低产田，成为临颍县主要粮食生产高产区。

（二）实施土地整理项目，生产条件得到明显改善

土地是农业生产的基础，在人为因素得到解决之后，而生产条件成为限制农业快速发展的制约因素，临颍县通过农业综合开发、农田林网改造、乡村公路村村通工程等国家项目的实施，使项目区路、田、沟、渠、桥、井得到了综合治理，农田基础设施得到较高的提升，农田道路通畅，排涝泄洪能力提高，项目区耕地地力显著提升。

（三）排涝减灾工程

临颍县低洼易涝面积较大，受季风气候的影响，极易形成春旱、秋涝，该问题长期没有得到根本性解决，通过农田水利基本建设项目建设，实施排涝减灾工程，开挖清理淤沟渠500km，整修生产桥涵1 500余座，使排涝减灾工程所涉及的农田的排涝能力由抵御3年一遇的能力提高到5～10年一遇。

水利是农业的命脉，除涝工程是抗灾减灾的一项重要内容，而提高灌溉能力更是临颍县粮食生产由高产向再高产迈进的关键。临颍县政府一直把提高灌溉能力摆在农田基本建设的重要位置，2006—2009年连续4年，年新打机井500眼，特别是2009年所实施的抗旱应急灌溉工程，新打机井1 300眼，洗井2 200眼，在缺水严重的乡镇打深井580眼，这些工程均在今春抗旱工作中发挥了重要作用，为临颍县今年夏粮再创历史新高做出了积极的贡献。

二、法律法规对耕地地力的影响

耕地地力，除耕地自身因素、管理因素和项目因素的影响外，党和政府的政策、法律、法规等对耕地地力影响也相对显著。如长期稳定土地承包责任制的政策、支农惠农政策、地方政府的法规等，均对耕地地力有不同程度的影响，改善了农业生产条件。

（一）法律法规对耕地地力的影响

我国的农村土地长期以来均采用集体所有制，在新中国成立后，较长一段时间是以生产队为经营单位，没有充分调动农民的种地养地的积极性，耕地地力变化缓慢。十一届三中全会后，实行了生产责任制，调动了广大农民种田的积极性，加大了对土地的投入，农作物的生物产量和经济产量直线上升。由于生物产量的增加，加大了有机物的还田量，土壤有机质含量明显提升，化肥投入量增多，土壤中氮、磷、钾等营养元素得到了充分的补充，耕地地力水平明显提升。

（二）秸秆禁烧政策对提高耕地地力影响巨大

随着农村劳动力工值的提升，对作物秸秆处理成为了负担，有许多农民待秸秆在田间凉干后，点火焚烧，这不仅污染环境，同时秸秆等有机物归还田间减少，造成土壤表层有机质减少，同时秸秆中氮、磷等营养元素，也均释放到大气层中，导致耕地地力下降。在各级政府共同努力下，通过提出许多奖励秸秆还田政策，大力推广秸秆还田的机械作业，杜绝焚烧秸秆现象，使秸秆还田面积大幅度的提升，耕地地力提升速度加快。

（三）惠农政策对提升耕地地力也有相当大的影响

近年来，党中央推出了一系列强农、惠农政策，极大地调动了广大农民种田的积极性，如免除农业税、实施良种补贴和种粮补贴，极大地减轻了农民的负担，农民的经济宽裕了，就能拿出更多的资金进行农业生产的投入，购化肥、买农机具、购置新型灌溉设备，这些条

件的改善也相应提升了耕地抗灾减灾能力。特别是对大型农机具实行补贴政策后，临颍县的大中型农机具数量剧增，大型农业机械作业不仅减少了机械进地次数，提高作业速度，更重要的是秸秆还田面积扩大，耕作层加深，土壤的通透性增强，蓄水保墒能力增加，促进潜在肥力转化，使耕地地力等级提升，粮食产量水平提高。

第三章

耕地土壤养分

第一节　临颍县耕地土壤养分

土壤养分含量是评价土壤肥力的一个重要参数。通过对临颍县域耕地资源管理信息系统中的2 000个评价单元资料整理分析，目前临颍县土壤有机质含量最高的地块含量为25.52g/kg，最低含量为5.54g/kg，平均16.35g/kg，变异系数为13.61%；土壤全氮含量最高的地块含量为1.68g/kg，最低含量为0.30g/kg，平均0.90g/kg，变异系数为16.87%；有效磷含量最高地块含量为25.60mg/kg，最低含量为5.00mg/kg，平均13.05mg/kg，变异系数为31.59%；速效钾含量最高地块含量为251.00mg/kg，最低含量为56.00mg/kg，平均117.29mg/kg，变异系数为25.32%。

临颍县耕地土壤养分状况详见表3－1。

表3－1　临颍县养分统计情况

养分	平均值	最小值	最大值	标准差	变异系数（%）
有机质（g/kg）	16.35	5.54	25.52	2.23	13.61
全　氮（g/kg）	0.90	0.30	1.68	0.16	16.87
有效磷（mg/kg）	13.05	5.00	25.60	4.34	31.59
速效钾（mg/kg）	117.29	56.00	251.00	29.72	25.32
有效铜（mg/kg）	2.68	0.60	5.13	1.13	47.53
有效铁（mg/kg）	5.58	3.80	7.10	0.84	14.98
有效锰（mg/kg）	6.17	1.90	8.90	1.39	22.97
有效锌（mg/kg）	0.59	0.10	0.99	0.18	31.04

第二次土壤普查历经近30年，农业生产方式、耕作模式、施肥水平及农业综合生产能力发生了很大变化，特别是机械化水平、秸秆还田率有很大提高，带动土壤有机质普遍得以提高，临颍县平均增长5.39g/kg，全氮提高0.08g/kg，氮、磷肥的施用量增加，速效磷同样有所提高，施用钾肥近几年被农民所接受，但终因投入与作物吸收不成正相关，土壤速效钾含量有所下降，应引起重视。

临颍县土壤养分含量变化情况详见表3－2。

表 3－2　临颍县土壤养分含量变化情况

年份	有机质（g/kg）	全氮（g/kg）	速效磷（mg/kg）	速效钾（mg/kg）
1981 年	10.96	0.71	11.80	161.00
2009 年	16.35	0.90	13.00	117.30
±%	5.39	0.19	1.20	－43.70

第二节　各乡镇土壤养分

一、有机质

临颍县各乡镇耕地土壤有机质状况详见表 3－3。

表 3－3　临颍县耕地土壤有机质按乡镇统计结果

乡镇	最小值（g/kg）	最大值（g/kg）	平均值（g/kg）	标准差（g/kg）	变异系数（%）
陈庄	11.83	20.62	16.21	1.81	11.14
王孟	12.30	23.66	16.25	2.31	14.23
皇帝庙	12.17	21.23	16.27	1.92	11.79
瓦店	9.70	21.63	16.39	2.24	13.64
三家店	12.00	25.52	17.03	2.22	13.00
王岗	11.10	25.15	16.92	2.66	15.70
巨陵	13.07	23.87	16.9	2.38	14.06
固厢	8.56	20.17	16.17	2.12	13.08
大郭	11.42	19.93	16.18	1.99	12.27
城关	9.51	21.63	16.19	2.07	12.70
石桥	10.01	20.56	16.29	1.99	12.22
窝城	11.47	22.20	16.12	2.26	14.00
杜曲	9.87	22.81	16.06	2.74	17.04
繁城	10.59	20.83	16.13	2.34	14.49
台陈	5.54	21.63	16.10	2.39	14.84
平均值	10.61	22.10	16.35	2.23	13.61

从上表中可以看出，土壤有机质含量高于临颍县平均水平的有瓦店、三家店、王岗、巨陵 4 个乡镇，平均含量最高的为三家店镇，平均含量为 17.03g/kg。低于临颍县平均水平的乡镇有陈庄、王孟、皇帝庙、固厢、大郭、城关、石桥、窝城、杜曲、繁城、台陈 11 个乡镇，平均含量最低的为台陈，平均含量为 16.1g/kg。

二、全氮

从各乡镇的全氮含量来看，高于临颍县平均水平的有陈庄、皇帝庙、瓦店、三家店、王岗、巨陵、石桥 7 个乡镇，平均含量最高的为瓦店镇，平均含量为 0.95g/kg。低于临颍县平均水平的乡镇有王孟、固厢、大郭、城关、窝城、杜曲、繁城、台陈 8 个乡镇，平均含量最低的为窝城镇和繁城镇，平均含量为 0.85g/kg。

临颍县耕地土壤全氮情况见表 3－4。

表 3－4　临颍县耕地土壤全氮按乡镇统计结果

乡镇	最小值（g/kg）	最大值（g/kg）	平均值（g/kg）	标准差（g/kg）	变异系数（%）
陈庄	0.63	1.26	0.94	0.19	19.96
王孟	0.64	1.39	0.85	0.14	16.41
皇帝庙	0.64	1.46	0.94	0.15	17.35
瓦店	0.52	1.25	0.95	0.17	18.02
三家店	0.64	1.31	0.94	0.17	18.03
王岗	0.30	1.36	0.93	0.17	18.51
巨陵	0.63	1.68	0.92	0.18	19.36
固厢	0.65	1.32	0.90	0.17	1.26
大郭	0.55	1.41	0.90	0.14	17.22
城关	0.64	1.26	0.87	0.21	21.70
石桥	0.68	1.40	0.94	0.16	16.60
窝城	0.63	1.32	0.85	0.16	18.50
杜曲	0.63	1.25	0.86	0.14	15.71
繁城	0.61	1.30	0.85	0.15	17.39
台陈	0.55	1.33	0.89	0.15	17.03
平均值	0.60	1.35	0.90	0.16	16.87

三、有效磷

临颍县有效磷含量高于临颍县平均水平的有陈庄、皇帝庙、瓦店、三家店、王岗、巨陵、固厢、大郭、石桥、窝城、杜曲、繁城、台陈 13 个乡镇，平均含量最高的为巨陵镇，平均含量为 13.80mg/kg；低于临颍县平均水平的乡镇有王孟乡、城关镇，平均含量最低的为王孟乡，平均含量为 10.82mg/kg。

临颍县耕地土壤有效磷分乡镇统计情况见表 3－5。

表 3－5　临颍县耕地土壤有效磷按乡镇统计结果

乡镇	最小值（mg/kg）	最大值（mg/kg）	平均值（mg/kg）	标准差（mg/kg）	变异系数（%）
陈庄	5.40	25.40	13.13	4.64	35.31
王孟	6.10	21.60	10.82	2.82	21.40
皇帝庙	5.40	23.80	13.18	4.43	33.64
瓦店	5.20	23.80	13.17	4.04	34.47

（续表）

乡镇	最小值（mg/kg）	最大值（mg/kg）	平均值（mg/kg）	标准差（mg/kg）	变异系数（%）
三家店	5. 80	23. 70	13. 27	4. 17	31. 46
王岗	5. 60	23. 50	13. 21	3. 91	29. 60
巨陵	6. 40	25. 60	13. 80	4. 70	34. 12
固厢	8. 20	20. 20	13. 19	3. 15	2. 71
大郭	5. 60	21. 60	13. 12	3. 30	25. 12
城关	5. 00	18. 40	13. 04	2. 74	21. 07
石桥	5. 10	23. 80	13. 45	11. 97	89. 02
窝城	5. 50	25. 20	13. 11	3. 99	30. 45
杜曲	5. 10	22. 70	13. 07	4. 30	32. 92
繁城	5. 60	21. 90	13. 09	3. 23	24. 63
台陈	5. 50	23. 50	13. 05	3. 64	27. 87
平均值	5. 70	22. 98	13. 05	4. 34	31. 59

四、速效钾

从表 3 –6 速效钾含量来看，高于临颍县平均水平的有王孟、皇帝庙、瓦店、三家店、王岗 5 个乡镇，平均含量最高的为王孟乡，平均含量为 123. 99mg/kg；低于临颍县平均水平的乡镇有陈庄、巨陵、固厢、大郭、城关、石桥、窝城、杜曲、繁城、台陈 10 个乡镇，平均含量最低的为台陈镇，平均含量为 115. 48mg/kg。

临颍县耕地土壤速效钾含量见表 3 –6。

表 3 –6　临颍县耕地土壤速效钾按乡镇统计结果

乡镇	最小值（mg/kg）	最大值（mg/kg）	平均值（mg/kg）	标准差（mg/kg）	变异系数（%）
陈庄	59. 00	175. 00	116. 94	31. 54	26. 97
王孟	80. 00	190. 00	123. 99	31. 44	25. 36
皇帝庙	80. 00	206. 00	118. 08	31. 35	26. 55
瓦店	65. 00	195. 00	120. 59	34. 03	28. 22
三家店	65. 00	240. 00	117. 37	32. 13	27. 37
王岗	62. 00	192. 00	119. 10	30. 15	25. 31
巨陵	76. 00	189. 00	116. 47	28. 85	24. 74
固厢	74. 00	208. 00	116. 00	30. 29	26. 11
大郭	80. 00	185. 00	115. 98	28. 77	24. 81
城关	62. 00	197. 00	115. 51	26. 66	23. 08
石桥	79. 00	251. 00	116. 07	35. 84	30. 77
窝城	75. 00	179. 00	115. 94	23. 82	20. 56

（续表）

乡镇	最小值（mg/kg）	最大值（mg/kg）	平均值（mg/kg）	标准差（mg/kg）	变异系数（%）
杜曲	56.00	208.00	115.80	27.15	23.45
繁城	56.00	187.00	115.98	28.85	24.87
台陈	71.00	183.00	115.48	24.97	21.62
平均值	69.33	199.00	117.29	29.72	25.32

五、有效铜

临颍县耕地土壤有效铜按乡镇统计结果见表3－7。

表3－7 临颍县耕地土壤有效铜按乡镇统计结果

乡镇	最小值（mg/kg）	最大值（mg/kg）	平均值（mg/kg）	标准差（mg/kg）	变异系数（%）
陈庄	1.03	4.90	2.87	1.66	57.73
王孟	0.93	4.04	2.35	1.08	45.90
皇帝庙	0.77	4.64	2.96	1.28	43.43
瓦店	1.13	4.97	2.27	1.22	53.89
三家店	0.67	4.12	1.53	1.07	70.04
王岗	0.83	4.29	1.68	0.94	76.85
巨陵	1.15	4.95	2.69	1.66	61.78
固厢	1.00	1.46	1.28	0.17	13.67
大郭	2.77	7.44	4.56	1.23	26.82
城关	2.81	4.88	3.76	1.00	26.69
石桥	0.60	4.2	1.70	1.52	89.25
窝城	1.90	4.97	4.23	0.88	20.86
杜曲	0.78	5.13	3.24	1.18	36.43
繁城	—	—	—	—	—
台陈	0.96	4.25	2.34	0.99	42.10
平均值	1.24	4.59	2.68	1.13	47.53

从上述表格来看，高于临颍县平均水平的有陈庄、皇帝庙、巨陵、大郭、城关、窝城、杜曲7个乡镇，平均含量最高的为大郭，平均含量为4.56mg/kg；低于临颍县平均水平的乡镇有王孟、瓦店、三家店、王岗、固厢、石桥、台陈7个乡镇，平均含量最低的为三家店镇，平均含量为1.53mg/kg。

六、有效铁

从各乡镇的有效铁含量来看，高于临颍县平均水平的有陈庄、三家店、巨陵、城关、窝城5个乡镇，平均含量最高的为窝城镇，平均含量为6.30mg/kg；低于临颍县平均水平的乡镇有皇帝庙、瓦店、王岗、大郭、石桥、杜曲、台陈，平均含量最低的为大郭乡，平均含量为5.00mg/kg。

临颍县耕地土壤有效铁按乡镇统计结果见表 3－8。

表 3－8 临颍县耕地土壤有效铁按乡镇统计结果

乡镇	最小值（mg/kg）	最大值（mg/kg）	平均值（mg/kg）	标准差（mg/kg）	变异系数（%）
陈庄	6. 90	4. 80	6. 00	0. 80	13. 33
王孟	4. 20	7. 10	5. 70	0. 85	14. 80
皇帝庙	4. 00	6. 80	5. 22	0. 88	16. 82
瓦店	3. 80	6. 70	5. 10	0. 94	18. 46
三家店	4. 10	6. 91	5. 80	0. 84	14. 40
王岗	3. 90	6. 90	5. 20	0. 89	14. 20
巨陵	4. 10	7. 00	5. 90	1. 03	17. 55
固厢	4. 20	6. 70	5. 70	0. 93	16. 26
大郭	4. 20	6. 50	5. 00	0. 59	11. 61
城关	4. 50	6. 90	6. 10	1. 06	17. 57
石桥	4. 30	6. 30	5. 20	0. 77	14. 82
窝城	5. 70	6. 90	6. 30	0. 42	6. 63
杜曲	4. 00	6. 80	5. 40	0. 72	13. 37
繁城	—	—	—	—	—
台陈	4. 10	7. 10	5. 50	1. 10	19. 83
平均值	4. 43	6. 67	5. 58	0. 84	14. 98

七、有效锰

临颍县耕地土壤有效锰按乡镇统计结果见表 3－9。

表 3－9 临颍县耕地土壤有效锰按乡镇统计结果

乡镇	最小值（mg/kg）	最大值（mg/kg）	平均值（mg/kg）	标准差（mg/kg）	变异系数（%）
陈庄	5. 80	8. 60	7. 10	0. 88	12. 31
王孟	1. 90	8. 90	5. 80	1. 93	33. 07
皇帝庙	3. 70	6. 60	4. 78	0. 99	20. 63
瓦店	3. 12	8. 30	6. 4	1. 58	24. 74
三家店	3. 80	8. 30	7. 34	1. 15	15. 63
王岗	4. 30	8. 00	6. 73	1. 02	12. 92
巨陵	3. 70	7. 40	5. 64	1. 50	26. 67
固厢	6. 80	8. 00	7. 60	0. 53	6. 99
大郭	3. 32	8. 70	6. 05	1. 71	28. 24
城关	3. 90	8. 10	5. 70	2. 09	36. 66
石桥	3. 60	8. 20	6. 02	1. 77	29. 46
窝城	4. 40	6. 90	5. 77	0. 76	13. 15
杜曲	3. 10	8. 90	5. 79	1. 44	25. 02
繁城	—	—	—	—	—
台陈	3. 50	8. 70	5. 69	2. 05	36. 04
平均值	3. 92	8. 11	6. 17	1. 39	22. 97

从上述表格来看，高于临颍县平均水平的有陈庄、瓦店、三家店、王岗、固厢5个乡镇，平均含量最高的为固厢乡，平均含量为7.60mg/kg；低于临颍县平均水平的乡镇有王孟、皇帝庙、巨陵、城关、窝城、杜曲、台陈7个乡镇，平均含量最低的为皇帝庙乡，平均含量为4.78mg/kg。

八、有效锌

临颍县耕地土壤有效锌按乡镇统计结果见表3－10。

表3－10 临颍县耕地土壤有效锌按乡镇统计结果

乡镇	最小值 (mg/kg)	最大值 (mg/kg)	平均值 (mg/kg)	标准差 (mg/kg)	变异系数 (%)
陈庄	0.35	0.78	0.65	0.17	26.82
王孟	0.20	0.74	0.48	0.18	37.87
皇帝庙	0.28	0.68	0.54	0.13	24.62
瓦店	0.31	0.92	0.65	0.16	23.85
三家店	0.32	0.81	0.62	0.15	24.23
王岗	0.27	0.83	0.64	0.17	25.14
巨陵	0.20	0.83	0.59	0.20	33.90
固厢	0.50	0.82	0.66	0.11	17.42
大郭	0.36	0.88	0.65	0.16	24.04
城关	0.22	0.84	0.54	0.27	50.31
石桥	0.10	0.83	0.49	0.22	45.08
窝城	0.36	0.82	0.58	0.12	21.80
杜曲	0.10	0.99	0.58	0.25	43.30
繁城	—	—	—	—	—
台陈	0.18	0.89	0.61	0.22	36.17
平均值	0.27	0.83	0.59	0.18	31.04

从上述表格来看，高于临颍县平均水平的有陈庄、瓦店、三家店、王岗、固厢、大郭、台陈7个乡镇，平均含量最高的为固厢乡，平均含量为0.66mg/kg；低于临颍县平均水平的乡镇有王孟、皇帝庙、巨陵、城关、石桥、窝城、杜曲7个乡镇，平均含量最低的为王孟乡，平均含量为0.48mg/kg。

第四章

耕地地力评价方法与程序

第一节 耕地地力评价基本原理与原则

一、基本原理

根据农业部《测土配方施肥技术规范》和《耕地地力评价指南》确定的评价方法，耕地地力是指耕地自然属性要素（包括一些人类生产活动形成和受人类生产活动影响大的因素，如灌溉保证率、排涝能力、轮作制度、梯田化类型与年限等）相互作用所表现出来的潜在生产能力。本次耕地地力评价是以临颍县范围为对象展开的，因此，选择的是以土壤要素为主的潜力评价，采用耕地自然要素评价指数反映耕地潜在生产能力的高低。

其关系式为：

$$IFI = b_1x_1 + b_2x_2 + \cdots\cdots + b_nx_n$$

IFI 表示耕地地力指数；

b_i 表示耕地自然属性分值，选取的参评因素；

x_i 表示该属性对耕地地力的贡献率（也即权重，用层次分析法求得）。

用评价单元数与耕地地力综合指数制作累积频率曲线图，根据单元综合指数的分布频率，采用耕地地力指数累积曲线法划分耕地地力等级，在频率曲线图的突变处划分级别（图 4－1）。根据 IFI 的大小，可以了解耕地地力的高低；根据 IFI 的组成，通过分析可以揭示出影响耕地地力的障碍因素及其影响程度。

二、耕地地力评价基本原则

本次耕地地力评价所采用的耕地地力概念是指耕地的基础地力，也即由耕地土壤的所处的地形、地貌条件、成土母质特征、农田基础设施及培肥水平、土壤理化性状等综合构成的耕地生产力。此类评价揭示处于特定范围内（一个完整的县域）、特定气候（一般来说，一个县域内的气候特征是基本相似的）条件下，各类立地条件、剖面性状、土壤理化性状、障碍因素与土壤管理等因素组合下的耕地综合特征和生物生产力的高低，也即潜在生产力。通过深入分析，找出影响耕地地力的主导因素，为耕地改良和管理利用提供依据。基于此，耕地地力评价所遵循的基本原则如下。

（一）综合因素与主导因素相结合的原则

耕地是一个自然经济综合体，耕地地力也是各类要素的综合体现。本次耕地地力评价所

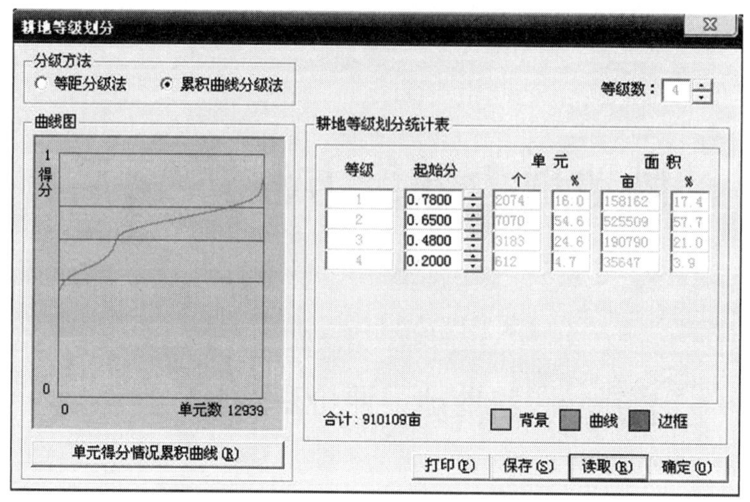

图 4－1　耕地地力等级划分示意

采用的耕地地力概念是指耕地的基础地力，也即由耕地土壤所处的地形、地貌条件、成土母质特征、农田基础设施及培肥水平、土壤理化性状等综合构成的耕地生产力。所谓综合因素研究，是指对前述耕地立地条件、剖面性状、耕层理化性质、障碍因素和土壤管理水平 5 个方面的因素进行全面的研究、分析与评价，以全面了解耕地地力状况。所谓主导因素，是指在特定的区域范围内对耕地地力起决定作用的因素，在评价中要着重对其进行研究分析。因此，把综合因素与主导因素结合起来进行评价，既着眼于全区域范围内的所有耕地类型，也关注对耕地地力影响大的关键指标。以期达到评价结果反映出区域内耕地地力的全貌，也能分析特殊耕地地力等级和特定区域内耕地地力的主导因素，可为全区域耕地资源的利用提供决策依据，又可为低等级耕地的改良提供主攻方向。

（二）稳定性原则

评价结果在一定的时期内应具有一定的稳定性，能为一定时期内的耕地资源配置和改良提供依据。因此，在指标的选取上必须考虑评价指标的稳定性。

（三）一致性与共性原则

考虑区域内耕地地力评价结果的可比性，不针对某一特定的利用类型，对于县域内全部耕地利用类型，选用统一的共同的评价指标体系。

同时，鉴于耕地地力评价是对全年的作物生产潜力进行评价，因此，评价指标的选择需要考虑全年的各季作物；同时，对某些因素的影响要进行整体和全局的考虑，如灌溉保证率和排涝能力，必须考虑其发挥作用的频率。

（四）定量和定性相结合的原则

影响耕地地力的土壤自然属性和人为因素（如灌溉保证率、排涝能力等）中，既有数值型的指标，也有概念型的指标。两类指标都根据其对全区域内的耕地地力影响程度决定取舍。对数据标准化时采用相应的方法。原因是可以全面分析耕地地力的主导因素，为合理利用耕地资源提供决策依据。

（五）潜在生产力与现实生产力相结合的原则

耕地地力评价是通过多因素分析方法，对耕地潜力生产能力的评价，有别于实际的生产力。但是，同一等级耕地内的较高现实生产能力作为选择指标和衡量评价结果是否准确的参考依据。符合“县域耕地资源管理信息系统”及数据库要求的技术手段和方法，建立以县为单位的耕地资源基础数据库，包括属性数据库和空间数据库两类。

第二节　耕地地力评价技术流程

结合测土配方施肥项目开展县域耕地地力评价的主要技术流程有5个环节（图4－2）。

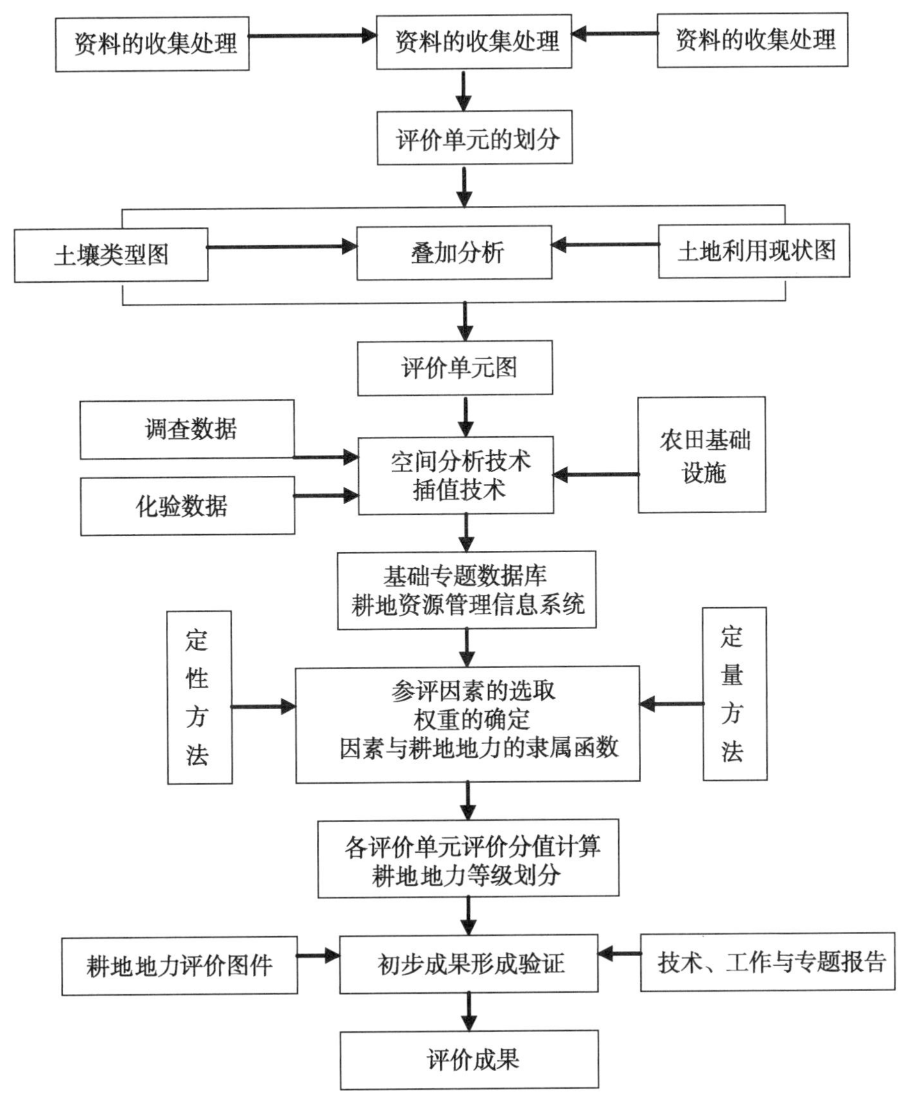

图4－2　耕地地力评价技术流程

一、建立县域耕地资源基础数据库

利用3S技术，收集整理所有相关历史数据和测土配方施肥数据（从农业部统一开发的

“测土配方施肥数据管理系统”中获取，如图 4 -3 所示）。

图 4 -3 测土配方施肥数据管理系统

二、建立耕地地力评价指标体系

所谓耕地地力评价指标体系，包括 3 部分内容：一是评价指标，即从国家耕地地力评价选取的用于临颍县的评价指标；二是评价指标的权重和组合权重；三是单指标的隶属度，即每一指标不同表现状态下的分值。单指标权重的确定采用层次分析法，概念型指标采用特尔斐法和模糊评价法建立隶属函数，数值型的指标采用特尔斐法和非线性回归法，建立隶属函数。

三、确定评价单元

所谓耕地地力评价单元，就是指潜在生产能力近似且边界封闭具有一定空间范围的耕地。根据耕地地力评价技术规范的要求，此次耕地地力评价单元采用县级土壤图（到土种级）和土地利用现状图叠加，进行综合取舍和技术处理后形成不同的单元。

用土壤图（土种）和土地利用现状图（含有行政界限）叠加产生的图斑作为耕地地力评价的基本单元，使评价单元空间界线及行政隶属关系明确，单元的位置容易实地确定，同时同一单元的地貌类型及土壤类型一致，利用方式及耕作方法基本相同。可以使评价结果应用于农业布局等农业决策，还可用于指导生产实践，也为测土配方施肥技术的深入普及奠定良好基础。

四、建立县域耕地资源管理信息系统

将第一步建立的各类属性数据和空间数据按照农业部统一提供的“县域耕地资源管理信息系统 3.0 版”的要求，导入该系统内，并建立空间数据库和属性数据库连接，建成临颍县区域耕地资源信息管理系统。依据第二步建立的指标体系，在“县域耕地资源管理信息系统3.0版”内，分别建立层次分析权属模型和单因素隶属函数建成的县域耕地资源管理信息系统，作为耕地地力评价的软件平台。

五、评价指标数据标准化与评价单元赋值

根据空间位置关系将单因素图中的评价指标，提取并赋值给评价单元。

六、综合评价

采用隶属函数法对所有评价指标数据进行隶属度计算，利用权重加权求和，计算出每一单元的耕地地力指数，采用耕地地力指数累积曲线法划分耕地地力等级，并纳入到国家耕地地力等级体系中。

七、撰写耕地地力评价报告

在行政区域和耕地地力等级分类中，分析耕地地力等级与评价指标的关系，找出影响耕地地力等级的主导因素和提高耕地地力的主攻方向，进而提出耕地资源利用的措施和建议。

第三节　资料收集与整理

一、耕地土壤属性资料

采用全国第二次土壤普查时的土壤分类系统，但根据河南省土壤肥料站的统一要求，与全省土壤分类系统进行了对接。本次评价采用全省统一的土种名称。各土种的发生学性状与剖面特征、立地条件、耕层理化性状（不含养分指标）、障碍因素等性状均采用第二次土壤普查时所获得的资料。对一些已发生了变化的指标，采用测土配方施肥项目野外采样的调查资料进行补充修订，如耕层厚度、田面坡度等。基本资料来源于土壤图和土壤普查报告。

二、耕地土壤养分含量

评价所用的耕地耕层土壤养分含量数据均来源于测土配方施肥项目的分析化验数据（表4－1）。分析方法和质量控制依据《测土配方施肥技术规范》进行。

表4－1　分析化验项目与方法

分析项目	分析方法
pH值	电位法
有机质	油浴加热重铬酸钾氧化——容量法
全氮	凯氏蒸馏法
有效磷	碳酸氢钠提取——钼锑抗比色法
速效钾	乙酸铵提取——火焰光度法
缓效钾	硝酸提取——火焰光度法
土壤有效铜、锌、铁、锰	DTPA浸提——原子吸收光谱法

三、农田水利设施

灌溉分区图（图4－4）、排水分区图（图4－5）、地下水位图所需的田间工程设施、灌溉模数、排涝模数等数据。统计资料为2007—2009年临颍县水利年鉴。

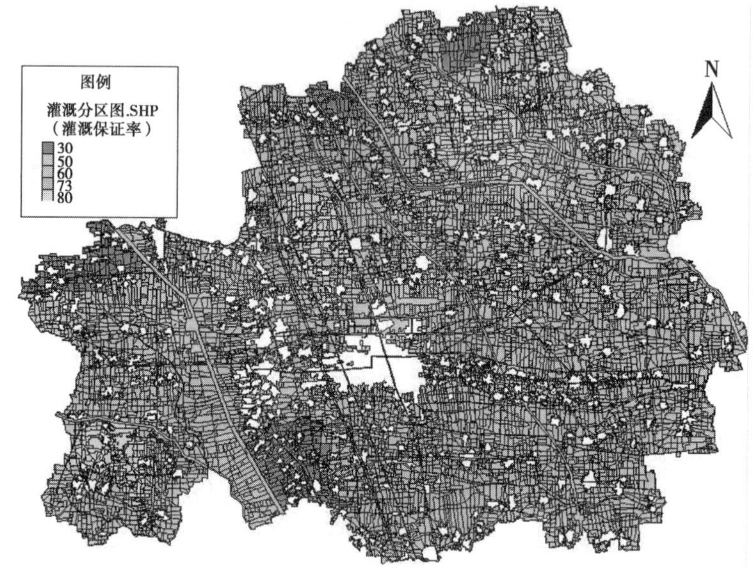

图4－4　临颍县灌溉保证率分区

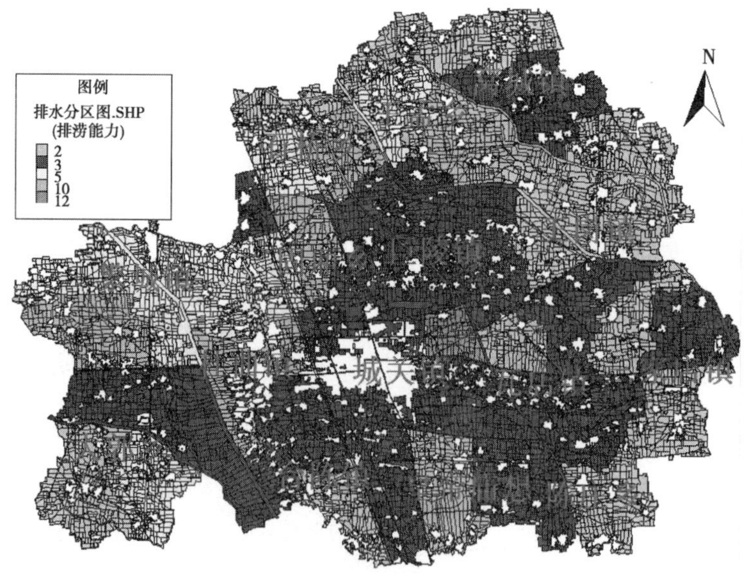

图4－5　临颍县排涝能力分区

四、社会经济统计资料

以最新行政区划为基本单位的人口、土地面积、作物面积和单产，以及各类投入产出等社会经济指标数据。统计资料为2007—2009年临颍县统计提要。

五、基础及专题图件资料

（1）临颍县土壤图（比例尺1∶50 000）（1985年7月，临颍县农牧局、临颍县土壤普查办公室），该资料由临颍县土壤肥料工作站提供。

（2）临颍县土地利用现状图（比例尺1∶50 000）（临颍县国土资源管理局绘制），该资料由临颍县国土资源管理局提供。

（3）临颍县行政区划图（比例尺1∶50 000）（临颍县民政局绘制），该资料由临颍县民政局提供。

六、野外调查资料

对农户施肥情况调查表、采样点调查表等进行了归纳整理，修订了已发生变化的地貌、地形等相关属性，建立了相关数据库。

七、其他相关资料

（1）临颍县志（1990年12月，临颍县地方史志编纂委员会编制），该资料由临颍县地方史志编纂委员会提供。

（2）临颍县综合农业区划（1983年9月，临颍县农业区划委员会办公室编制），该资料由临颍县农业局提供。

（3）临颍县农业综合开发（2008年3月，临颍县农业综合开发办公室），该资料由临颍县农业综合开发办公室提供。

（4）临颍县林业生态建设（2008年6月，临颍县林业局），该资料由临颍县林业局提供。

（5）临颍县土地资源（2006年11月，临颍县国土资源管理局），该资料由临颍县国土资源管理局提供。

（6）临颍县2007年、2008年、2009年水利年鉴（临颍县水利局），该资料由临颍县水利局提供。

（7）临颍县土壤（1985年7月，临颍县农业局、临颍县土壤普查办公室编制），该资料由临颍县土壤肥料工作站提供。

（8）临颍县2007年、2008年、2009统计提要（临颍县统计局），该资料由临颍县统计局提供。

（9）漯河市2005年、2006年、2007年气象资料（漯河市气象局），该资料由漯河市气象局提供。

（10）临颍县2007—2009年测土配方施肥项目技术总结专题报告（2009年5月）（漯河市临颍县农业技术推广中心），该资料由临颍县农业技术推广中心提供。

第四节　图件数字化与建库

耕地地力评价是基于大量的与耕地地力有关的耕地土壤自然属性和耕地空间位置信息，

如立地条件、剖面性状、耕层理化性状、土壤障碍因素，以及耕地土壤管理方面的信息。调查的资料可分为空间数据的属性数据，空间数据主要指项目县的各种基础图件，以及调查样点的 GPS 定位数据；属性数据主要指与评价有关的属性表格和文本资料。为了采用信息化的手段进行评价和评价结果管理，首先需要开展数字化工作。根据《测土配方施肥技术规范》、县域耕地资源管理信息系统（3.0 版）要求，根据对土壤、土地利用现状等图件进行数字化，并建立空间数据库。

一、图件数字化

空间数据的数字化工作比较复杂，目前常用的数字化方法包括 3 种：一是采用数字化仪数字化，二是光栅矢量化，三是数据转换法。本次评价中采用了后两种方法。

光栅矢量化法是以已有的地图或遥感影像为基础，利用扫描仪将其转换为光栅图，在 GIS 软件支持下对光栅图进行配准，然后以配准后的光栅图为参考进行屏幕光栅矢量化，最终得到矢量化地图。光栅矢量化法的步聚见图 4 –6。

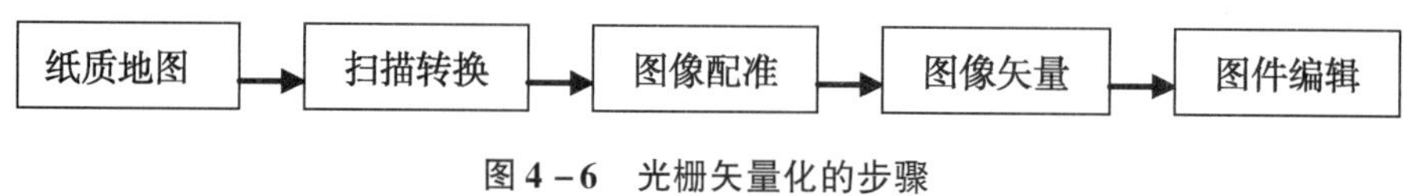

图 4 –6　光栅矢量化的步骤

数据转换法是利用已有的数字化数据，利用软件转换工具，转换为本次工作要求的 *. shp格式。采用该方法是针对目前临颍县国土资源管理部门的土地利用图都已数字化建库，采用的是 Mapgis 的数据格式，利用 Mapgis 的文件转换功能很容易将 *. wp/ *. wl/ *. wt 的数据转换为 *. shp 格式。

属性数据的输入是用数据库或电子表格来完成的。与空间数据相关的属性数据需要建立与空间数据对应的连接关键字，通过数据联接的方法，联接到空间数据中，最终得到满足评价要求的空间 – 属性一体化数据库。技术方法如图 4 –7 所示。

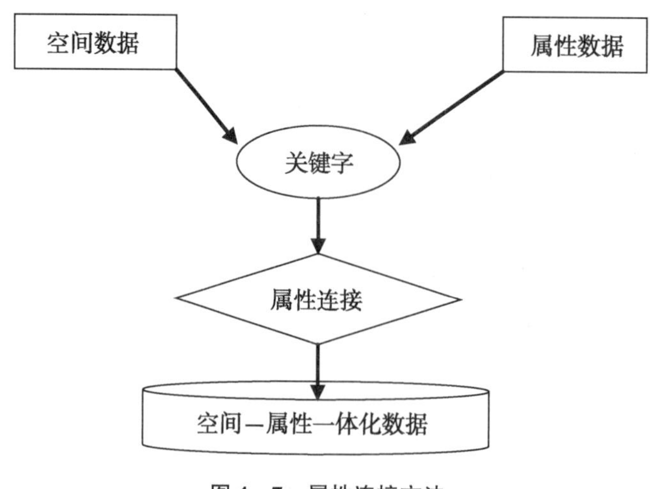

图 4 –7　属性连接方法

二、图形坐标变换

在地图录入完毕后，经常需要进行投影变换，得到统一空间参照系下的地图。本次工作中收集到的土地利用现状图采用的是高斯 3 度带投影，需要变换为高斯 6 度带投影。进行投影变换有两种方式：一种是利用多项式拟合，类似于图像几何纠正；另一种是直接应用投影变换公式进行变换。基本原理：

$$
\begin{aligned}
X' &= f(x, y) \\
Y' &= g(x, y)
\end{aligned}
\tag{4-1}
$$

式 4－1 中：X'，Y'为目标坐标系下的坐标，x，y 为当前坐标系下的坐标。

本次评价中的数据，采用统一空间定位框架，参数如下：

投影方式：高斯－克吕格投影，6 度带分带，对于跨带的县进行跨带处理。

坐标系及椭球参数：北京 54/克拉索夫斯基。

高程系统：1956 年黄海高程基准。

野外调查 GPS 定位数据：初始数据采用经纬度并在调查表格中记载；装入 GIS 系统与图件匹配时，再投影转换为上述直角坐标系坐标。

三、数据质量控制

根据《耕地地力评价指南》的要求，对空间数据和属性数据进行质量控制。属性数据按照指南的要求，规范各数据项的命名、格式、类型、约束等。

空间数据达到最小上图面积 0.04cm^2 的要求，并规范图幅内外的图面要素。扫描影像数据水平线角度误差不超过 0.2°，校正控制点不少于 20 个，校正绝对误差不超过 0.2mm，矢量化的线划偏离光栅中心不超 0.2mm。耕地和园地面积以国土部门的土地详查面积为控制面积。

第五节　土壤养分空间插值与分区统计

本次评价工作需要制作养分图和养分等值线图，这需要采用空间插值法将采样点的分析化验数据进行插值，生成全域的各类养分图和养分等值线图。

一、空间插值法简介

研究土壤性质的空间变异时，观察点和取样点总是有限的，因而对未测点的估计是完全必要的。大量研究表明，统计学方法中半方差图和 Kriging 插值法适合于土壤特性空间预测，并得到了广泛应用。

克里格插值法（Kriging）也称空间局部估计或空间局部插值，它是建立在半变异函数理论及结构分析基础上，在有限区域内对区域化变量的取值进行无偏最优估计的一种方法。克里格法实质上利用区域化变量的原始数据和半变异函数的结构特点，对未采样点的区域化变量的取值进行线性无偏最优估计量的一种方法。更具体地讲，它是根据待估样点有限领域内若干已测定的样点数据，在认真考虑了样点的形状、大小和空间相互位置关系，它们与待估样点间相互空间位置关系，以及半变异函数提供的结构信息之后，对该待估样点值进行的一种线性无偏最优估计。研究方法的核心是半方差函数，公式为：

$$\bar{\gamma}(h) = \frac{1}{2N(h)}\sum_{\alpha=1}^{N(h)}[Z(u_\alpha) - Z(u_\alpha) + h)^2]$$

式中：h 为样本间距，又称位差（Lag）；N（h）表示间距为 h 的“样本对”数。

设位于 X_0 处的速效养分估计值为 $\hat{Z}$（x_0），它是周围若干样点实测值 Z（x_i），（$i=1$，2，…，n）的线性组合，即

$$\hat{Z}(x_0) = \sum_{i=1}^{n}\lambda_i Z(x_i)$$

式中：$\hat{Z}$（x_0）为 X_0 处的养分估计值；λ_i 为第 i 个样点的权重；Z（x_i）为第 i 个样点值。

要确定 λ_i 有两个约束条件：

$$\begin{cases}\min(Z(x_0) - \sum_{i=1}^{n}\lambda_i Z(x_i))^2 \\ \sum_{i=1}^{n}\lambda_i = 1\end{cases}$$

满足以上两个条件可得如下方程组：

$$\begin{bmatrix}\gamma_{11} & L & \gamma_{1n} & 1 \\ M & O & M & M \\ \gamma_{n1} & L & \gamma_{nn} & 1 \\ 1 & L & 1 & 0\end{bmatrix} \cdot \begin{bmatrix}\lambda_1 \\ M \\ \lambda_1 \\ m\end{bmatrix} = \begin{bmatrix}\gamma_{01} \\ M \\ \gamma_{0n} \\ 1\end{bmatrix}$$

式中：γ_{ij}表示 x_i 和 x_j 之间的半方差函数值；m 为拉格朗日值。

解上述方程组即可得到所有的权重 λ_i 和拉格朗日值 m。利用计算所得到的权重即可求得估计值 $\hat{Z}$（x_0）。

克里格插值法要求数据服从正态分布，非正态分布会使变异函数产生比例效应，比例效应的存在会使实验变异函数产生畸变，抬高基台值和块金值，增大估计误差，变异函数点的波动大，甚至会掩盖其固有的结构，因此应该消除比例效应。此外，克里格插值结果的精度还依赖于采样点的空间相关程度，当空间相关性很弱时，意味着这种方法不适用。因此，当样点数据不服从正态分布或样点数据的空间相关性很弱时，我们采用反距离插值法。

反距离法是假设待估未知值点受较近已知点的影响比较远已知点的影响更大，其通用方程：

$$Z_0 = \frac{\sum_{i=1}^{s} Z_i \frac{1}{d_i^k}}{\sum_{i=1}^{s} \frac{1}{d_i^k}}$$

式中：Z_0 是待估点 O 的估计值；Z_i 是已知点 i 的值；d_i 是已知点 i 与点 O 间的距离；s 是在估算中用到的控制点数目；k 是指定的幂。

该通用方程的含义是已知点对未知点的影响程度用点之间距离乘方的倒数表示，当乘方为 1（$k=1$）时，意味着点之间数值变化率恒定，该方法称为线性插值法，乘方为 2 或更高

则意味着越靠近的已知点，该数值的变化率越大，远离已知点则趋于稳定。

在本次耕地地力评价中，还用到了“以点代面”估值方法，对于外业调查数据的应用不可避免的要采用“以点代面”法。在耕地资源管理图层提取属性过程中，计算落入评价单元内采样点某养分的平均值，没有采样点的单元，直接取邻近的单元值。

GIS 分析方法中的泰森多边形法是一种常用的“以点代面”估值方法。这种方法是按狄洛尼（Delounay）三角网的构造法，将各监测点 P_i 分别与周围多个监测点相连得到三角网，然后分别作三角网边线的垂直平分线，这些垂直平分线相交则形成以监测点 P 为中心的泰森多边形。每个泰森多边形内监测点数据即为该泰森多边形区域的估计值，泰森多边形内每处的值相同，等于该泰森多边形区域的估计值。

二、空间插值

本次空间插值采用 ArcGIS 9.2 中的 Geostatistical Analyst 功能模块完成。

测土配方施肥项目测试分析了全氮、有效磷、缓效钾、速效钾、有机质、pH、铜、铁、锰、锌等项目。这些分析数据根据外业调查数据的经纬度坐标生成样点图，然后将以经纬度坐标表示的地理坐标系投影变换为以高斯坐标表示的投影平面直角坐标系，得到的样点图中有部分数据的坐标记录有误，样点落在了县界之外，对此加以修改或删除。

首先对数据的分布进行探查，剔除异常数据，观察样点分析数据的分布特征，检验数据是否符合正态分布和取自然对数后是否符合正态分布。以此选择空间插值方法。

其次是根据选择的空间插值方法进行插值运算，插值方法中参数选择以误差最小为准则进行选取。

最后是生成格网数据，为保证插值结果的精度和可操作性，将结果采用 20m × 20m 的 GRID——格网数据格式。

三、养分分区统计

养分插值结果是格网数据格式，地力评价单元是图斑，需要统计落在每一评价单元内的网格平均值，并赋值给评价单元。

工作中利用 ArcGIS 9.2 系统的分区统计功能（Zonal statistics）进行分区统计，将统计结果按照属性联接的方法赋值给评价单元。

第六节　耕地地力评价与成果图编辑输出

一、建立县域耕地资源管理工作空间

首先建立县域耕地资源管理工作空间，然后导入已建立好的各种图件和表格。详见耕地资源管理信息系统章节。

二、建立评价模型

在县域耕地资源管理系统的支持下，将建立的指标体系输入到系统中，分别建立评价指

标的权重模型和隶属函数评价模型。

三、县域耕地地力等级划分

根据耕地资源管理单元图中的指标值和耕地地力评价模型，现实对各评价单元地力综合指数的自动计算，采用累积曲线分级法划分县域耕地地力等级。

四、归入全国耕地地力体系

对县域各级别的耕地粮食产量进行专项调查，每个级别调查 20 个以上评价单元近 3 年的平均粮食产量，再根据该级土地稳定的立地条件（如质地、耕层厚度等）状况，进行潜力修正后，作为该级别耕地的粮食产量，与《全国耕地类型区、耕地地力等级划分》（NY/T 309—1996）进行对照，将县级耕地地力评价等级归入国家耕地地力等级。

五、图件的编制

为了提高制图的效率和准确性，在地理信息系统软件 ArcGIS 的支持下，进行耕地地力评价图及相关图件的自动编绘处理。临颍县的行政区划、河流水系、大型交通干道等作为基础信息，然后叠加上各类专题信息，得到各类专题图件。专题地图的地理要素内容是专题图的重要组成部分，用于反映专题内容的地理分布，并作为图幅叠加处理等的分析依据。地理要素的选择应与专题内容相协调，考虑图面的负载量和清晰度，应选择基本的、主要的地理要素。

对于有机质含量、速效钾、有效磷、有效锌等其他专题要素地图，按照各要素的分级分别赋予相应的颜色，同时标注相应的代号，生成专题图层。之后与地理要素图复合，编辑处理生成专题图件，并进行图幅的整饰处理。

耕地地力评价图以耕地地力评价单元为基础，根据各单元的耕地地力评价等级结果，对相同等级的相邻评价单元进行归并处理，得到各耕地地力等级图斑。在此基础上，用颜色表示不同耕地地力等级。

图外要素绘制了图名、图例、坐标系高程系说明、成图比例尺、制图单位全称、制图时间等。

六、图件输出

图件输出采用两种方式：一是打印输出，按照 1∶50 000的比例尺，在大型绘图仪的支持下打印输出；二是电子输出，按照 1∶50 000的比例尺，300dpi 的分辨率，生成 *. jpg 光栅图，以方便图件的使用。

第七节　耕地资源管理系统的建立

一、系统平台

耕地资源管理系统软件平台采用农业部种植业管理司、全国农业技术推广服务中心和扬州土肥站联合开发的"县域耕地资源管理信息系统3.0"，该系统以县级行政区域内耕地资源为管理对象，以土地利用现状与土壤类型的结合为管理单元，通过对辖区内耕地资源信息采集、管理、分析和评价，是本次耕地地力评价的系统平台。增加相应技术模型后，不仅能够开展作物适宜性评价、品种适宜性评价，也能够为农民、农业技术人员以及农业决策者合理安排作物布局、科学施肥、节水灌溉等农事措施提供耕地资源信息服务和决策支持。系统界面见图4－8。

图4－8　县域耕地资源管理信息系统界面

二、系统功能

"县域耕地资源管理信息系统3.0"具有耕地地力评价和施肥决策支持等功能，主要功能如下。

（一）耕地资源数据库建设与管理

系统以Mapobjects组件为基础开发完成，支持＊.shp的数据格式，可以采用单机的文件管理方式，与可以通过SDE访问网络空间数据库。系统提供数据导入、导出功能，可以将Arcview或ArcGIS系统采集的空间数据导入本系统，也可将＊.DBF或＊.MDB的属性表格导入到系统中，系统内嵌了规范化的数据字典，外部数据导入系统时，可以自动转换为规范化的文件名和属性数据结构，有利于全国耕地地力评价数据的标准化管理。管理系统也能方便的将空间数据导出为＊.shp数据，属性数据导出为＊.xls和＊.mdb数据，以方便其他相关应用。

系统内部对数据的组织分工作空间、图集、图层3个层次，一个项目县的所有数据、系统设置、模型及模型参数等共同构成项目县的工作空间。一个工作空间可以划分为多个图集，图集针对某一专题应用，如耕地地力评价图集、土壤有机质含量分布图集、配方施肥图集等。组成图集的基本单位是图层，对应的是＊.shp文件，如土壤图、土地利用现状图、耕地资源管理单元图等，指的都是图层。

（二）GIS系统的一般功能

系统具备了GIS的一般功能，如地图的显示、缩放、漫游、专题化显示、图层管理、缓冲区分析、叠加分析、属性提取等功能，通过空间操作与分析，可以快速获得感兴趣区域信息。更实用的功能是属性提取和以点代面等功能，本次评价中属性提取功能可将专题图的专题信息，如灌溉保证率等，快速的提取出来赋值给评价单元。

（三）模型库的建立与管理

专业应用与决策支持离不开专业模型，系统具有建立层次分析权重模型、隶属函数单因素评价模型、评价指标综合计算模型、配方施肥模型、施肥运筹模型等系统模型的功能。在本次地力评价过程中，利用系统的层次分析功能，辅助本县快速的完成了指标权重的计算。权重模型和隶属函数评价模型建立后，可快速的完成耕地潜力评价，通过对模型参数的调整，实现了评价结果的快速修正。

（四）专业应用与决策支持

在专业模型的支持下，可实现对耕地生产潜力的评价、某一作物的生产适宜性评价等评价工作，也可实现单一营养元素的丰缺评价。根据土壤养分测试值，进行施肥计算，并可提供施肥运筹方案。

三、数据库的建立

（一）属性数据库的建立

1. 属性数据的内容

根据本县耕地质量评价的需要，确立了属性数据库的内容，其内容及来源见表4－2。

表4－2　属性数据库内容及来源

编号	内容名称	来源
1	县、乡、村行政编码表	统计局
2	土壤分类系统表	土壤普查资料，省土种对接资料
3	土壤样品分析化验结果数据表	野外调查采样分析
4	农业生产情况调查点数据表	野外调查采样分析
5	土地利用现状地块数据表	系统生成
6	耕地资源管理单元属性数据表	系统生成
7	耕地地力评价结果数据表	系统生成

2. 数据录入与审核

数据录入前应仔细审核，数值型资料注意量纲上下限，地名应注意汉字多音字、繁简字、简全称等问题。录入后还应仔细检查，保证数据录入无误后，将数据库转为规定的格式（DBF格式文件），通过系统的外部数据表维护功能，导入到耕地资源管理系统中。

（二）空间数据库的建立

土壤图、土地利用现状图、调查样点分布图是耕地地力调查与质量评价最为重要的基础空间数据。分别通过以下方法采集（表4－3）：将土壤图和土地利用现状图扫描成栅格文件后，借助 MapGIS 软件进行手动跟踪矢量化形成土壤图数字化图层，图件扫描采用 300dpi 分辨率，以黑白 TIFF 格式保存。之后转入到 ArcGIS 中进行数据的进一步处理。在 ArcGIS 中将土地利用现状图分为农用地地块图（包括耕地和园地）和非农用地地块图，将农用地地块图与土壤图叠加得到耕地资源管理单元图。利用外业调查中采用 GPS 定位获取的调查样点经、纬度资料，借助 ArcGIS 软件将经纬度坐标投影转换为北京 54 直角坐标系坐标，建立本县耕地地力调查样点空间数据库。对土壤养分等数值型数据，根据 GPS 定位数据在 ArcGIS 软件支持下生成点位图，利用 ArcGIS 的地统计功能进行空间插值分析，产生各养分分布图和养分分布等值线。养分分布图采用格网数据格式，利用分区统计功能，将结果赋值给耕地资源管理单元图中的图斑。其他专题图，如灌溉保证率分区图等，采用类似的方法进行矢量采集。

表 4-3　空间数据库的内容及资料来源

序号	图层名	图层属性	资料来源
1	行政区划图	多边形	土地利用现状图
2	面状水系图	多边形	土地利用现状图
3	线状水系图	线层	土地利用现状图
4	道路图	线层	土地利用现状图 + 交通图修正
5	土地利用现状图	多边形	土地利用现状图
6	农用地地块图	多边形	土地利用现状图
7	非农用地地块图	多边形	土地利用现状图
8	土壤图	多边形	土壤图
9	系列养分等值线图	线层	插值分析结果
10	耕地资源管理单元图	多边形	土壤图与农用地地块图
11	土壤肥力普查农化样点点位图	点层	外业调查
12	耕地地力调查点点位图	点层	室内分析
13	评价因子单因子图	多边形	相关部门收集

四、评价模型的建立

将本县建立的耕地地力评价指标体系按照系统的要求输入到系统中，分别建立耕地地力评价权重模型和单因素评价的隶属函数模型。之后就可利用建立的评价模型对耕地资源管理单图进行自动评价，如图 4-9 所示。

五、系统应用

（一）耕地生产潜力评价

根据前文建立的层次分析模型和隶属函数模型，采用加权综合指标法计算各评价单元综合分值，然后根据累积频率曲线图进行分级。

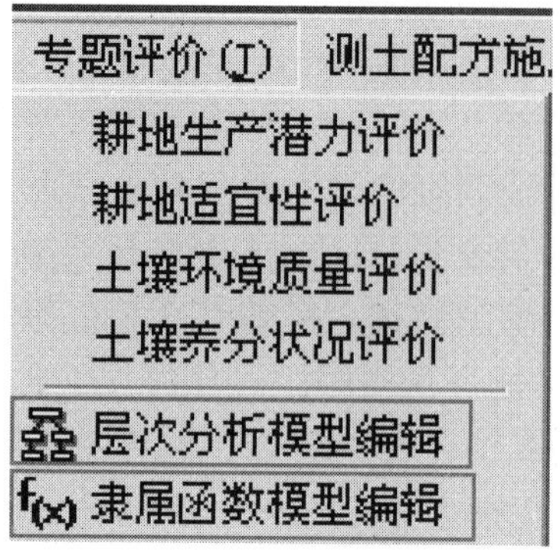

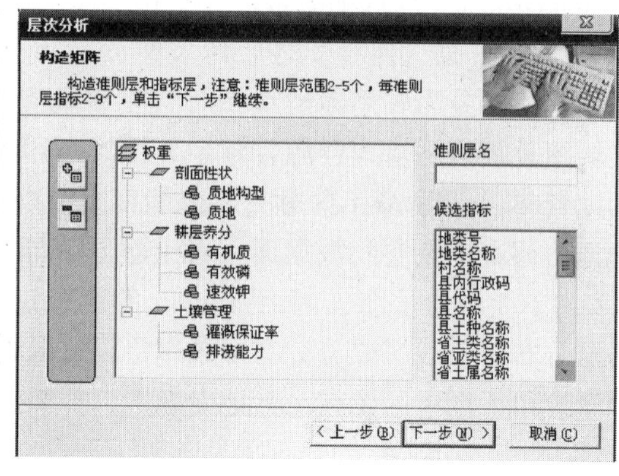

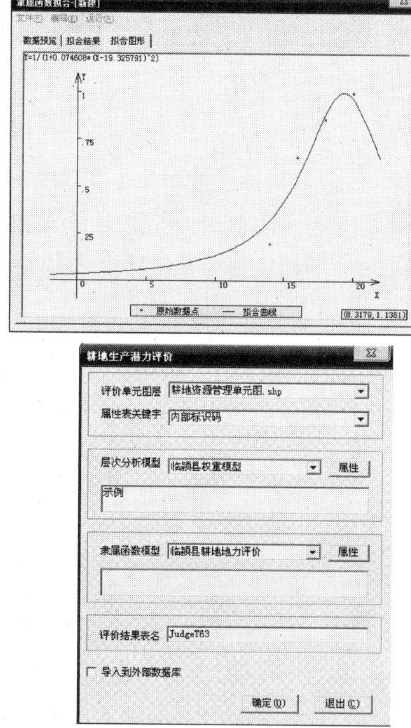

图4－9　评价模型建立与耕地地力评价示意

（二）制作专题图

依据系统提供的专题图制作工具，制作耕地地力评价图、有机质含量分布图等图件。以土壤有机质为例进行示例说明，见图4－10。

（三）养分丰缺评价

依据测土配方施肥工作中建立的养分丰缺指标，对耕地资源管理单元图中的养分进行丰缺评价。

图 4－10　临颍县土壤有机质含量分布

第八节　耕地地力评价工作软硬件环境

一、硬件环境

1. 配置高性能计算机

CPU：奔腾 IV3.0GHZ 及同档次的 CPU。

内存：1GB 以上。

显示卡：ATI9000 及以上档次的示卡。

硬盘：80GB 以上。

输入输出设备：光驱、键盘、鼠标和显示器等。

2. GIS 专用输入与输出设备

大型扫描仪：A0 幅面的 CONTEX 扫描仪。

大型打印机：A0 幅面的 HP800 打印机。

3. 网络设备

包括路由器、交换机、网卡和网线。

二、系统软件环境

（1）办公软件：Office 2003。

（2）数据库管理软件：Access 2003。

（3）数据分析软件：SPSS 13.0。

（4）GIS 平台软件：ArcGIS 9.2、MapGIS 6.5。

（5）耕地资源管理信息系统软件：农业部种植业管理司和全国农业技术推广服务中心开发的县域耕地资源管理信息系统 3.0。

第五章

耕地地力评价指标体系

第一节　耕地地力评价指标体系内容

合理正确地确定耕地地力评价指标体系，是科学地评价耕地地力的前提，直接关系到评价结果的正确性、科学性和社会可接受性。综合《测土配方施肥技术规范》、《耕地地力评价指南》和“县域耕地资源管理信息系统3.0”的技术规定与要求，我们将选取评价指标、确定各指标权重和确定各评价指标的隶属度三项内容归纳为建立耕地地力评价指标体系。

临颍县耕地地力指标体系是在河南省土壤肥料站和河南农大的指导下，结合临颍县的耕地特点，通过专家组的充分论证和商讨，逐步建立起来的。首先，根据一定原则，结合临颍县农业生产实际、农业生产自然条件和耕地土壤特征从全国耕地地力评价因子集中选取，建立县域耕地地力评价指标；其次，利用层次分析法，建立评价指标与耕地潜在生产能力间的层次分析模型，计算单指标对耕地地力的权重；第三，采用特尔斐法组织专家，使用模糊评价法建立各指标的隶属度。

第二节　耕地地力评价指标

一、耕地地力评价指标选择原则

（一）重要性原则

影响耕地地力的因素、因子很多，农业部测土配方施肥技术规范中列举了六大类65个指标。这些指标是针对全国范围的，具体到一个县的行政区域，必须在其中挑选对本地耕地地力影响最为显著的因子，而不能全部选。临颍县地处汝颍河、清溵河与黄河平原的交接地带，土壤母质属河流泛滥冲积及湖相沉积而成，不同层次质地的排列，轻壤、均壤、夹沙、夹黏及重壤质等对生产性差异较大，这是对耕地地力有很大影响的指标；土壤养分、有机质、速效钾、有效磷是地力的重要基础及供肥的源泉，土壤管理、排涝能力、灌溉保证率是当年农业生产的保障措施，故把土壤立地条件、养分含量及土壤管理三大因子7项指标作为地力评价指标。

（二）稳定性原则

选择的评价因子在时间序列上必须具有相对的稳定性。选择时间序列上易变指标，则会造成评价结果在时间序列上的不稳定，指导性和实用性差，而耕地地力若没有较为剧烈的人为等外部因素的影响，在一定时期内是稳定的。

（三）差异性原则

差异性原则分为空间差异性和指标因子的差异性。耕地地力评价的目的之一就是通过评价找出影响耕地地力的主导因素，指导耕地资源的优化配置。评价指标在空间和属性没有差异，就不能反映耕地地力的差异。因此，在县级行政区域内，没有空间差异的指标和属性没有差异的指标，不能选为评价指标。例如：≥0℃积温、降水量、日照指数、光能辐射总量、无霜期都对耕地地力有很大的影响，但在县域范围内，其差异很小或基本无差异，不能选为评价指标。

（四）易获取性原则

通过常规的方法即可以获取，如土壤养分含量、耕层厚度、灌排条件等。某些指标虽然对耕地生产能力有很大影响，但获取比较困难，或者获取的费用比较高，当前不具备条件。如土壤生物的种类和数量、土壤中某种酶的数量等生物性指标。

（五）精简性原则

并不是选取的指标越多越好，选取的太多，工作量和费用都要增加，还不能揭示影响耕地地力的主要因素。一般 8～15 个指标能够满足评价的需要。临颍县选择的指标只有 7 个。

（六）全局性与整体性原则

所谓全局性，要考虑到临颍县所有的耕地类型，不能只关注面积大的耕地，只要能在 1∶50 000比例尺的图上能形成图斑的耕地地块的特性都需要考虑，而不能搞“少数服从多数”。

所谓整体性原则，是指在时间序列上，会对耕地地力产生较大影响的指标。如，成土母质对耕地地力影响很大，但具体到一个县，如果地势比较平坦，长期保持不变，则可以不考虑作为评价指标。

二、评价指标选取方法

临颍县的耕地地力评价指标选取过程中，采用的是特尔菲法，也即专家打分法。评价与决策涉及价值观、知识、经验和逻辑思维能力，因此专家的综合能力是十分可贵的。评价与决策中经常要专家的参与，例如：给出一组地下水位的深度，评价不同深度对作物生长影响的程度通常由专家给出。这个方法的核心是充分发挥专家对问题的独立看法，然后归纳、反馈，逐步收缩、集中，最终产生评价与判断。基本包括以下方面。

1. 确定提问的提纲

列出调查提纲应当用词准确，层次分明，集中于要判断和评价的问题。为了使专家易于回答问题，通常还在提出调查提纲的同时提供有关背景材料。

2. 选择专家

为了得到较好的评价结果，通常需要选择对问题了解较多的专家 10～15 人。

3. 调查结果的归纳、反馈和总结

收集到专家对问题的判断后，应作以归纳。定量判断的归纳结果通常符合正态分布。这时可在仔细听取了持极端意见专家的理由后，去掉两端各 25% 的意见，寻找出意见最集中的范围，然后把归纳结果反馈给专家，让他们再次提出自己的评价和判断。反复 3～5 次后，专家的意见会逐步趋近一致，这时就可作出最后的分析报告。

三、临颍县耕地地力评价指标选取

2010 年 8 月，临颍县组织了市、县农业、土肥、水利等有关专家，对临颍县的耕地地力评价指标进行逐一筛选。从国家提供的 65 个指标中选取了 7 项因素作为本县的耕地地力评价的参评因子。这 7 项指标分别为，排涝能力、灌溉保证率、质地构型、质地、有效磷、速效钾和有机质。

四、选择评价指标的原因

（一）立地条件

1. 质地

临颍县的质地类型较多，主要有沙壤土、轻壤土、轻黏土、中壤土和重壤土，质地不同，土壤的保水保肥能力有差别，对粮食的产量影响较大，也是一项主要的评价指标。

2. 质地构型

临颍县土壤类型比较简单，主要为轻壤质、中壤质和重壤质，耕层质地在土属间一致，但质地构型有一定差异，如轻、中壤质土壤上的脱潮浅位夹黏小两合土、脱潮底黏小两合土、耕层土壤质地都是轻壤质和中壤质，但在一米土体内不同部位都有不同厚度的黏土层出现，比均质性构型，保水、保肥能力增强，底沙两合土、小两合土都有不同层次沙壤出现，比均质构型差，漏水、漏肥两者对作物产量及土壤肥力有直接影响。

（二）耕层理化性状

1. 有机质

土壤有机质含量，代表耕地基本肥力，是平原土壤理化性状的重要因素，是土壤养分的主要来源，对土壤的理化、生物性质以及肥力因素都有较大影响。

2. 有效磷、速效钾

磷、钾都是作物生长发育必不可少的大量元素，土壤中有效磷、速效钾含量的高低对作物产量影响非常大，所以评价耕地地力必不可少。

（三）土壤管理

1. 排涝能力

临颍县虽然属平原地区，但是，耕地并不平坦，东南部的农田地势较为低洼，特别秋季一遇强降雨，极易形成内涝，轻者造成减产，重者造成绝收，它是衡量耕地地力的一个重要指标。

2. 灌溉保证率

临颍县的降雨量适中，但时空分布不均，阶段性干旱时常发生。特别是老颍河故道两侧高平地质地较轻，小旱小减产，大旱大减产，多雨年份反而增产。另外，全县农田基本建设较为滞后，大部分农田灌溉条件制约，只能浇保命水，不能浇丰产水，因此，它也是衡量耕地地力的一个重要指标。

第三节　评价指标权重确定

一、评价指标权重确定原则

耕地地力受所选指标的影响程度并不一致，确定各因素的影响程度大小时，必须遵从全局性和整体性的原则，综合衡量各指标的影响程度，不能因一年一季的影响或对某一区域的影响剧烈或无影响而形成极端的权重，如灌溉保证率和排涝能力的权重。首先考虑两个因素在临颍县的差异情况和这种差异造成的耕地生产能力的差异大小，如果降水较丰且不易致涝，则权重应较低。其次，考虑其发生频率，发生频率较高，则权重应较高，频率低则应较低。第三，排除特殊年份的影响，如极端干旱年份和丰水年份。

二、评价指标权重确定方法

（一）层次分析法

耕地地力为目标层（G层），影响耕地地力的立地条件、土壤管理、耕层养分状为准则层（C层），再把影响准则层中各元素的项目作为指标层（A层），其结构关系如图5－1所示。

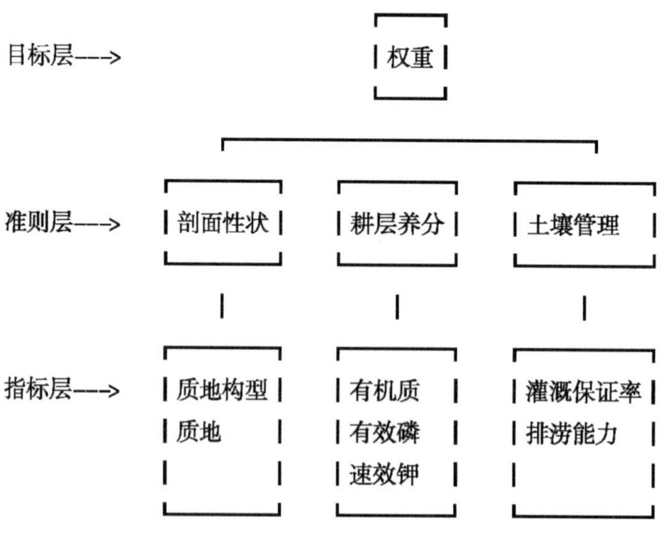

图5－1　耕地地力影响因素层次结构

（二）构造判断矩阵

专家们评估的初步结果经合适的数学处理后（包括实际计算的最终结果—组合权重）反馈给各位专家，请专家重新修改或确认，确定C层对G层以及A层对C层的相对重要程度，构成G、C_1、C_2共3个判断矩阵，详见表5－1至表5－4。

表 5－1　目标层判断矩阵

C	C_1	C_2	C_3
剖面构型 C_1	1.0000	0.8605	0.4651
土壤管理 C_2	1.1621	1.0000	0.5405
立地条件 C_3	2.1501	1.8500	1.0000

表 5－2　耕层养分判断矩阵

C_1	A_3	A_4	A_5
有机质 A_3	1.0000	0.6667	0.4167
有效磷 A_4	1.4999	1.0000	0.6250
速效钾 A_5	2.3998	1.6000	1.0000

表 5－3　土壤管理判断矩阵

C_2	A_3	A_4
灌溉保证率 A_4	1.0000	0.7857
排涝能力 A_5	1.2728	1.0000

表 5－4　立地条件判断矩阵

C_3	A_1	A_2
质地构型 A_2	1.0000	0.6234
质地 A_3	1.6041	1.0000

判别矩阵中标度的含义见表 5－5。

表 5－5　判断矩阵标度及其含义

标度	含　义
1	表示两个因素相比，具有同样重要性
3	表示两个因素相比，一个因素比另一个因素稍微重要
5	表示两个因素相比，一个因素比另一个因素明显重要
7	表示两个因素相比，一个因素比另一个因素强烈重要
9	表示两个因素相比，一个因素比另一个因素极端重要
2、4、6、8	上述两相邻判断的中值
倒数	因素 i 与 j 比较得判断 b_{ij}，则因素 j 与 i 比较的判断 $b_{ji}=1/b_{ij}$

（三）层次单排序及一致性检验

求取 A 层对 C 层的权数值，可归结为计算判断矩阵的最大特征根 λ_{max} 对应的特征向量

W，并用 $CR = CI/RI$ 进行一致性检验。计算方法如下：

1. 将比较矩阵每一列正规化（以矩阵 C 为例）

$$\hat{c}_{ij} = \frac{c_{ij}}{\sum_{i=1}^{n} c_{ij}}$$

2. 每一列经正规化后的比较矩阵按行相加

$$\overline{W}_i = \sum_{j=1}^{n} \hat{c}_{ij}, \quad j = 1,2,\cdots,n$$

3. 向量正规化

$$W_i = \frac{\overline{W}_i}{\sum_{i=1}^{n} \overline{W}_i}, \quad i = 1,2,\cdots,n$$

所得到的 $W_i = [W_1, W_2, \cdots, W_n]^T$ 即为所求特征向量，也就是各个因素的权重值。

4. 计算比较矩阵最大特征根 λ_{max}

$$\lambda_{max} = \sum_{j=1}^{n} \frac{(CW)_i}{nW_i}, \quad i = 1,2,\cdots,n$$

式中，C 为原始判别矩阵，$(CW)_i$ 表示向量的第 i 个元素。

5. 一致性检验

首先计算一致性指标 CI

$$CI = \frac{\lambda_{max} - n}{n - 1}$$

式中，n 为比较矩阵的阶，即因素的个数。

然后根据表 5－6 查找出随机一致性指标 RI，由下式计算一致性比率 CR。

$$CR = \frac{CI}{RI}$$

表 5－6　随机一致性指标 *RI* 值

n	1	2	3	4	5	6	7	8	9	10	11
RI	0	0	0.58	0.9	1.12	1.24	1.32	1.41	1.45	1.49	1.51

根据以上计算方法可得以下结果，如表 5－7 所示。

将所选指标根据其对耕地地力的影响和其固有的特征，分为几个组，形成目标层—耕地地力评价，准则层—因子组，指标层—每一准则下的评价指标。

表 5－7　权数值及一致性检验结果

矩阵	特 征 向 量				CI	CR
矩阵 G	0.4065	0.5935			-2.3×10^{-5}	0
矩阵 C1	0.2564	0.3100	0.4336		-1.02×10^{-5}	0.00001757
矩阵 C2	0.1445	0.1939	0.3148	0.3467	1.72×10^{-5}	0.00001915

从表中可以看出，$CR<0.1$，具有很好的一致性。

（四）层次总排序及一致性检验

计算同一层次所有因素对于最高层相对重要性的排序权值，称为层次总排序，这一过程是从最高层次到最低层次逐层进行的。层次总排序结果见表5－8。

表5－8　层次总排序结果

层次C	剖面构型	耕层养分	土壤管理	组合权重
	0.4300	0.3700	0.2000	$\sum C_iA_i$
质地构型	0.6160			0.2649
质地	0.3840			0.1651
有机质		0.4800		0.1776
有效磷		0.3200		0.1184
速效钾		0.2000		0.0740
排涝能力			0.5600	0.1120
灌溉保证率			0.4400	0.0880

层次总排序的一致性检验也是从高到低逐层进行的。如果A层次某些因素对于 c_j 单排序的一致性指标为 CI_j，相应的平均随机一致性指标为 CR_j，则A层次总排序随机一致性比率为：

$$CR = \frac{\sum_{j=1}^{n} c_j CI_j}{\sum_{j=1}^{n} c_j RI_j}$$

经层次总排序，并进行一致性检验，结果为 $CI=6.09\times10^{-6}$，$CR=0.00000790<0.1$，表明层次总排序结果具有满意的一致性，最后计算得到各因子的权重如表5－9。

表5－9　各因子的权重

评价因子	质地构型	质地	有机质	有效磷	速效钾	灌溉保证率	排涝能力
权重	0.2649	0.1651	0.1776	0.1184	0.0740	0.1120	0.0880

第四节　评价指标隶属度

一、指标特征

耕地内部各要素之间与耕地的生产能力之间关系十分复杂，此外，评价中也存在着许多不严格、模糊性的概念，因此我们采用模糊评价方法来进行耕地地力等级的确定。本次评价中，根据指标的性质分为概念型指标和数据型指标两类。

概念型指标的性状是定性的、综合的，与耕地生产能力之间是一种非线性关系，如质地、质地构型、典型种植制度等，这类指标可采用特尔菲法直接给出隶属度。

数据型指标是指可以用数字表示的指标，如有机质、有效磷和速效钾等。根据模糊数学的理论，临颍县的养分评价指标与耕地地力之间的关系为戒上型函数。

对于数据型的指标也可以用适当的方法进行离散化（即数据分组），然后将离散化的数据作为概念型的指标来处理。

二、指标隶属度

对质地构型、质地等概念型定性因子采用专家打分法，经过归纳、反馈、逐步收缩、集中，最后获得相应的隶属度（表5－10，表5－11）。而对有机质、有效磷、速效钾等定量因子，首先对其离散化，将其分为不同的组别，然后为采用专家打分法，给出相应的隶属度（表5－12至表5－16）。

（一）质地

属概念型，无量纲指标。

表5－10　质地隶属度

质地	沙壤土	轻壤土	中壤土	重黏土	轻黏土
隶属度	0.28	0.56	0.9	0.9	1

（二）质地构型

属概念型，无量纲指标。

表5－11　质地构型隶属度

质地构型	均质沙壤土	夹沙轻壤土	沙底轻壤土	均质轻壤土	沙底中壤土	黏底轻壤土	均质黏土	夹黏中壤土	黏底中壤	均质重壤
隶属度	0.2	0.3	0.34	0.36	0.46	0.54	0.85	0.9	1	1

（三）有机质

属数值型，有量纲指标。

表5－12　有机质隶属度

有机质	>20	20～18	18～16	14
隶属度	1	0.86	0.66	0.2

（四）有效磷

属数值型，有量纲指标，隶属函数为 $y=2x+8.25$（$R^2=0.9846$）。

表5－13　有效磷隶属度

有效磷	>18	18～15	15～13	13～11	<9
隶属度	1	0.86	0.7	0.54	0.1

（五）速效钾

表 5－14　速效钾隶属度

速效钾	>160	160～140	140～120	120～100	<90
隶属度	1	0.88	0.6	0.48	0.1

属数值型，有量纲指标，隶属函数为 $y = 18x + 58$（$R^2 = 0.9878$）。

（六）排涝能力

属数值型，有量纲指标。

表 5－15　排涝能力隶属度

排涝能力	3 年以下一遇	3 年一遇	5 年一遇	10 年一遇	10 年以上一遇
隶属度	0.28	0.44	0.66	0.84	1

（七）灌溉保证率

属数值型，有量纲指标。

表 5－16　灌溉保证率隶属度

灌溉保证率（%）	<30	30～50	50～60	60～75	>80
隶属度	0.2	0.4	0.6	0.8	1

第六章

耕地地力等级

第一节 耕地地力等级

一、计算耕地地力综合指数

用指数和法来确定耕地的综合指数，模型公式如下：

$$\mathrm{IFI} = \sum F_i * C_i \quad (i = 1,2,3,\cdots,n)$$

式中：IFI（Integrated Fertility Index）代表耕地地力综合指数；F_i 表示第 i 个因素评语；C_i 表示第 i 个因素的组合权重。

具体操作过程：在县域耕地资源管理信息系统（CLRMIS）中，在“专题评价”模块中导入隶属函数模型和层次分析模型，然后选择“耕地生产潜力评价”功能，进行耕地地力综合指数的计算。

二、确定最佳的耕地地力等级数目

根据综合指数的变化规律，在耕地资源管理系统中我们采用累积曲线分级法（图 6 – 1）进行评价，根据曲线斜率的突变点（拐点）来确定等级的数目和划分综合指数的临界点，将临颍县耕地地力共划分为四级。

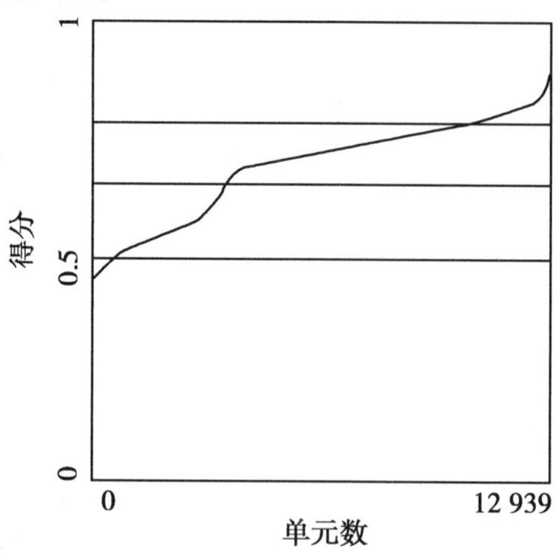

图 6 – 1 耕地地力等级分值累积曲线

各等级耕地地力综合指数如表6－1所示。

表6－1　临颍县耕地地力等级综合指数

IFI	≥0.78	0.78～0.65	0.65～0.48	<0.48
耕地地力等级	一等	二等	三等	四等

三、临颍县耕地地力等级

临颍县耕地地力共分4个等级（图6－2，图6－3）。其中，一等地10 217.51hm^2，占县域耕地面积的17.4%；二等地33 948.42hm^2，占临颍县域耕地面积的57.7%；三等地12 325.53hm^2，占临颍县耕地面积的21.0%；四等地2 302.92hm^2，占临颍县耕地面积的3.9%（表6－2）。

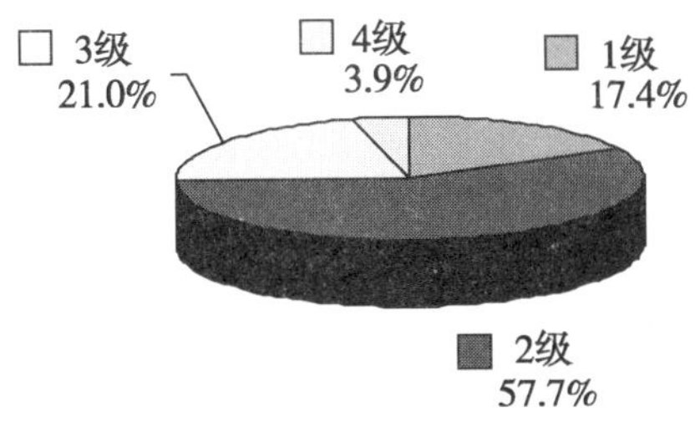

图6－2　临颍县耕地地力面积比例等级图

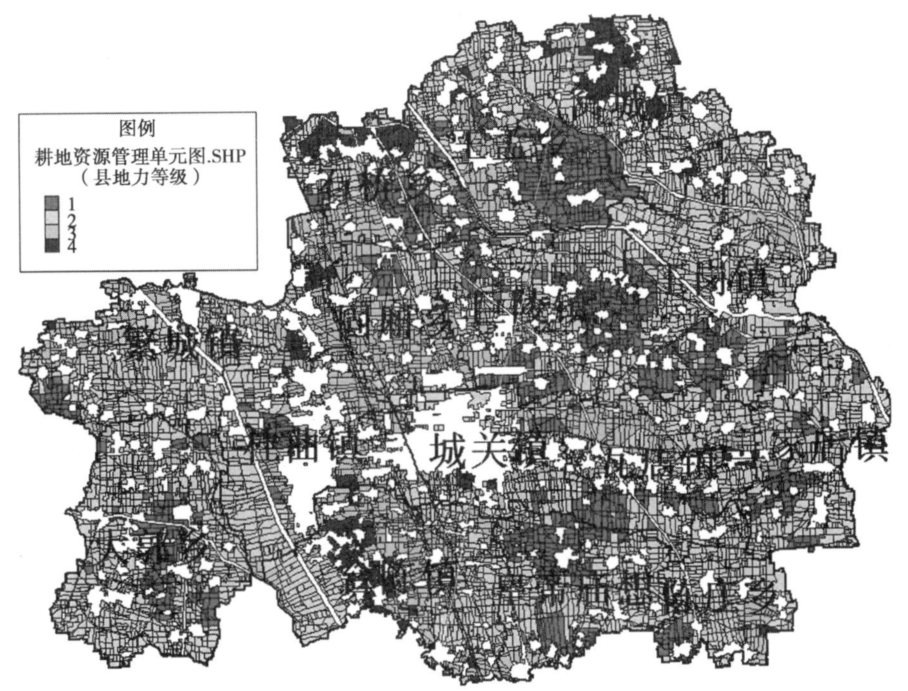

图6－3　临颍县耕地地力评价

表 6－2　临颍县耕地地力评价结果面积统计

等级	一等地	二等地	三等地	四等地
面积（hm^2）	10 217.51	33 948.42	12 325.53	2 302.92
占总面积（%）	17.4	57.7	21.0	3.9

根据《全国耕地类型区耕地地力等级划分》的标准，临颍县全年每亩粮食水平一等地1 000kg以上，二等地1 000kg左右，一、二等地可划归为国家一等地；三等地全年每亩粮食水平900kg，划归为国家二等地；四等地全年每亩粮食水平800kg，划归为国家三等地。临颍县耕地地力划分与全国耕地地力划分对接见表6－3。

表 6－3　临颍县耕地地力划分与全国耕地地力划分对接

临颍县耕地地力等级划分			全国耕地地力划分		
等级	潜力性产量		等级	概念性产量	
	kg/hm^2	kg/亩		kg/hm^2	kg/亩
一	≥15 000	≥1 000	一	≥13 500	≥900
二	15 000	1 000	一	≥13 500	≥900
三	13 500	900～1 000	一	13 500～15 000	900～1 000
四	12 000	800～900	二	12 000～13 500	800～900

四、耕地地力空间分布分析（表6－4）

临颍县一等地共有10 217.51hm^2，分布情况是各乡镇均有分布，其中面积最大的是王孟乡和王岗镇，分别有1 794.16hm^2和1 614.19hm^2，占一等地面积的17.6%和15.8%。二等地临颍县各乡镇均有分布，其中二等地面积最大的是王岗镇，有5 322.27hm^2，占二等地面积的15.7%。三等地面积最大的是繁城镇、固厢乡和台陈镇，分别有1 773.91hm^2、1 751.13hm^2和1 749.21hm^2，占三等地面积的14.4%、14.3%和14.2%。四等地面积最大的是窝城镇和台陈镇，分别有656.28hm^2和580.11hm^2，占四等地面积的28.5%。四等地除皇帝庙乡和巨陵镇没有分布外，其他乡镇均有分布。

表 6－4　各乡镇耕地地力分级分布　（单位：hm^2）

乡镇名称	一等地	二等地	三等地	四等地	总计
陈庄乡	202.28	1 888.69	337.22	40.03	2 468.22
城关镇	175.78	933.53	504.49	82.23	1 642
大郭乡	1 014.86	4 122.44	238.26	0.07	5 376
杜曲镇	265.93	1 785.58	1 602.83	100	3 755
繁城镇	232.12	2 764.55	1 773.91	182.92	4 954
固厢乡	245.89	416.51	1 751.13	24.27	2 438
皇帝庙乡	1 141.56	2 131.68	226.3	0	3 500

（续表）

乡镇名称	一等地	二等地	三等地	四等地	总计
巨陵镇	1 115.69	2 125.6	695.88	0	3 938
三家店镇	751.67	3 090.08	53.56	4.44	3 900
石桥乡	790.67	906.74	653.2	513.68	2 865
台陈镇	7.71	2 457.22	1 749.21	580.11	4 795
瓦店镇	769.01	1 854.66	1 177.97	68.38	2 870
王岗镇	1 614.19	5 322.27	261.73	5.74	7 204
王孟乡	1 794.16	1 442.18	1 010.39	44.77	4 292
窝城镇	95.99	2 706.69	289.45	656.28	3 749
总计	10 217.51	33 948.42	12 325.53	2 302.92	57 747

第二节　一等地的主要属性

一等地是临颍县耕地地力水平最好的耕地，临颍县的总面积为 10 217.51hm^2，占临颍县总耕地面积的 17.7%。该类地生产条件相对较好，高产、稳产性能好，但该类地依然不是各方面的因素均达到完备，这类地土壤养分、种植制度、灌排水利条件等因素与发达地区仍然有较大的差距。随着这些条件的改善，还有较大的增产潜力。

一、一等地在各乡镇的分布情况

一等地主要分布于临颍县的王孟乡和王岗镇。从临颍县一等地在各乡镇分布情况来看占据面积最大的乡是王孟乡，一类地面积达 1 794.16hm^2，占临颍县该类耕地的 17.6%，占全乡总耕地的 41.8%。一等地面积分布较多的乡镇是王岗镇有 1 614.19hm^2，占临颍县该类地的 15.8%，占全镇总耕地面积的 22.4%。面积最少的是台陈镇，只有 7.71hm^2，占临颍县该类地的 0.07%，占全镇总耕地的 0.16%。也是临颍县一等地耕地比重最低的乡镇。其他乡镇均有分布（表 6－5）。

表 6－5　临颍县一等耕地在各乡镇分布情况

乡镇名称	一等地（hm^2）	占一等地（%）	占乡（镇）耕地（%）
陈庄乡	202.28	1.98	8.2
城关镇	175.78	1.72	10.7
大郭乡	1 014.86	9.93	18.9
杜曲镇	265.93	2.6	7.1
繁城镇	232.12	2.3	4.7
固厢乡	245.89	2.4	10.1
皇帝庙乡	1 141.56	11.2	32.6
巨陵镇	1 115.69	10.9	28.3

（续表）

乡镇名称	一等地（hm^2）	占一等地（%）	占乡（镇）耕地（%）
三家店镇	751.67	7.7	19.3
石桥乡	790.67	7.7	27.6
台陈镇	7.71	0.07	0.16
瓦店镇	769.01	7.5	26.8
王岗镇	1 614.19	15.8	22.4
王孟乡	1 794.16	17.6	41.8
窝城镇	95.99	0.8	2.56
总计	10 217.51	100	100.0

二、一等地在各土类的分布情况

从临颍县的两大土类分布情况来看，一等地主要分布在砂姜黑土土类中，面积为8 568.97hm^2，占临颍县一等地面积的83.9%，占该土类总面积的26.7%。潮土类有1 648.54hm^2，占临颍县一等地面积的16.1%，占该土类总面积的6.17%。

一等地在各土类分布情况详见表6-6。一等地在各土种分布情况详见表6-7。

表6-6　一等地在各土类分布情况　（单位：hm^2）

乡镇名称	潮土	砂姜黑土
陈庄乡	198.00	4.28
城关镇	112.50	63.28
大郭乡	0	1 014.86
杜曲镇	265.93	0
繁城镇	149.62	82.50
固厢乡	0	245.89
皇帝庙乡	474.92	666.64
巨陵镇	331.48	783.85
三家店镇	5.51	746.16
石桥乡	96.93	693.74
台陈镇	7.71	0
瓦店镇	5.58	763.43
王岗镇	0	1 614.19
王孟乡	0	1 794.16
窝城镇	0	95.99
合计	1 648.54	8 568.97

表 6－7　临颍县一等地土种所占面积统计　（单位：hm^2）

乡镇名称	褐土化两合土	灰质黑土	灰质壤质厚复黑老土	灰质深位少量砂姜黑土	两合土	淤土	合计
陈庄乡	198.00		3.47	0.81			202.28
城关镇			63.28		112.5		175.78
大郭乡			1 014.86				1 014.86
杜曲镇	173.55					92.38	265.93
繁城镇			82.5			149.62	232.12
固厢乡			245.89				245.89
皇帝庙乡			666.64		329.96	144.96	1 141.56
巨陵镇		35.84	705.14	42.87	326.20	5.64	115.69
三家店镇	5.51	2.9	635.45	107.81			751.67
石桥乡			693.74			96.93	790.67
台陈镇					7.71		7.71
瓦店镇			577.47	185.96	5.58		769.01
王岗镇		47.11	1 505.51	61.57			1 614.19
王孟乡		662.07	1 132.09				1 794.16
窝城镇		95.99					95.99
合计	377.06	843.91	7 326.04	399.02	781.95	489.53	10 217.51

三、一等地主要属性

一等地在临颍县各乡镇、各土壤类型中均有分布，它最显著的特点是土壤养分含量偏高、灌溉条件极为便利、排涝能力较强。此外，该等级地在各土类中土壤结构较为均一，无明显的障碍层（过黏障碍和夹层障碍），在该类型上种植模式是小麦—玉米一年两熟，其次是小麦—瓜菜（小尖椒）的种植模式。

1. 土壤养分含量情况

从一等地耕层养分含量统计情况（表 6－8）来看：该类地有机质含量在 13.80～20.60g/kg，平均含量为 17.14g/kg，全氮含量 0.71～1.17g/kg，平均含量为 0.93g/kg，有效磷含量平均为 13.97mg/kg，范围在 9.80～18.90mg/kg，速效钾含量在 93.00～155.00mg/kg，平均含量为 121.08mg/kg。特别是对耕地地力评价影响较大的土壤有机质含量较高，在很大程度上提高了土壤通气、保墒和保肥能力，有利于作物的根系活动，良好的土壤水分、养分、通气条件促使作物的根系早发快长，后期不早衰，籽饱粒多。这也就应了一句农谚：“根深才能叶茂”，故而作物更容易实现高产、稳产。

表 6－8　一等地耕层养分含量统计

项目	平均值	最大值	最小值	标准差
有机质（g/kg）	17.14	20.60	13.80	1.09
全氮（g/kg）	0.93	1.17	0.71	0.08

（续表）

项目	平均值	最大值	最小值	标准差
有效磷（mg/kg）	13.97	18.90	9.80	1.30
速效钾（mg/kg）	121.08	155	93.00	10.40
有效铁（mg/kg）	5.53	6.50	4.50	0.34
有效锰（mg/kg）	5.96	7.70	4.10	0.69
有效铜（mg/kg）	2.56	5.32	1.14	0.91
有效锌（mg/kg）	0.57	0.77	0.32	0.08

2. 耕地的管理情况

从一等地在临颍县的分布图（图6-3）上可以明显的看出，该类耕地绝大多数分布在临颍县的黄淮海开发项目区和土地整理项目区。通过项目的实施，灌溉能力增强，灌溉保证率均在75%以上（表6-9），排涝条件得到改善。随着生产条件的好转、农业经济效益的提高，广大农民更加积极地向土地投入，再加之近年来的风调雨顺，农作物的产量和品质均有较大的提升。

表6-9　临颍县一等地灌溉保证率所占面积统计

灌溉保证率（%）	一等地（hm^2）	占一等地（%）
30	21.28	0.2
50	231.56	2.3
60	5 403.64	52.9
73	2 286.22	22.4
80	2 274.81	22.3

3. 耕地的立地条件

从临颍县一等地在两个土类的分布情况（表6-10）来看，以砂姜黑土所占比重较大，该土类长期存在着"养老不养小"的现象，广大农民摸清了该土类的特点，通过调整施肥期和施肥量，克服了土壤质地自身的不足，作物产量水平大幅度提升。潮土地主要分布在两合土土种中，该土类一直是广大农民首选土种。但近些年来，随着粮食向高产过渡，自身存在后劲不足，经济产量上不去，田间过早郁蔽，后期易倒伏而产量变幅较大。潮土类土层深厚，保水、保肥能力强，但它主要分布在107国道两侧、老颍河故道及俗称四十五里黄土岗附近地区。从质地构型（表6-11）上来看，一等地主要分布在均质黏土上，面积达1 333.44hm^2。从土壤质地上看，一等地主要分布在轻黏到中壤土上，其中中壤土的分布面积最大为8 485.05hm^2。

表6-10　临颍县一等地质地构型所占面积统计

质地构型	一等地（hm^2）	占一等地（%）
夹黏中壤	781.95	7.7
均质黏土	1 333.44	13.1
均质重壤	399.02	3.9
黏底中壤	7 703.1	75.3

表 6-11　临颍县一等地质地类型所占面积统计

质地	一等地（hm^2）	占一等地（%）
轻黏土	1 242.93	12.2
中壤土	8 485.05	83.0
重壤土	489.53	4.8

四、一等地主要障碍因素

临颍县的一等地无论耕层养分、耕地管理和立地条件等因素上均属临颍县最好区域，但就目前的产量和临颍县优越的自然条件相比，仍然有较大的增产潜力，而制约该等耕地产量进一步提升的突出问题如下。

（一）耕层养分仍然处于较低水平

从上述养分来看，一等地土壤养分在临颍县处于较高的水平，但与发达国家和地区相比有较大的差距，特别是土壤有机质仅 17.14g/kg，这样的含量特别在砂姜黑土区还不能克服其质地黏重、透气性差、易耕期短的先天不足。另外，该等级土壤养分不平衡，有的地块相对有机质、全氮含量高一些，而磷、钾含量偏低，粮食产量遵守土壤养分最小限制因子制约。因此，土壤养分含量偏低仍然是最重要的制约因子。

（二）高产与倒伏相连锁的问题没有打破

随着粮食产量水平的提高，高产与倒伏的矛盾日趋突出。农作物倒伏的问题表面上看是自然因素的问题，但追根究底仍然是耕地地力问题。如砂姜黑土土壤质地较黏重，不利于作物根系发育，潮土土类虽然较为疏松，通气情况较好，利于发根，但耕作层保水保肥能力有限，均易形成头重脚轻的现象，一旦后期遭遇大风和强降雨极易形成倒伏。倒伏现象发生愈晚，经济产量影响较小，反之严重的可造成减产 30%～50%。群众为防止倒伏的问题，所采取的措施往往不能达到最大限度地发挥最高产量目标的标准。

（三）农业生产的基础条件较差

该类地虽然经过项目实施后，生产条件得到了一定的改善，但仅能浇保命水的问题仍没有大的改观，其主要原因是机电不配套，浇水全靠移动软管，若遇到干旱，移动软管移动不便，浇水比较困难，夏季作物生长高度增加，移动软管压倒作物所占比重较大，这些原因使群众更易产生能拖就拖，只有到严重影响到作物正常生长时，才浇保命水，而不能达到丰产的目的。另外，农田排灌设施年久失修，路桥路沟无序管理，造成田间积水形成内涝现象时有发生，这也是制约粮食提升的一个关键因子。

五、提高生产能力的方向和措施

一等地是农作物的高产向再高产迈进的基础，为确保农业可持续发展，提高耕地地力是关键中的关键，而此类耕地地力的提升，提高养分含量是重点，改善农业生产条件是基础，打造农作物适宜的耕地环境是保证。只有将优良品种和先进的科学技术优化整合，才能全面提升临颍县此类耕地的生产能力。

（一）实施测土配方施肥，大力推广秸秆还田技术

目前随着农村城镇化进程加快，农家肥肥源（自沤）日趋减少，农田仅靠作物根茬腐

熟增加土壤有机质，不能满足农作物再高产的需求。而增加土壤有机质的有效途径就只有靠秸秆还田，但秸秆还田中存在的突出问题是掩埋过浅，造成整地质量差，严重影响播种质量。其次秸秆腐化过程中需要一定量的氮素，这样就给作物生长造成一定的影响，因此在秸秆还田中一定要结合深翻，这不仅有利于土壤有机质的提升，也能部分缓解耕地中的磷、钾等养分的不足，还能起到改良土壤结构，增加土壤的透气性和保水保肥能力的作用。另外，在补施化肥上，一定要根据土壤养分情况，缺啥补啥，掌握施肥量与施肥时期的关系，严防因某些养分过高而使农作物的产量受报酬递减规律的制约。

（二）加大农业生产基础条件建设力度，大力推广节水灌溉技术

目前，临颍县一等地农田的排涝能力较强，交通条件较为优越，但主要是灌溉与排水的问题。现在浇水完全靠柴油机发电带动潜水泵，农田电网灌溉面积有限，用柴油机发电浇地不仅成本高，而且出水量少、浇地速度慢，在严重干旱情况下出水更少，不仅影响浇水速度，更损伤农民的积极性，因此要以解决农民最为关心的问题为突破口，尽快实现井、电、机的配套建设，提高农田的抗灾能力。另外，移动软管还存在着浇水不均的问题，有时跑水，浇水过多，而一些地方水过地皮干，这些问题在一定程度上影响着浇地质量及作物产量的提升。因此，要大力推广节水灌溉技术，使用微喷管灌溉或喷枪灌溉的喷灌方法，实行科学用水，这样不仅提高浇水质量，同时也减轻了浇水的劳动强度。其次，开挖中、小毛沟及桥涵建设相配套，因地制宜，合理规划，统一安排，分区治理，继续搞好骨干排水工程及田间排水工程系统，挖沟修渠，排灌配套，做到沟渠路涵四结合，及时排除田间积水，改善农田抗灾能力。

（三）加大土壤改良的力度，大力推广深耕免耕结合的耕作技术

改良土壤结构除上述秸秆还田和增施有机肥外，深耕也同样增加土壤的通气性，增加土壤熟土层的厚度，同样起到增加土壤的保水、保肥能力。同时，深耕也能打破传统耕作形成的犁底层，更利于农作物根系下扎，根深苗壮，农作物产量也能相应的得到提升。目前，临颍县农业耕作机械大部分是中、小型拖拉机，它不仅存在着耕作深度达不到要求的先天不足，还存在着作业次数多（耕幅窄、复耙地等作业），耕后的地块又被压实，土壤透气性较差，很难提高保水保肥的作用，而大型农业机械可以一次进行联合作业，耕地质量标准高，有利于作物生长，但由于大型机械作业成本较高，常年连续作业同样易形成新的犁底层。因此，采用深耕和免耕相结合的方法，可使问题得到有效的解决。

第三节　二等地的主要属性

一、二等地在各乡镇的分布情况

二等地主要分布于临颍县东部的王岗、窝城、三家店、陈庄和皇帝庙等5个乡镇及西部的大郭、繁城等。从临颍县二等地在各乡镇分布情况（表6－12）来看，占据面积最大的王岗镇和大郭乡面积达5 322.27hm^{2}和4 122.44hm^2，分别占临颍县该类耕地的15.68%和12.14%，分别占两乡镇总耕地的73.88%和76.68%。二等地面积分布较多的乡镇是繁城镇和窝城镇分别有2 764.55hm^{2}和2 706.69hm^2，占临颍县该类地的8.14%和7.96%，占全镇

总耕地的55.80%和72.20%。面积最少的固厢乡面积为416.51hm²，占二等地的1.23%，占全乡总耕地的17.08%。其他乡镇均有分布。

表6-12　临颍县二等耕地在各乡镇分布情况

乡镇名称	二等地（hm²）	占临颍县二等地（%）	占乡（镇）耕地（%）
陈庄乡	1 888.69	5.56	76.52
城关镇	933.53	2.75	56.85
大郭乡	4 122.44	12.14	76.68
杜曲镇	1 785.58	5.26	47.55
繁城镇	2 764.55	8.14	55.80
固厢乡	416.51	1.23	17.08
皇帝庙乡	2 131.68	6.28	60.91
巨陵镇	2 125.6	6.27	53.98
三家店镇	2 090.08	9.11	79.23
石桥乡	906.74	2.67	31.65
台陈镇	2 457.22	7.24	51.25
瓦店镇	1 854.66	5.46	64.62
王岗镇	5 322.27	15.68	73.88
王孟乡	1 442.18	4.25	33.60
窝城镇	2 706.69	7.96	72.20
合　计	33 948.42	100	100

二、二等地在各土类的分布情况

从临颍县的两大土类分布情况来看，其二等地主要分布在砂姜黑土土类中，面积为23 210.49hm²，占临颍县二等地面积的68.37%，占该土类总面积的72.3%。二等地面积分布其次是潮土有10 737.49hm²，占临颍县二等地面积的31.63%，占该土类总面积的40.2%。

二等地在各土类分布情况详见表6-13。

表6-13　二等地在各土类分布情况

乡镇名称	潮土（hm²）	砂姜黑土（hm²）
陈庄乡	521.93	1 366.76
城关镇	492.99	440.54
大郭乡	303.68	3 818.76
杜曲镇	1 783.97	1.61
繁城镇	2 372.71	391.84
固厢乡	202.52	213.99
皇帝庙乡	1 543.71	587.97

（续表）

乡镇名称	潮土（hm^2）	砂姜黑土（hm^2）
巨陵镇	271.95	1 853.65
三家店镇	23.49	3 066.59
石桥乡	71.81	834.93
台陈镇	2 409.06	48.16
瓦店镇	396.17	1 458.49
王岗镇	339.00	4 983.27
王孟乡	4.50	1 437.68
窝城镇	0.00	2 706.69
合计	10 737.49	23 210.93

二等地在各土种分布情况详见表6－14。

表6－14　临颍县二等地土种所占面积统计　（单位：hm^2）

乡镇名称	底沙两合土	底黏小两合土	褐土化底沙小两合土	褐土化两合土	褐土化小两合土	灰黑土	灰质壤质厚复黑老土	灰质深位少量砂姜黑土	两合土	淤土
陈庄				271.32		90.86	1 224.45	51.45	153.55	97.06
城关				64.82			440.54		428.17	
大郭							3 818.76		17.92	285.76
杜曲				20.11	6.06		1.61		183.52	1 574.30
繁城							391.84			2 372.70
固厢			8.58				213.99		193.94	
皇帝庙	2.98			0.01	24.06		587.97		416.82	1 099.84
巨陵						823.53	1 030.12		239.91	32.04
三家店				23.49		226.84	2 798.65	41.1		
石桥		17.05					834.93			54.76
台陈				197.33			48.16		1 774.06	437.67
瓦店	80.64						1 381.11	77.38	315.53	
王岗				265.29		2 829.40	2 153.90		73.71	
王孟						85.96	1 351.70			4.50
窝城						1 087.30	1 619.40			
合计										

三、二等地主要属性

二等地是临颍县次好等级的耕地。该等级耕地与一等地相比较，主要是耕地的养分略低，农田基本建设情况较差，土壤结构、质地等情况基本上与一等地持平。该区域同样是临颍县的主要粮食生产基地，其主要种植模式是小麦—玉米一年两熟的种植模式，其次是小麦—棉花（小尖椒）这种模式。

（一）土壤养分含量情况

从二等地耕层养分含量统计情况（表6－15）来看，该类地有机质含量在13.30～19.70g/kg，平均含量为16.20g/kg；全氮含量0.69～1.12g/kg，平均含量为0.89g/kg，有效磷含量在8.20～18.90mg/kg，平均含量为13.04mg/kg；速效钾含量在92.00～173.00mg/kg，平均含量为116.97mg/kg。特别是对耕地地力评价影响较大的土壤有机质含量偏高，在很大限度上提高了土壤通气、保墒和保肥能力，有利于作物的根系活动，良好的土壤水分、养分、通气条件促使作物的根系早发快长。

表6－15　临颍县二等地耕层养分含量统计

项目	平均值	最大值	最小值	标准差
有机质（g/kg）	16.20	19.70	13.30	0.73
全氮（g/kg）	0.89	1.12	0.69	0.07
有效磷（mg/kg）	13.04	18.90	8.20	1.41
速效钾（mg/kg）	116.97	173.00	92.00	9.75
有效铁（mg/kg）	5.49	6.70	4.30	4.00
有效锰（mg/kg）	6.12	8.00	4.00	0.72
有效铜（mg/kg）	2.77	6.89	1.13	0.97
有效锌（mg/kg）	0.60	0.81	0.27	0.05

（二）耕地的管理情况

从临颍县耕地等级分布图（图6－3）上可以看出，二等地在临颍县分布较为凌乱，但绝大多数集中于东部和西部。这些区域仅部分进行过黄淮海开发项目及土地整理项目改造，但养分偏低，产量水平次之。大部分二等耕地土壤养分含量还可以，保灌率均在75%以上（表6－16），主要是灌溉设备较为落后（移动软管），加之该区域农用小型拖拉机偏多，长期耕层偏浅，作物的抗灾能力稍差。近年来通过实施测土配方施肥技术，养分不足的问题得到缓解，加之气候条件较为有利作物生长发育，此区域的每亩小麦、玉米单产近两年来也均突破了500kg。

表6－16　临颍县二等地灌溉保证率所占面积统计

灌溉保证率（%）	二等地（hm^2）
30	1 216.66
50	4 219.11
60	25 865.95
73	2 153.57
80	493.13

（三）耕地的立地条件

从二等地在临颍县两大土壤类型的分布情况（表6－17）来看，砂姜黑土所占比重仍然较大，但较一类地肥力比较明显降低，该土类土层较为深厚，质地较为黏重，保水、保肥能力较强（对养分固定能力强，群众认为该土类吃肥），地势偏洼，怕涝较耐旱，产量水平较高且很稳定。其次是潮土，该土类无论土层厚度和质地情况均优于砂姜黑土，保水、保肥能力强，但仅属黏质中壤土种，由于土壤的透气性较差，不利作物根系发育，加之土壤有机质含量偏低，因此，产量水平低于一等地。但中壤土土体深厚，均匀一致，保水保肥能力强，养苗性好，基础稳固，产量水平也能处在较高的水平上。从土壤质地构型（表6－18）上，主要分布在夹黏中壤、均质黏土和黏底中壤，其黏底中壤所占比重最大，面积为18 739.50hm^2。从土壤质地上主要分布在中壤土上，面积为22 620.25hm^2。

表6－17　临颍县二等地质地构型所占面积统计

质地构型	二等地（hm^2）
夹黏中壤	3 797.13
均质黏土	11 102.49
均质轻壤	30.12
均质重壤	169.93
黏底轻壤	17.05
黏底中壤	18 739.50
沙底轻壤	8.58
沙底中壤	83.62

表6－18　临颍县二等地质地类型所占面积统计

质地	二等地（hm^2）
轻黏土	5 313.80
轻壤土	55.75
中壤土	22 620.25
重壤土	5 958.62

四、二等地的主要障碍因素

临颍县的二等地也是基础条件较好的耕地，同一等地一样存在着土壤养分偏低的制约，砂姜黑土土类（包括褐土化潮土）受质地黏重，透气性差的制约，浇丰产水的灌溉条件的制约，不利于作物根系发育，制约增产潜力不能充分发挥。

（一）土壤养分偏低是制约耕地地力提升的重要因子

从上述该土类养分的平均含量看，对农作物生长发育起主导作用的有机质、全氮、有效磷、速效钾等营养物质明显低于一等耕地，个别地块的某种营养物质虽然高于或与一等耕地持平，但另一些营养物质明显低于一等地。此等地生产条件较好，复种指数高，在生产管理中不注重补充这些营养，在施肥方面，长期单一施用氮肥，很少施有机肥，且秸秆还田量偏低，这样就会受到报酬递减的约束，如农作物地上地下部分生长发育不协调，在生长后期稍遇风雨袭击，就会造成不同程度的倒伏。因此，此类地产量变幅相对较大，这是此等级地力不能快速提升的主要原因。

（二）耕地的固、液、气三相不协调是制约耕地地力提升的一个障碍因子

农作物生长发育离不开适宜的土壤固、液、气三相协调的条件，而临颍县二等地70%的土壤质地较为黏重，在加之土壤有机质含量偏低，土壤颗粒结构差，保水、保肥能力强，但通气性差，不利于作物根系生长。发根量少，入土深度浅，对水分、养分吸收能力差，每遇稍微的干旱，植株生长发育就会停滞。特别是作物生长的后期，每逢遇到过度的降雨，形成田间暂时积水或土壤持水量过高，土壤中的空气含量降低后，作物的根系活动能力衰退，致使植株过早干枯而使粒重下降。而在后期干旱时，由于干旱伴随着高温，根系虽然活动能力较强，但根系弱，吸收水分的量不能满足作物蒸腾，同样也会造成作物的早衰而造成粒重不高。因此，这也是制约此类耕地地力提升的一个限制因子。

（三）农田水利建设滞后也是此类耕地的主导障碍因素

水利是农业的命脉，临颍县此类耕地的排灌条件较差，遇到特大自然灾害，部分地块田间积水，造成作物倒伏减产或致死绝收。就是灌溉不便只能浇保命水不能浇丰产水，是此类耕地常年产量得不到提升的关键因素。其一是农田基础水利设施年久失修，路沟桥涵人为堵塞，造成内涝。其二是这些地基本没有实施大的农田基本建设项目，农田的机井数量不少，老井所占比重较大，井水深度浅，在严重干旱年份时出现有水不能浇现象。或是这些地域的农田灌溉条件配套差，不仅没有供电设备，农户有的缺动力设备，有的移动软管长度不足，就是浇保命水所需时间也较长，产量损失严重。

五、提高耕地生产能力的方向和措施

二等地在临颍县的面积是最大，而耕地的基本建设略次于一类地，在提高粮食生产能力中，应在加强农田水利基本建设，选择抗旱能力较强的作物和品种的同时，加大耕地的基本建设，加大秸秆禁烧还田力度，培肥地力，确保农业的可持续发展，同时还要根据该区域的土壤特性，充分利用秋末短暂的休闲时间，大力推广大型机械深耕措施，增加熟土层，为农作物早发快长奠定基础。

（一）加大农田基本建设力度，提高农作物抗灾能力

临颍县的特殊地理位置决定了临颍县农作物生长季节均会出现阶段性内涝或干旱，就是在许多丰水年份需要排水，在干旱年份要浇一到二次水才能确保苗齐、苗匀的情况（主要原因是黏重土质，适耕期短，农活难免出现误期整地现象，耕作过早或过晚，整地质量差，散墒快，不易保全苗，需靠浇蒙头水解决）。因此，我们在做好农田疏浚工程确保排水畅通的同时，还要积极做好抗旱工作。而临颍县每个机井均要管 2～2. 67hm^2 的农田灌溉用水，不能满足需求，要在打井过程中予以统筹规划，重点在机电配套上下功夫，在铺设浇水管道上做文章，以推广节水灌溉为重点，确保农田基本设施有新的突破。

（二）加大耕地肥力的培肥，提高农作物的综合生产能力

二等地土壤养分含量的总体水平较一类地有一定差距，只有加快耕地肥力的提升才能确保农作物由高产向更高产迈进。在土壤肥力培养上，应以提高土壤有机质为重点，通过测土配方施肥，减轻最低养分的制约。在提升土壤有机质的含量上要借鉴一等地方法，有有机肥的农户要集中向有机质含量低的地块倾斜，无有机肥的采用秸秆还田补充。在测土配方施肥中，一定要按照施肥建议卡的施肥量进行施肥，彻底改变单一施肥和重氮轻磷不施钾的旧

习，为农作物健壮生长提供充足的营养，确保粮食生产能力大幅度的提升。

（三）加大土壤改良力度，提高土壤的透气能力

临颍县的二等地黏土质地所占比重大，此类地通气性差，是改良的重点，但临颍县人多地少，利用土体闲晒提高土壤透气性很不现实，只有在耕作管理中做文章，要借助农机补贴的机遇，更新换代现有的小型拖拉机，用大型机械耕地，加深耕作层的深度，提高土壤的通气能力。另外，在农作物的管理中，要中耕松土，特别是浇后，或降雨后，要进行深中耕，一方面提高土壤的透气性，促进作物多发根；另一方面，深中耕适当断根控制农作物的旺长起到墩苗的目的，为农作物高产不倒打下坚实的基础。

第四节 三等地的主要属性

三等地在临颍县总面积为 12 325. 53hm²，占临颍县总耕地面积的 21. 54%，该类耕地的产量水平正处在爬坡阶段，也是今后相当长的时间内农作物增产较为明显的土壤类型。因此，摸清该等级耕地的主要属性，找准其主要的制约因素，制定出符合生产实际的改良对策，为临颍县农业综合生产能力提升，农民实现富裕是非常必要的。

一、三等地在各乡镇的分布情况

三等地在临颍县各乡镇都有分布，主要分布于临颍县的繁城镇、固厢乡、杜曲镇和台陈镇。从临颍县三等地在各乡镇分布情况（表 6－19）来看，占据面积最大的乡镇是繁城镇，三等地面积达 1 773. 91hm²，占临颍县该类耕地的 14. 4%，占全镇总耕地的 35. 8%。占据面积较大的乡镇是固厢乡和台陈镇，三类地面积分别达 1 751. 13hm² 和 1 749. 21hm²，占临颍县该类耕地的 14. 3% 和 14. 2%，占全镇总耕地的 71. 8% 和 36. 5%。三等地面积分布最少的乡镇是三家店镇，有 53. 65hm²，占临颍县该类地的 0. 4%，占全镇总耕地的 1. 4%。其他乡镇均有分布。

表 6－19 各乡镇三等地情况分布情况

乡镇名称	三等地（hm²）	占三等地（%）	占乡（镇）耕地（%）
陈庄乡	337. 22	2. 7	13. 7
城关镇	504. 49	4. 1	30. 7
大郭乡	238. 26	1. 9	4. 4
杜曲镇	1 602. 83	13. 0	42. 7
繁城镇	1 773. 91	14. 4	35. 8
固厢乡	1 751. 13	14. 3	71. 8
皇帝庙乡	226. 30	1. 8	6. 5
巨陵镇	695. 88	5. 6	17. 7
三家店镇	53. 65	0. 4	1. 4
石桥乡	653. 20	5. 3	22. 8
台陈镇	1 749. 21	14. 2	36. 5

（续表）

乡镇名称	三等地（hm^2）	占三等地（%）	占乡（镇）耕地（%）
瓦店镇	1 177.97	9.6	41.0
王岗镇	261.73	2.1	3.6
王孟乡	1 010.39	8.2	23.5
窝城镇	289.45	2.4	7.7
合计	12 325.53	100	21.3

二、三等地在各土类的分布情况

从临颍县的两大土类分布情况来看，三等地在两土种中均有分布，潮土土类中，面积为12 021.95hm^2，占临颍县三等地面积的97.5%，占该土类总面积的45%。三等地面积分布其次的土类是砂姜黑土有303.58hm^2，占临颍县三等地面积的2.5%，占该土类总面积的0.94%。

三等地在各土类分布情况见表6－20。三等地在各土种分布情况见表6－21。

表6－20　三等地在各土类分布情况　（单位：hm^2）

乡镇名称	潮土	砂姜黑土
陈庄乡	337.22	0
城关镇	504.49	0
大郭乡	238.26	0
杜曲镇	1 602.83	0
繁城镇	1 773.91	0
固厢乡	1 751.13	0
皇帝庙乡	226.30	0
巨陵镇	695.88	0
三家店镇	53.56	0
石桥乡	652.45	0.75
台陈镇	1 749.21	0
瓦店镇	1 115.57	62.40
王岗镇	21.30	240.43
王孟乡	1 010.39	0
窝城镇	289.45	0
合计	12 021.95	303.58

表 6－21　三等地在各土种分布情况　（单位：hm^2）

县土种名称	底沙两合土	底黏小两合土	褐土化底沙两合土	褐土化底沙小两合土	褐土化两合土	褐土化沙壤土	褐土化小两合土	灰褐土	灰质壤质厚复黑老土	两合土	小两合土	腰沙小两合土	淤土	合计
陈庄	0	0	47.54	100.23	0	0	0	0	0	60.67	0	0	128.78	337.22
城关	13.08	0	0	0	0	0	332.09	0	0	0	0	159.32	0	504.49
大郭	0	0	0	238.11	0	0	0	0	0	0	0	0	0.15	238.26
杜曲	0	0	0	155.61	0	0	1 391.28	0	0	0	0	0	55.94	1 602.83
繁城	0	275.89	0	507.97	0	0	990.05	0	0	0	0	0	0	1 773.91
固厢	0	128.36	0	1 580.10	0	0	42.66	0	0	0	0	0	0	1 751.10
皇帝庙	70.04	0	0	0	0	0	141.73	0	0	0	0	0	14.53	226.30
巨陵	0	0	0	649.11	0	0	0	0	0	0	1.18	45.59	0	695.88
三家店	0	0	0	0	0	0	53.56	0	0	0	0	0	0	53.56
石桥	0	395.86	0	160.07	0	0	0	0	0.75	0	96.52	0	0	653.20
台陈	99.85	0	179.32	0	0	0	1 425.20	0	0	6.27	0	0	38.56	1 749.20
瓦店	71.50	0	0	0	0	0	524.62	0	62.40	0.40	184.65	334.40	0	1 177.97
王岗	0	0	0	0	8.62	0	0	240.43	0	0	0	12.68	0	261.73
王孟	0	0	0	144.65	0	0	0	0	0	0	865.74	0	0	1 010.39
窝城	0	0	0	271.50	0	17.95	0	0	0	0	0	0	0	289.45
合计	254.47	800.09	226.86	3 807.35	8.62	17.95	4 901.19	240.43	63.15	67.34	1 148.09	551.99	237.96	12 325.49

三、三等地的主要属性

三等地在临颍县的各乡镇均有分布，在所选择的各项耕地评价指标中表现最为复杂，有些地虽然土壤养分高，而耕地管理条件差，质地、质地构型较差，农田基本建设跟不上去，受抗旱、排涝能力制约等因素制约，使土地综合能力下降。

（一）土壤养分含量情况

从三等地耕层养分含量统计情况（表 6－22）来看，该类地有机质含量在 13.3～19.80g/kg，平均含量为 16.35g/kg；全氮含量 0.70～1.11g/kg，平均含量为 0.90g/kg；有效磷含量在 8.20～18.70mg/kg，平均含量 13.08mg/kg；速效钾含量在 80.00～165.00mg/kg，平均含量为 117.52mg/kg。

表 6－22　临颍县三等地耕层养分含量统计

项目	平均值	最大值	最小值	标准差
有机质（g/kg）	16.35	19.80	13.30	0.81
全氮（g/kg）	0.90	1.11	0.70	0.06
有效磷（mg/kg）	13.08	18.70	8.20	1.44
速效钾（mg/kg）	117.52	165.00	80.00	11.37

（续表）

项目	平均值	最大值	最小值	标准差
有效铁（mg/kg）	5.45	6.50	4.30	0.32
有效锰（mg/kg）	5.94	7.80	4.10	0.58
有效铜（mg/kg）	2.60	4.80	1.13	0.61
有效锌（mg/kg）	0.57	0.76	0.30	0.06

（二）耕地的管理情况

三等地耕地的管理情况最为复杂，从种植制度上主要有小麦—玉米一年二熟式、小麦—棉花—瓜菜三熟模式，这两种种植模式相对而言前一种较后者秸秆还田量较大，而小麦—大豆种植模式，在大豆生长中施肥量及收获后秸秆还田量均不足。另外，大蒜（蔬菜）—玉米种植模式，虽然施化肥量较多，但复种指数高，养分消耗量大，因此土壤养分偏低。大部分地块虽然土壤养分含量偏高，但分布在临颍县的台陈、繁城、杜曲、固厢等乡镇，此区域属老颍河故道及泛滥冲积而成，沙底轻壤土面积较大，土壤保水保肥能力差。同时，受地理位置的影响，劳动力弃农打工经商普遍，经济作物面积比重偏低，农民对农业的投入相对较少，农田基本建设滞后，从灌溉保证率（表6－23）不难看出，农田灌溉条件较差，粮食产量变幅较大；另一部分分布在临颍县的地势低洼地带，受排水条件的约束，产量也存在着一定的起伏，这些区域已列入临颍县农田改造的重点。从排涝能力也不难看出此等级的耕地地力明显低。

表6－23　临颍县三等地灌溉保证率所占面积统计

灌溉保证率（%）	三等地（hm^2）
30	1 013.41
50	164.20
60	8 792.27
73	1 725.03
80	630.62

（三）耕地的立地条件

三等地在9个质地构型均有分布（表6－24），但黏底中壤、均质黏土仍然占一定的比例，虽然有保水、保肥能力强的特性，但与一、二等级的耕地相比，质地更为黏重，适耕期更短，易造成误期整地，整地质量差，实现苗齐、苗匀、苗壮困难，因此产量水平偏低。另外，在均质轻壤、沙底轻壤的分布面积达6 049.29hm^2 和4 034.24hm^2。该土类虽然易于耕作，保苗较为容易，但保水、保肥能力稍差。作物生长前期，由于土壤疏松、透气性好，作物发根快且多，对养分吸收量大，易形成旺苗，田间荫蔽，后期有倒伏的危险。夹沙轻壤极易漏水漏肥，作物生长后期易形成脱肥早衰，因而产量水平较低。黏身中壤土属较好的耕地，但因其所处的特殊地理位置，群众怕受到自然灾害，而投入积极性不高，因此产量水平也不高。从质地类型（表6－25）来看，三等地分布在轻黏土、轻壤土、沙壤土、中壤土、重壤土中，其中轻壤土所占比重最大，面积达11 435.61hm^2。

表 6－24　临颍县三等地质地构型所占面积统计

质地构型	三等地（hm^2）
夹黏中壤	67.34
夹沙轻壤	551.99
均质黏土	478.39
均质轻壤	6 049.29
均质沙壤	17.95
黏底轻壤	800.09
黏身中壤	71.77
沙底轻壤	4 034.24
沙底中壤	254.47
合　计	12 325.53

表 6－25　临颍县三等地质地类型所占面积统计

质地	三等地（hm^2）
轻黏土	240.43
轻壤土	11 435.61
沙壤土	17.95
中壤土	393.58
重黏土	237.96

四、三等地主要障碍因素

临颍县的三等地的主导障碍因素与一、二等相比，其耕地管理和立地条件均更差，但此类耕地改造较为容易，投资较小，增加效益较高，投资产出比重大。只要针对该等级耕地的主导障碍因素，采取相应的措施，农民的经济收入就会得到大幅度的提升。因此，我们在这次耕地地力评价中，认真查找该等级耕地的障碍因素是非常必要的。

（一）经济作物种植区土壤养分含量相对偏低是制约作物产量进一步提升的限制因子

从上述耕地的属性分析中可以看出，间作套种区种植的作物是小麦、棉花、瓜菜类等作物。小麦较为耐连作，秸秆还田对下茬基本没有影响，而瓜类不耐连作，特别是秸秆、根茬均要求清除干净。因此，作物秸秆还田量不足，使该区的养分含量较高产区偏低，有机质含量还达不到改善其理化性质的程度。因此，增加土壤有机质含量，提高土壤保水保肥性能，增强土地抗御干旱的能力，促进作物生长，实现粮食稳产高产，是今后一段时间提高土壤肥力工作的重心。

（二）潮土区的农田水利建设滞后是制约农作物产量提升的限制因子

临颍县的潮土类主要分布在老颍河故道两岸，以及境内俗称四十五里黄土岗地区，土层深厚，但制约农作物产量的关键是抗灾能力弱。临颍县的特殊气候决定了在农作物的生长季节中，均会出现不同程度的阶段干旱。而此区的抗旱能力较一、二等级的条件相差较远。此区的深水井占有量有限，且井、机、电同样不配套，浇水依然靠柴油机发电带潜水泵抽水，因此区域水位深，出水量不足，一遍地浇下来周期较长，等浇完后，作物的关键发育期已过。另外，现行的水龙带灌溉工具，浇地质量不高，形成了浇与不浇产量差异不大的现象，造成农民抗旱的积极性不高，作物的产量上不去。因此，提升此类耕地地力的关键是解决农田水利建设问题。

（三）农田基本建设滞后是局部低洼区的一个制约因子

此等级的砂姜黑土类部分处在临颍县的中东部及西南部的局部低洼易涝区，该区域由于进行大型的农田基本建设不到位，沟渠不通，通向农田的路口缺少桥涵，因此一旦遇到强降雨，极易形成田间积水，再加之此土类土质较为黏重，地表水下渗困难，这样季节中往往又伴随着高温天气，作物叶面蒸腾量较大，而根系水气不协调，活动能力差，吸水功能减退，植物体内的水分入不敷出，轻者造成较长时间的萎蔫，重者造成干枯而颗粒无收。另外此地农田的机耕道路路况较差，在有些年份，在作物收获时遇雨，因交通不便，抢收不及时，或收获后不能及时运出凉晒，致使农作物发芽或霉变，农民丰产不能丰收，而造成一定的产量损失，因此农田基本建设也是制约此类耕地地力不能快速提升的限制因子。

当然，此类地的土壤养分含量偏低、耕地的耕层偏浅、土壤通气状况不良等障碍因子也均客观存在，但其影响的程度大小不同。因此，在解决问题中应抓住主要矛盾，突出重点，就能使耕地地力得到大幅度的提升。

五、提高耕地生产能力的方向和措施

三等地是临颍县今后农作物的产量增幅较为显著的区域，是临颍县粮食产量再上新台阶贡献最大的区域，因此三等耕地的改造是临颍县农业生产的一个重点。但是此等级耕地问题相对较为复杂，土壤质地不良的制约问题，可以参照一、二等耕地的改良措施进行改良。而针对制约产量最强的因素，我们提出以下措施进行改良，相信通过实施，此等级耕地生产能力会有较大的提升。

（一）加大增施有机肥力度，提高耕地生产能力

在临颍县的瓜菜种植区，复种指数高，农作物秸秆还田量少，农田有机质含量提升慢，致使土壤保水保肥性能差。而改善生产能力偏低的问题，最行之有效的方法就是加大增施有机肥的力度。目前，肥料生产企业已研发出新型的高含有机质的肥料品种，在生产实际中增产效果显著，但该肥料速效氮、磷、钾含量偏低，施肥量大，群众接受较为困难。因此可通过肥料补贴的方法，加以解决。另外，此区域还要在广开有机肥源上下功夫，首先是将不能还田的作物秸秆进行无害化处理（高温积肥）再还田；可以扩大畜禽的养殖规模，增加有机肥源，使该区域有机质快速提升，实现改良土壤的目的，促进粮食产量再上新台阶。

（二）加大农田基本建设的力度，提高农作物的抗灾能力

三等地中的老颍河故道两侧和东部洼地受自然灾害制约严重，主要原因是农田基本建设较为滞后。只有提高其抗灾能力，粮食生产能力才能大幅度的提升。例如：老颍河沿岸及逍襄路两侧杜曲至瓦店段，首先要解决农田机井通电工作，据调查分析，如果此区的农田深水井通电后，浇水机械可以满负荷工作，出水量较柴油机组发电抽水的量可增加 30%，仅此一项可节约此区域浇一遍水的时间达 3d 以上，另外每亩可节约农民浇水费用 5 元以上，农民抗旱的积极性会显著的提升。其次要适当增加深水井的数量，如果将深水井数量再增加一

倍，此区域完全可实现一周内浇一遍，完全能把干旱的影响降到最低限度。局部洼地内涝形成的主要原因是沟渠不通，只要在此区域搞好农田桥涵沟渠建设，使其排水畅通，就能降低涝灾的危害；只要将现有的机耕路平整改造，农作物运输现状就会得到改观；只要将此区域最基本的农田建设略加改善，此区耕地生产能力就会大幅度的提升。

（三）加大农田区域化种植力度，建立适宜的轮作制度

农作物区域化种植能够较好的解决不易连作作物，向周边蔓延而能形成规模化种植的有效途径，如尖椒长年连作，造成根腐病、疫病加重。而此病害又是土壤带菌，一旦一块地带病，逐渐向四周扩展，就是周边没有种过小尖椒的地块也会出现此病（耕作时将病菌带入）。因此，病的发生致使适应种植的区域减少。而区域化种植因种植方式在一定的区域是一致的，不会出现交叉侵染的现象，因而可在几块地中形成轮作，降低了此病的发生机会。另外合理的轮作，又不会造成某种作物对某种养分的奢侈吸收，而使耕地等级降低。根据临颍县农民的种植习惯，可以考虑在一块地中种植一年小麦—小尖椒（棉花）+西瓜后，最好间隔 2 年或 2 年以上，种植小麦—玉米，这样可以把病害造成的损失降到最低限度。

第五节　四等地的主要属性

临颍县的四等耕地全部属中低产田类型，根据制约耕地的主要制约因子，可分为沿老颍河流域的两合土土壤养分偏低类型区、中部缺乏灌溉条件的低产区（窑厂复耕地）、北部局部低洼易涝低产区三种类型，其中两合土养分偏低类型区面积最大。

一、四等地在各乡的分布情况

四等地主要分布于临颍县的颍河沿岸的繁城镇、杜曲镇和台陈镇及县北部的石桥乡和窝城镇。从临颍县四等地在各乡镇分布情况（表 6－26）来看，占据面积最大的乡是窝城镇，四等地面积达 656.28hm²，占临颍县该类耕地的 28.5%，占全镇总耕地的 17.5%。四等地面积分布较多的乡镇是台陈镇 580.11hm²，占临颍县该类地的 25.2%，占全镇总耕地的 12.1%。

表 6－26　临颍县四等地在各乡镇的分布情况

乡镇名称	四等地（hm^2）	占四等地（%）	占乡（镇）耕地（%）
陈庄乡	40.03	1.7	1.6
城关镇	82.23	3.6	5.0
大郭乡	0.07	0	0
杜曲镇	100.00	4.3	2.7
繁城镇	182.92	7.9	3.7
固厢乡	24.27	1.1	0.1
皇帝庙乡	0.00	0	0
巨陵镇	0.00	0	0
三家店镇	4.44	0.2	0

（续表）

乡镇名称	四等地（hm^2）	占四等地（%）	占乡（镇）耕地（%）
石桥乡	513.68	22.3	17.9
台陈镇	580.11	25.2	12.1
瓦店镇	68.38	3.0	2.4
王岗镇	5.74	0.3	0
王孟乡	44.77	1.9	1.1
窝城镇	656.28	28.5	17.5
合计	2 302.92	100	100

二、四等地在各土类的分布情况

四等地在临颍县全部分布在潮土土类中（表6－27），面积为2 302.85hm^2，占该土类总面积的8.62%。

表6－27　四等地在各土类分布情况　（单位：hm^2）

乡镇名称	潮土
陈庄乡	40.03
城关镇	82.23
大郭乡	0
杜曲镇	100.00
繁城镇	182.92
固厢乡	24.27
皇帝庙镇	0
巨陵镇	0
三家店镇	4.44
石桥乡	513.68
台陈镇	580.11
瓦店镇	68.38
王岗镇	5.74
王孟乡	44.77
皇帝庙镇	656.28
合计	2 302.85

三、四等地的主要属性

从临颍县四等地类型的分布情况（表6－28）可以看出，除大郭乡、巨陵镇和皇帝庙乡无此类型耕地外，其他各乡（镇）均有分布，四等地均在潮土类中。另外，从评价耕地地力的立地条件、土壤养分和耕地管理的各方面分析，此区域的情况更为特殊，有的耕地土壤质地过于松散、保水、保肥能力差，有的耕地受灌水条件制约特别严重，有的受排涝能力差的影响较大，有的土壤养分含量偏低限制地力提升。

表 6－28　临颍县四等地土种所占面积统计　（单位：hm^2）

县土种名称	褐土化底沙两合土	褐土化底沙小两合土	褐土化沙壤土	褐土化小两合土	小两合土
陈庄乡	39.86	0.17			
城关镇				82.23	
大郭乡					
杜曲镇		39.56		60.44	
繁城镇		108.59		74.33	
固厢乡					
皇帝庙镇					
巨陵镇					
三家店镇				4.44	
石桥乡		462.56		51.12	
台陈镇	48.6			531.51	
瓦店镇				68.38	
王岗镇			5.74		
王孟乡		23.02			21.75
窝城镇		549.35	106.93		
合计	88.46	1 207.55	112.67	872.45	21.75

（一）四等地养分含量情况

从四等地耕层养分含量统计情况（表 6－29）来看，该类地有机质含量在 13.30～18.50g/kg，平均含量为 15.65g/kg；全氮含量 0.73～1.12g/kg，平均含量为 0.88g/kg；有效磷含量在 8.10～15.40mg/kg，平均含量为 12.13mg/kg；速效钾含量在 88.00～187.00mg/kg，平均含量为 113.47mg/kg。特别是对耕地地力评价影响较大的土壤有机质含量偏低，严重制约了土壤通气、保墒和保肥能力，极不利于作物的根系活动。

表 6－29　临颍县四等地耕层养分含量统计

项目	平均值	最大值	最小值	标准差
有机质（g/kg）	15.65	18.50	13.30	0.73
全氮（g/kg）	0.88	1.12	0.73	0.07
有效磷（mg/kg）	12.13	15.40	8.10	1.16
速效钾（mg/kg）	113.47	178.00	88.00	9.14
有效铁（mg/kg）	5.67	6.50	4.80	0.43
有效锰（mg/kg）	5.82	7.50	4.10	0.63
有效铜（mg/kg）	2.99	4.63	1.35	0.82
有效锌（mg/kg）	0.56	0.74	0.38	0.05

（二）四等地的管理情况

临颍县四等地中面积所占比例最大类型是土壤养分含量偏低区，其中又因复种指数高，秸秆、根茬归还量少，水利设施滞后，排水沟渠不畅，易形成内涝，而致使耕地地力水平偏低。其次老颍河附近区域，一方面严重缺水，另一方面因受窑厂地复耕时间短土壤养分含量偏低，综合约束，而使生产能力偏低。从灌溉保证率上看（表6－30），其水平更低，最差的仅有30%保证率，浇水困难是制约产量的限制因子。分布在中部的四等地，多处窑厂复耕地，排水困难，秋季极易造成内涝，轻者造成减产，重者造成绝收。

表6－30　临颍县四等地灌溉保证率所占面积统计

灌溉保证率（%）	四等地（hm^2）
30	835.41
50	530.91
60	936.60
73	
80	

（三）耕地的立地条件

临颍县的四等地的立地条件较上述等级耕地的情况更为复杂（表6－31，表6－32），特别是沿老颍河附近的四等地，绝大多数属潮土类的土壤质地，不适合粮食作物高产要求。例如：土壤过沙的沙土类和夹沙形成的土壤结构，这些土类漏水漏肥后劲差，粮食作物的穗粒少，千粒重不高，对农作物造成的减产较为严重。

表6－31　临颍县四等地质地构型所占面积统计

质地构型	四等地（hm^2）
均质轻壤	894.20
均质沙壤	112.67
底沙轻壤	1 296.05
合计	2 302.92

表6－32　临颍县四等地质地类型所占面积统计

质地	四等地（hm^2）
轻壤土	2 190.25
沙壤土	112.67
合计	2 302.92

四、中低产田在各乡镇的分布情况

中低产田主要分布于临颍县的老颍河故道的繁城、固厢、杜曲、台陈四乡镇、中部的瓦店和城关两镇、北部的石桥乡。可分为沿老颍河流域的土壤养分偏低类型区，面积为

7 764.38hm^2，包括繁城镇、杜曲镇和台陈镇的全部和固厢乡的部分中低产田；中部缺乏排灌条件的低产区（窑厂复耕地），面积为 2 528.95hm^2，包括瓦店、城关镇的全部和巨陵镇的部分中低产田；北部局部低洼易涝低产区，面积为 3 167.77hm^2，包括石桥、王孟、窝城三乡镇的全部中低产田；在这 3 种类型中沿老颍河流域的土壤养分偏低类型区面积最大。从临颍县中低产田在各乡镇分布情况（表 6－33）来看，占据面积最大的是台陈镇，中低产田面积达 2 329.32hm^2，占临颍县该类耕地的 15.9%，占全镇总耕地的 48.6%。中低产田面积分布较多的乡镇是繁城镇、固厢乡和杜曲镇，分别有 1 956.83hm^2、1 775.40hm^2 和 1 702.83hm^2，分别占临颍县该类地的 13.40%、12.10% 和 11.60%，占全乡镇总耕地的 39.5%、72.8% 和 45.3%。

表 6－33　临颍县中低产田在各乡镇情况分布

乡镇名称	中低产田（hm^2）	占中低产田（%）	占乡（镇）耕地（%）
陈庄乡	377.25	2.6	15.3
城关镇	586.72	4.0	35.7
大郭乡	238.33	1.6	4.4
杜曲镇	1 702.83	11.6	45.3
繁城镇	1 956.83	13.4	39.5
固厢乡	1 775.40	12.1	72.8
皇帝庙乡	226.30	1.5	6.5
巨陵镇	695.88	4.8	17.7
三家店镇	58.00	0.4	1.5
石桥乡	1 166.88	8.0	40.7
台陈镇	2 329.32	15.9	48.6
瓦店镇	1 246.35	8.5	43.4
王岗镇	267.47	1.8	3.7
王孟乡	1 055.16	7.2	24.6
窝城镇	945.73	6.6	25.2
合计	14 628.45	100.0	

五、中低产田区主导障碍因素

（1）沿老颍河流域两侧的中低产田土壤肥力偏低，土壤大部分属潮土类的沙壤土，土壤有机质含量相对偏低，全氮、有效磷、速效钾含量一般，加之保水保肥能力弱，前期农作物苗子生长很旺盛，后期脱水脱肥，库与源的矛盾突出，造成籽粒饱满度差，产量水平不高。

（2）西南部及东北部的中低产区土壤肥力较高，土壤类型属砂姜黑土类的黑老土，耐旱怕涝不易耕作。农作物播种后保全苗困难，前期苗子长势偏弱，成株迟缓，后期营养不足，应变管理受限，籽粒千粒重偏低，产量也不高。

（3）这两区域地下水源丰富，灌水机械配套不完善，只能浇保命水，不能浇丰产水，实现高产困难。

（4）中部的窑厂复耕地复耕时间短，土壤结构不良，有机质含量低，氮、磷、钾速效成分含量少，保水保肥力差，既不养苗，又不利籽粒灌浆，造成穗少、穗粒数不高，成产三要素均低，短时间内难以实现高产。

（5）农田基本建设投入偏低。这些地区除土壤养分、灌水条件比较差外，交通条件、农田防护林条件、机电配套条件均比较差，并且均没有实施过中低产开发和改造项目，粮食产量水平较临颍县平均产量水平相差较大，较临颍县高产田的产量水平差距更大。

六、提高中低产田生产能力的方向和措施

（1）沿老颍河流域中低产田有很大的增产潜力，现每亩平均单产为800kg。该区域只要在改良土壤养分上下功夫，即加大秸秆还田力度，提高土壤有机质含量，认真搞好测土配方施肥，提高化肥利用率。在增加农业基本建设上做文章，以良种良法作保证，就一定能够在很短的时间内使粮食产量得到提升。

（2）中部的窑厂复耕地中低产改造不可忽视，每亩平均单产为700kg。该区域只有从深耕晒垡做起，以增施有机肥为手段，提高农田灌溉保证率为目标，加之良种良法相配套，也一定能够使粮食产量得到大幅度的提升。

（3）西南部及东北部的低洼易涝区中低产田改造应尽快实施，每亩平均单产为850kg。该区域应以疏浚渠道排除洪涝灾害为突破口，在改良土壤结构上上项目，以提高农业科技含量为支撑，同样也能把该区域变为临颍县的粮仓。

第七章

耕地资源利用类型区

根据不同耕地地貌类型、种植制度、自然条件、耕地地力评价选取的评价因子或评价指标的差异情况及对耕地地力的影响程度，查找出主要制约因子，寻求提升耕地地力的对策。

第一节 耕地资源类型划分原则

为了达到耕地资源的合理利用、农业的远景规划、种植业结构调整及耕作施肥提供科学依据的目的，按照综合性和主导因素的原则，根据区域土壤组合特征，自然生态条件及改良利用方向和措施的一致性而划分。耕地资源利用分区不是个别因素的分类，而是自然综合分区，同时也应显示各分区在今后改良利用的发展方向。土壤改良利用分区，不是简单地把上述诸因素进行排列组合，它体现了土壤分布与地貌区域的相对一致性、土壤类型的相对一致性、农业生产主要矛盾限制因素和发展方向相对一致性、土壤改良利用方向和措施的相对一致性，反映了上述诸因素的内在联系。临颍县地形，全部是平原，少部分是洼地。临颍县整体上地势平坦，排灌方便，气候特点、地貌特征基本相同；水文地质、母质类型以及土壤肥力、耕作制度略有不同。临颍县耕地资源利用类型分区，根据土壤分布特点，结合其自然条件，采用“分布方向—地形—土类—改良利用方向”的命名法，按照地貌类型划分为 3 个区，即东西部平原高产排灌区、老颍河两侧平原培肥区、洼地易涝区；按照耕作制度划分为 3 个区，即小麦—玉米一年两熟区、小麦—尖椒（棉花）一年二熟区、小麦—瓜菜种植区。现就按照地貌类型划分的区域作一简要分析。

第二节 老颍河两侧平原培肥区

1. 平原培肥区基本情况

平原培肥区主要分布在繁城东南部、杜曲中东部、台陈中部、固厢西南部，涵盖 4 个乡镇的部分行政村，农业人口 20.85 万人，土壤耕地面积 14 600hm^2，占临颍县总耕地面积的 24.8%，人均耕地 0.07hm^2，属于人多地少区，但是，该区域手工业以及经商从业人员较多，群众的经济比较富裕。

2. 平原培肥区突出特点

本区最高海拔 72m，最低海拔 60m，年均气温 14.5℃，年降水量 737.1mm，地下水位

4～5m，土壤类型属潮土土类，潮土是分布在暖温带半湿润半干旱地区的地带性土壤，由于生物气候条件的影响，发育而成的是轻壤质潮土和中壤质潮土土种。其突出特点是土体深厚，通体轻壤质易于耕作，保水保肥能力差。但是由于地下水位较低，农田基本建设基础条件较差，基本上靠井灌，属于灌溉条件较差区域，土壤水分无法满足农作物的需求，产量忽高忽低，小旱小减产、大旱大减产，遇到多雨年份反而增产的现象。

3. 平原培肥区养分情况

平原培肥区土壤有机质含量 14.69g/kg，全氮 0.85g/kg，有效磷 11.61g/kg，速效钾 131.28g/kg，微量元素铜 5.93mg/kg，铁 22.08mg/kg，硼 1.59mg/kg，锰 77.81mg/kg，锌 1.59mg/kg。其养分含量较临颍县耕地的养分含量偏低。

4. 平原培肥区耕作制度情况

种植制度一般为小麦—玉米一年两熟，小麦—瓜菜一年多熟，复种指数 2.10，每亩粮食产量年平均一般为 900～1 000kg，经济作物以大棚蔬菜、露地瓜菜等为主，其他经济作物面积较少。

5. 平原培肥区存在的主要问题

该类型区的大部土壤条件较好，但水位较深，时常阻碍粮食高产稳产，部分地区由于灌溉条件较差，干旱缺水，施有机肥量少，土壤养分含量偏低。另外，由于地理位置优越，过去建的砖窑比较多，2007 年窑厂全部被取缔，复耕还田，复耕面积较大，这部分耕地目前土壤肥力较差，每亩粮食作物产量年均 700～800kg。

6. 平原培肥区提升耕地地力的对策

（1）进一步搞好农田基本建设，完善井机配套，发展灌溉，科学用水，提高水利增产效益，逐步建成旱涝保收高产稳产农田。

（2）抓好肥料基本利用，搞好秸秆还田，发展农村沼气，用好人畜粪尿和优质土杂肥，增施有机肥料，培肥土壤。

（3）因地因作物合理施肥，大力推广测土配方施肥，提高肥料利用率，降低生产成本。推广先进农业技术，提高光能利用率，逐步提高粮菜基地品位，减少不合理投入，提高农业整体效益。

（4）调整作物布局，做到用地养地相结合，保持土壤养分平衡。

第三节　东西部平原高产排灌区

1. 平原排灌区基本情况

主要涉及石桥东南部、巨陵、王孟、瓦店、王岗、三家店、陈庄、皇帝庙的全部，窝城南部、大郭北部等，共涉及土壤耕地面积 36 894hm^2，占临颍县耕地总面积的 62.75%，人均耕地 0.077hm^2。

2. 平原排灌区突出特点

本区最高海拔 72m，最低 55m，年平均温度 14.5℃，年降雨量 737.1mm，地下水位 3～6m，含潮土和砂姜黑土两个类型。该区域的突出特点是地势平坦，土层深厚，土壤肥沃，易灌能排，农作物生长健壮，耕地地力等级较高。

3. 平原保灌区养分情况

临颍县的一、二等级的耕地均分布在此区域，种植的主要农作物以小麦玉米为主，其次是小麦瓜菜棉花等，作物的根茬、秸秆还田量大，土壤有机质含量高，营养成分齐全，加之农民种田积极投资，土壤肥力逐年提升。

4. 平原排灌区种植制度情况

该区域主要是小麦—玉米一年两熟，部分小麦—棉花＋瓜菜一年二、三熟，复种指数为2.20，粮食生产主要以小麦、玉米为主，粮食作物每亩产量年均1 000kg以上，经济作物以瓜类、蔬菜为主。

5. 平原排灌区的主要问题

砂姜黑土质地黏重，透气性差，适耕期短，整地质量差，耕层普遍较浅；黑老土透气性一般，整地质量差，耕层普遍较浅，根系入土浅，对养分吸收量偏低，肥料利用率低；加之临颍县的农田基本建设不很完备，只能浇保命水，不能浇丰产水，制约着粮食产量进一步提升；机耕路平整度差、没有全部硬化，在农作物收获季节若遇长期阴雨，粮食不能及时运回凉晒，致使其丰产不能丰收，给农民带来不小的损失。

6. 平原排灌区提升耕地地力的对策

本区土壤改良利用的主要问题是内涝严重，用地养地结合的不好，氮磷比例失调，产量水平低。

提升耕地地力的对策如下。

（1）搞好以排为主，排灌结合的农田基本建设，提高骨干排水工程的标准，并搞好墒沟、底边沟、支沟等配套。做到既能排，防止河水漫溢成灾；又可及时排除内涝积水，降低地下水位。同时，利用地下水丰富，水资源条件好，积极发展灌溉，提高灌溉技术，积极发展喷灌，实行科学用水。

（2）广开肥源，增施优质有机肥，培肥地力。抓好秸秆还田和人粪尿的合理利用，积极推广沼气利用工作。

（3）因地制宜，合理轮作，用地与养地相结合，逐步培肥地力。

（4）科学使用化肥，增施磷肥，补充土壤中速效钾的不足，协调氮、磷、钾比例，促进农业增产；重在普及配方肥的力度，减少不合理投入。

（5）扩大大型农业机械耕作面积，逐年深耕，少耕多耙，精耕细作，加厚熟化土层，改善物理性质，提高土壤的通气、透水性和保墒抗旱能力。

第四节 洼地易涝区

1. 洼地易涝区基本情况

洼地易涝区主要涉及大郭东南部、杜曲西部、台陈的西部、石桥西部及其他乡镇零星分布，共涉及耕地面积7 300hm^2，占耕地总面积的12.5%，人均耕地0.087hm^2，基本上是人少地多地区。

2. 洼地易涝区突出特点

本区最高海拔60m，最低53m，年平均气温14.5℃，年降水量737.1mm，地下水位2～

3m，土壤类型大部分属砂姜黑土，土壤水分下渗困难，排水设施年久失修，地沟路沟人为堵塞，排涝能力较差，耐旱怕涝，粮食产量变幅较大，农作物产量相对较低。

3. 洼地易涝区的养分情况

本区土壤为砂姜黑土，潜在肥力较高，但因该区域耕地抗灾能力差，农民对提升地力的积极性不高，常年施肥量不足，土壤养分的速效成分偏低，作物的根茬、秸秆还田量较多，但水、气、热条件不协调，腐熟的速度较慢，易给农作物造成危害。

4. 洼地易涝区耕作制度情况

种植制度一般为小麦—玉米一年两熟、小麦—棉花（蔬菜）一年二熟或多熟，复种指数为2.15以上，粮食生产以小麦、玉米为主，每亩年产量800~900kg，经济作物以棉花为主。

5. 洼地易涝区的主要问题

洼地易涝区土壤类型大部分属砂姜黑土，质地黏重，通气不良，土壤水分下渗困难，耕作性差，耕层浅，加之农田基本建设较为滞后，排水沟、渠堵塞严重，排水不良，稍遇大的降雨，易形成内涝，轻者造成10%~20%的减产，重的造成绝收。

6. 洼地易涝区提升耕地地力的对策

本区土壤改良利用的主要问题是内涝严重，用地养地结合不好，养分不协调，产量水平低下。

（1）搞好以排为主，排灌结合的农田水利建设，在排除内涝和降低地下水位的前提下，积极发展灌溉设施，科学用水。

（2）调整作物布局，扩大经济作物面积，合理轮作，因地制宜发展沼气，认真搞好秸秆还田，做到用地养地相结合，加大培肥地力力度。

（3）增加土壤有机质含量，合理使用肥料，增施磷肥，补充钾肥。改善土壤理化性质，提高土壤有效养分含量，实行测土配方施肥，提高化肥利用率，充分发挥增产潜力。

（4）扩大大型机械深耕面积，打破犁地层，增加耕层厚度，改善土壤理化性状，建成商品粮生产基地。

第八章

耕地资源合理利用的对策与建议

通过对临颍县耕地地力评价工作的开展，全面摸清了耕地地力状况和质量水平，初步查清了临颍县在耕地管理和利用、生态环境建设等方面存在的问题。为将耕地调查和评价成果及时指导农业生产、发挥科技推动作用，有针对性地解决当前农业生产管理中存在的问题，将从耕地地力的改良利用、耕地资源的合理配置与种植业结构调整、科学施肥、用地养地，耕地质量管理方面提出对策及建议。

第一节　耕地地力建设与土壤改良利用

一、平地培肥区的建设与改良

（1）老颍河故道两侧轻壤土区及旧窑厂复耕还田的地块，要增施有机肥，大力推广秸秆还田，增加耕层厚度，加大氮磷钾及微肥的施用量。

（2）搞好井电机配套，扩大深井数量，争取达到每 3hm^2 农地一眼井，做到旱能浇、涝能排，满足农业生产的需求。

（3）平整土地。由于长期的挖土做砖，使大面积的土地岗凹不平，高低不齐，造成排水不良，也不利于大型农业机械的操作。因此，要开展平整土地，尽量达到园田化，使其旱能浇、涝能排，做到旱涝保丰收。

（4）大力推广秸秆还田。旧窑厂复耕还田的地块要全部实行秸秆还田，引导群众增加有机肥施用面积，全面提高土壤有机质含量，提升保水保肥能力。

二、东西部平原排灌区的建设与改良

（1）临颍县现有排水沟数量基本上可以满足排涝需求，但是近年来群众自行修筑进地路口，将废弃秸秆丢弃在排水沟内，严重破坏排水能力。因此，要大力修建生产桥涵，清理淤塞，确保畅通。另外，平地还存在机井分布不均的问题，要统筹安排，增加机井数量，达到每 2. 67hm^2 农地一眼机井的农田标准，做到旱能浇、涝能排。

（2）对于潮土类，由于存在沙土层，质地轻松，保水保肥性能差，必须通过各种途径，增施有机肥，搞好秸秆还田，结合深翻深耕土地，加深熟化土层。可结合深翻，把出现部位较浅的沙土间层去掉，创造良好的土体结构，改善土壤的物理性质，增强土壤的保水保肥和通气透水性能；同时，增施化肥，实行氮磷钾配合施肥方法，调节土壤养分平衡，为作物生

长发育创造良好的土壤基础。

三、低洼地的建设与改良

低洼地主要是以砂姜黑土为主，土壤质地黏重，结构不良，干时坚硬，湿时泥泞，耕作困难，透气透水性能差。因此，要做好以下几点。

（1）首先搞好排涝工程，搞好井渠路三配套，做到旱能浇，涝能排。

（2）搞好秸秆还田，增施有机肥，提高改良低洼地土壤的耕作性，改善土壤的物理性质，增强土壤的透气透水性能。

（3）搞好农田电网改造，做到机电双配套。

第二节 耕地资源合理配置与种植结构调整

依据耕地地力评价结果对临颍县农业生产概况进行了系统分析。按照县政府制定的土地利用的总体规划、农业总体布局，参照临颍县土壤类型、自然生态条件、耕作制度和传统耕作习惯，在分析耕地、人口及效益的基础上，在保证粮食产量不断增加的前提下，提出临颍县农业结构的调整规划。

一、稳定抓好粮食生产

临颍县是以小麦、玉米生产为主的粮食生产大县，小麦、玉米产量连续出现每亩500kg以上的可喜局面。为了稳定粮食生产，一是在远郊乡镇，稳定小麦和玉米种植面积，保证小麦种植面积5万hm^2以上，玉米种植面积保持在2万hm^2以上；二是在国家良种补贴的基础上，推广优质小麦和优质玉米良种的普及利用，合理布局，稳定各优良品种的区域化种植，保证粮食品质的稳定提高，增加粮食生产效益；三是在利用好国家农业综合补贴的基础上，努力增加农业投入，加强农业生产基础建设，切实改善农业生产的基础条件；四是提高技术服务能力，推广先进、适用的农业新技术、新成果，增加农业生产的科技含量。要不断充实壮大农业技术推广服务队伍，健全农业技术推广网络，抓好农业技术服务体系建设。要利用多种措施加强农业、畜牧、林业、农技等技术培训宣传，提高农业从业人员的科学技术水平。

二、搞好种植业结构调整

种植业结构调整，是增加农业经济收入的重要途径，是农村发展经济的重要保障。种植业结构调整受市场经济、农民科技水平等多种因素的影响，同时也受耕地资源配置的影响。根据临颍县的耕地地貌形态、土壤类型、自然生态条件、耕作制度和传统耕作习惯及其他因素来分析，建议在保证粮食面积不减少、粮食产量稳定增长的前提下，搞好种植业结构调整，提高农民收入，达到农民致富，农村发展。

（一）小麦、辣椒套种基地

主要分布在王岗、三家店、窝城、大郭四个乡镇的砂姜黑土区，该区土壤地势平坦，排涝方便，土壤肥沃，交通便利，实行小麦辣椒套种，每亩小麦产量一般400～500kg，小辣椒（干椒）产量200～400kg，一般比小麦玉米连作每亩可增加收入1 000～1 500元，面积可发展到1.5万hm^2。

（二）粮菜生产基地

主要分布在巨陵、固厢两个乡镇，该土壤类型是黄潮土。该区土壤肥沃，排涝方便，保水保肥性能好，有机质含量高。该区在抓好粮食生产的同时，要大力发展蔬菜生产，使农民的经济收入得到较大的增长，提高土地的经济效益，保护地栽培可发展到1 500hm^2，露地蔬菜发展到4 000hm^2，每亩效益可达到6 000元以上。

（三）小麦、小白瓜间作套种基地

主要分布在石桥、皇帝庙乡两个乡镇黄潮土区。该区土壤肥沃，排涝方便，交通便利，通过小麦、小白瓜套种，每亩小麦单产一般可达到400～450kg，小白瓜产量可达1 500kg，每亩收入可达到2 500元以上，面积可发展到600hm^2。

（四）小麦、西瓜、棉花套种基地

主要分布在王岗、王孟、陈庄3个乡镇。该区土壤肥沃排涝方便，每亩小麦亩产量可达到400～450kg，西瓜棉花每亩收入可达5 000～8 000元，面积可发展到2 000hm^2。

（五）小麦、烟叶、红薯套种基地

主要分布在台陈、杜曲、陈庄、王孟、大郭、繁城等六个乡镇。该区含氮量略低，有效磷、速效钾含量偏高，适宜优质烟的生产，适宜发展面积3 500hm^2，每亩小麦产量350～400kg，红薯产量可达1 500kg，每亩小麦、烟叶、红薯经济效益平均达到4 000元以上。

（六）小麦、花生套种基地

主要分布在杜曲、台陈、繁城3个乡镇的轻壤土区。该区域土壤疏松透气，适宜花生生长，在该区适宜小麦、花生一年两熟套种，每亩小麦产量一般400～450kg，花生产量250～350kg，面积可发展到2 000hm^2，一般比小麦、玉米连作每亩可增加收入500～800元。

（七）小麦棉花套种生产基地

主要分布在皇帝庙、王岗、大郭、窝城、三家店等乡镇。该区地势平坦，排涝方便，肥力较高，每亩小麦单产可达450～500kg，棉花产量可达100～150kg，发展面积可达到5 000hm^2。

（八）小麦、玉米（大豆）连作生产基地

分布在临颍县15个乡镇，面积达到3万hm^2，每亩小麦、玉米平均单产均达到500kg以上，大豆达到150kg以上。

三、创新土地流转机制

为了科学利用耕地地力评价成果、促进农业效益的提高，要创新土地流转经营机制，积极探索土地使用权流转方式，推进农业规模化经营，促进农业增效、农民增收。一是要依法规范操作。严格遵守并执行《中华人民共和国土地承包法》等法律法规，切实保障农民的土地承包权、使用权。无论何种形式的流转，都在长期稳定农民土地承包权的基础上进行。二是积极因势利导。按照“自愿、互利、共赢”的原则，积极引导农民进行土地互换，加快土地流转步伐。三是确保农民受益。在土地流转方面，把农户的利益摆在首位，最大限度地满足群众要求，切实让农民从中得到实惠，保证土地流转的顺利进行。

第三节　科学施肥

肥料是农业生产的基础之一，是农作物实现丰产丰收的重要保证。科学施肥就是根据作物对各种营养成分的需求，以及土壤自身向作物提供养分的能力，来配置施用肥料的种类和数量。目前推广的测土配方施肥技术，就是对作物实施平衡施肥的技术体系。这项技术可以有效地提高作物产量，提高肥料利用率，降低生产成本，增加农民收入，同时可以培肥地力，促进农业可持续发展。目前，这项技术已经得到政府主管部门和各级领导的高度重视，推广应用这项技术也已经取得了显著的成效。这项技术的大面积推广应用，可以使临颍县的科学施肥水平提高到一个新的发展阶段。科学合理地施用肥料是农业科技工作的重要环节。为最大限度地发挥肥料效应、提高经济效益，应按照作物需肥规律及土壤养分化验结果，合理调控施肥的数量及种类，实行用地与养地相结合，不断培肥地力。但同时又必须考虑影响施肥的各个因素，如土壤条件、各作物需肥规律、肥料性质等，并结合相关的农业技术措施进行科学施肥。

一、提高土壤有机质含量、培肥地力

土壤肥力状况是决定作物产量的关键，土壤有机质含量代表土壤基本肥力状况，必须提高广大农民对施用有机肥的认识及施肥积极性，充分利用有机肥肥源积造、施用有机肥。推广小麦留高茬、麦秸麦糠覆盖技术，充分利用秸秆还田机械，增加玉米秸秆还田面积及秸秆还田数量，不断提高耕地土壤有机质含量，改善土壤结构，增强保水保肥能力。特别是中、低产田，更需要注重土壤有机质含量的提高，确保地力培肥，提高土壤对化肥的保蓄能力及利用效率，以有机补无机，降低种植业成本，减少环境污染，保证农业持续发展，提高农业生产效益。

二、推广测土配方施肥技术，建立施肥指标体系

测土配方施肥是提高农业综合生产能力，促进粮食增产、农业增效、农民增收的一项重要技术，是国家的一项支农惠农政策。按照“增加产量、提高效益、节约资源、保护环境”的总体要求，围绕土壤测试、试验示范、制定配方、企业参与、施肥指导等环节开展一系列的工作，建立健全施肥指标体系，把测土配方施肥作为一项长期性的基础工作，通过测土化验，制定符合生产实际需要的配方，指导农民科学合理施肥，实现最佳经济效益。

（一）土壤肥力监测

按照测土配方施肥的技术要求，对临颍县耕地各类土壤，按年度合理布置土样采集样点，按操作规程采集土壤样品，对土壤样品进行化验分析，摸清临颍县耕地肥力状况及分布规律，掌握耕地土壤供肥能力。

（二）安排田间肥效试验

按照农业部测土配方施肥项目操作规程要求，在不同土壤类型，不同肥力有代表性的地块，安排小麦、玉米等作物田间肥效试验。通过对各项试验数据的汇总、分析、计算，找出最佳施肥配方、肥料利用率、基肥追肥比例、合理施肥时间、最大最佳施肥量等参数，科学

指导生产。

（三）建立施肥指标体系

组织有关农业技术专家，对通过测土化验取得的土壤肥力状况、分布规律，田间肥效试验获取的各项参数，结合作物需肥规律、当地农业施肥的多年经验，针对不同区域、不同土壤类型、不同作物，制定施肥配方方案，建立施肥指标技术体系，为广大农民提供科学施肥依据。通过印发施肥建议卡、施肥技术资料、媒体宣传等多种形式，把配方施肥技术宣传推广到广大农户。

（四）引导企业参与配方施肥的实施工作

测土配方施肥，最终目的是指导农民在农业生产中科学地使用肥料，通过肥料的合理使用，提高农产品产量和品质。为巩固扩大配方施肥项目的成果，建立长效机制，要让肥料生产企业积极参与到项目的实施工作中去，充分发挥企业优势，选定好的肥料生产企业。农技部门要积极为生产企业提供配方，让企业根据配方制定生产方案，配制生产配方肥或复合肥料。按选定企业在本县的优势代理商，组建配方肥配送中心。农业技术部门配合配送中心，进行技术宣传，开展技术指导，由配送中心按区域优惠向农民供应配方肥或复合肥，形成测、配、产、供、施完整的施肥技术服务体系。

（五）加大测土配方施肥宣传力度

测土配方施肥技术是当前世界上先进的农业施肥技术的综合，是联合国向世界推行的重要农业技术，是农业生产中最复杂、最重要的技术之一，让广大农民完全理解、接受这项技术有相当的难度。要组织临颍县各级农业技术人员，逐级培训宣传到广大农民，通过长期的下乡入户、深入田间地头，媒体宣传，印发施肥技术资料等方式对广大农民进行施肥技术指导，让农民按测土配方施肥技术进行科学施肥、合理施肥，形成对测土配方施肥广泛的社会共识，保证农业增产、农民增收。

第四节　耕地质量管理

据 2008 年临颍县统计局统计，临颍县现有耕地 5. 72 万 hm^2，农民人均耕地 0. 08hm^2，人多地少，后备资源匮乏。要获得更多的产量和效益，提高粮食综合生产能力，实现农业可持续发展，就必须提高耕地质量，依法进行耕地质量管理。现就加强耕地管理提出以下对策和建议。

一、建立依法管理耕地质量的制度

（一）制定保护耕地质量的激励政策

要根据《国家土地法》、《基本农田保护条例》，建立严格的耕地质量保护制度，严禁破坏耕地和损害耕地质量的行为发生，建立耕地质量保护奖惩制度，完善各行业用地的复耕制度，确保耕地质量安全及农业生产基础的稳定。县、乡镇政府应制定政策，鼓励农民保护并提高耕地质量的积极性。例如：对于实施绿色食品和无公害食品生产成绩突出的农户、利用作物秸秆和工业废弃物（不含污染物质）生产合格有机肥的生产者、举报并制止破坏耕地质量违法行为的人给予名誉和物质奖励。物质奖励可以包括减免公益劳动金额，减免部分税收，优先提供贷款和技术服务等。

（二）推广农业标准化生产

实施农业标准化生产可以规范农民的栽培措施，避免不正确的农事行为对耕地质量带来的危害。目前，国家农业部已经分别颁布了部分作物标准化生产的行业标准和地方标准，这些标准应该首先在县、乡镇农业示范园、绿色食品和无公害食品生产基地实施，取得经验后逐步推广。

（三）调整农业和农村经济结构

调整农业和农村经济结构，应遵循可持续发展原则，以土地适应性为主要因素，决定其利用途径和方法，使土地利用结构比例合理，实现经济发展与土壤环境改善的统一。从临颍县土地利用现状和自然条件分析，现有耕地 5.7 万 hm^2，农作物总播面积 12.2 万 hm^2，其中粮食作物 7.5 万 hm^2，经济作物 4.5 万 hm^2，复种指数 2.14，粮经比 61∶39。在保持粮食生产的基础上，要积极发展蔬菜、大蒜、烟叶等经济作物，扩大间作套种面积，提高复种指数，促进农村经济的发展。要根据这次耕地质量调查资料和临颍县种植业经济状况，立足县域农业产业规划，按照划分的蔬菜、小辣椒、烟叶、棉花区域经济适宜类型区，在保障粮食安全的前提下，合理调整种植业结构，做大做强优势主导产业，提高农业生产经济效益，促进农民增收。

二、改善耕作质量

农户分散经营和小型农机具的使用，使耕地犁底层上移，耕层变浅，使耕地土壤对水肥的保蓄能力下降，植物根系发展受到限制，影响作物产量的提高。要倡导农户联片的耕作方式便于大型拖拉机的使用，改变犁具，加深耕作层，提高土壤保水保肥能力，增加土壤矿质养分的转化利用能力，提高耕地基础肥力，保证耕地质量的良性循环。

三、扩大绿色食品和无公害农产品生产规模

随着人类生活水平的提高，对食品和农产品的质量要求日渐提高，扩大绿色食品和无公害农产品生产符合农业发展方向，它使生产利益的取向与保护耕地质量及其环境的目的达到了统一。目前，分户分散经营模式与绿色食品、无公害农产品规模化经营要求的矛盾十分突出，解决矛盾的方法就是发展规模经营，建立以出口企业或加工企业为龙头的绿色食品集约化生产基地，实行标准化生产。要强化防止非灌溉用水及重金属垃圾对土壤的污染。严禁化肥和有害农药的超标准施用，避免残留物对土壤的污染，塑料制品对土壤的侵害，影响植物根系的发展。扩大绿色食品和无公害农产品的生产基地，使产品和食品生产有可靠的保证，用产品质量提高农业生产效益。根据目前临颍县绿色食品和无公害农产品产量和市场需求量，以及本次耕地质量调查和评价结果分析，临颍县建设绿色食品、无公害农产品生产基地规模要达到 2.67 万 hm^2，生产绿色食品、无公害农产品 100 万 t。

四、加强农业技术培训

第一，结合“新型职业农民培训”和“基层农业技术推广”技术培训，建立中长期农业技术培训机制，对农民进行实用技术、现代农业管理等系统的培训；第二，发挥县乡镇农技推广队伍的作用，利用建立示范户（田）、办培训班、电视讲座等形式进行实用技术培

训；第三，加强科技宣传，提高科技入户率。

第五节 农业产业发展规划

当前，临颍县农业和农村经济已进入新的发展阶段。主要农产品由长期短缺变为年年有余，农牧业生产呈现蓬勃发展的良好局面，农民生活由温饱向小康迈进。但由于受多方面因素的影响，致使农村经济发展出现了一些新情况、新问题，农业整体水平低，农民收入增长缓慢。因此，必须加快产业结构调整步伐，大力推进农业产业化经营。根据县委、县政府的统一部署，在认真调查研究、广泛征求意见的基础上，制定临颍县农业产业化发展规划。

一、临颍县农业产业化经营的现状及存在的主要问题

近几年来，按照农业产业化经营思路，结合实际，临颍县的农业产业化经营采取有效措施，取得了一定成效，促进了农村经济的健康发展。主要表现在以下几个方面。

（一）农业结构进一步优化，主导产业基地初具规模

临颍县按照“以加大农业产业化龙头企业建设为重点，调整农村经济结构；以扩大生猪养殖为主的畜牧业生产规模为重点，调整养殖业结构；以扩大优质专用小麦种植为重点，调整粮食内部结构；以扩大高产高效的蔬菜、小辣椒、大蒜、烟叶等高效经济作物为重点，调整种植业结构”的工作思路。临颍县初步形成了3.5万hm^2优质专用小麦、1.0万hm^2无公害蔬菜、650.0hm^2大蒜、1.5万hm^2小辣椒、3 500hm^2烟叶、100万头生猪养殖等基地建设，初步形成了龙头带基地、基地联农户的产业化格局。

（二）农民专业合作社和农民经纪人队伍的发展壮大在农业结构调整、农产品流通中发挥了重大作用

随着农村经济和农业产业化的深入发展，农民专业合作社和农民经纪人应运而生，已成为农业产业化的一支主力军。目前，临颍县已建成各类农民专业合作社200多家，农民经纪人3 000余人，有力促进了农业产业化进程。

临颍县在农业产业化经营中虽然取得很大成绩，但也存在一些亟待解决的矛盾和问题，主要表现在以下几个方面：一是发展资金短缺；二是龙头企业与农户之间的利益机制不健全，联系不紧密；三是龙头企业规模还不大，品牌知名度还不是太高，影响了产业化的发展步伐。

二、农业产业化发展规划的指导思想

（一）指导思想

根据临颍县目前农业产业化发展现状，结合实际，农业产业化发展的指导思想：以农业现代化重要思想为指针，以市场为导向，以提高经济效益、增加农民收入为目标，以结构调整为主线，以科技创新、机制创新为动力，充分发挥资源优势，大力培育龙头企业，建立完善的市场体系，加快农产品基地建设，与时俱进，狠抓落实，加快推进建设小康社会步伐。

（二）整体思路

以生猪养殖产业化为总抓手，强力推进双汇产业化工程，实施品牌战略，打造养殖大

区。同时，着力抓好优质专用小麦、无公害蔬菜、小辣椒、大蒜、烟叶生产，拉长产业链条，做大做强龙头企业，全面开创农村工作新局面。

三、农业产业化发展规划与布局

临颍县农业产业化发展规划与布局，要科学指导，合理布局，呈现出有临颍特色的现代农业新格局。要围绕临颍县的优势主导产业，初步实现区域通道绿化、环境美化、优势农产品、时令瓜果四季飘香的美好前景。

（一）以生猪养殖为重点的畜牧产业化规划与布局

生猪养殖是临颍县畜牧养殖业重要的主导产业，也是目前在临颍县最具有产业化发展前景的优势产业。畜牧养殖业的规划和布局要立足于打造“全国最大生猪活体生产基地”为目标，把双汇产业化工程做大做强。临颍县生猪存栏保持在100万头，出栏130万头，建成15个1 000头以上的规模生猪养殖小区。同时，要实施名牌战略，通过内引外联，走强强联合之路，加快龙头企业建设，逐步形成龙头带基地，基地联农户的格局，促使畜牧业再上新台阶。

（二）实施农业综合开发，发展观光旅游农业

临颍县地处中原城市群漯河、许昌之间，农业条件优越，农业产业化生产在全省有着重要的位置，南街村、北徐、龙云标准化实施农业综合开发，发展观光旅游农业是临颍县农业产业结构调整的一项主要内容。为此，要把城关镇、杜曲镇、巨陵镇、固厢乡作为发展观光旅游农业的重点，规划在南街村、龙堂村、北徐庄村发展露地和保护地蔬菜种植350hm^2，在颍河沿线建成生态旅游观光园1 500hm^2，打造固厢、巨陵650hm^{2}温棚无公害蔬菜生产基地。

（三）以优质专用小麦为主的种植业规模布局

优质专用小麦种植是临颍县农业生产的重要内容，种植优质专用小麦是调整种植业结构的重大举措。从2008年起在临颍县建成2个万亩示范方，5个千亩示范方。要利用好测土配方施肥项目建设取得的成绩，抓住国家开展标准粮田建设的机遇，到2015年要建成万亩标准粮田6个，在临颍县15个乡镇都要建立3个以上的千亩高产示范方。

（四）以小辣椒种植为主的区域特色作物产业化规划布局

要充分利用王岗镇“中国小辣椒第一镇”、豫南最大的小辣椒集散地和全国无公害小辣椒生产基地的金字招牌，抓好小辣椒产业的区域化布局及规模化生产，建成以王岗、三家店为中心的小辣椒集中产区，辐射带动临颍县小辣椒面积稳定在1.5万hm^{2}以上。

（五）抓好烟叶生产

烟叶生产属国家订单农业，效益有保障，又可增加地方财政收入。临颍县烟叶生产也有着悠久的历史，临颍县已形成王孟、大郭、台陈等烟叶规模化种植示范基地，近几年种植已达近3 500hm^2。在烟叶生产规划上要坚持稳定面积、主攻质量的原则，促使烟叶向水肥地发展，向种烟村、种烟大户集中，确保临颍县烟叶种植面积保持在3 500hm^{2}以上。

四、加快产业化经营的主要措施

（一）提高认识，进一步理清农业产业化发展思路

农业产业化经营的核心任务是解决千家万户的小生产与千变万化的大市场之间的矛盾，

因此，只有把自给自足的小生产组织成商品化、专业化和规模化的社会化大生产，才能加快脱贫致富步伐，推进农业产业化进程。要从临颍县资源优势和市场需求出发，抓好主导产业基地建设，尽快形成带动广大群众脱贫致富的大产业。各乡镇要结合自己的实际，突出特色建基地，建好基地促发展，围绕优势主导产业开发，实施名牌战略。对现有的名牌产品进行全面评估，去粗取精，去伪存真，不断壮大规模，提高知名度，在此基础上积极培育一批新的名牌产品。

（二）加强组织领导，确保农业产业化顺利实施

农业产业化是涉及面广、政策性强的系统工程，必须切实加强组织领导，搞好综合协调。一是建立机构，明确责任，各级领导和部门要抓龙头、抓基地、纳入目标管理，实行年度考核，使其真正摆上位置。二是在临颍县开展实施“乡镇长工程”、“村长工程”竞赛活动，严格标准，严格考核，加快产业化基地建设步伐。三是要稳定农村基本政策、要在充分尊重农民土地经营自主权的前提下，积极探索土地流转新机制，鼓励农民以土地使用权、产品、技术和资金等要素入股，与龙头企业结成风险共担、利益共享的联合体，推进产业化经营健康发展。四是增加资金投入，建立多元化投资机制，鼓励国有、集体、联户和个体向农业产业化投资。五是加大宣传力度，定期发布农业产业化的政策信息、科技信息和市场信息，报道实施农业产业化的典型经验，搞好舆论引导。通过临颍县上下各部门、各行业的通力协作，努力把临颍县农业产业化经营提高到一个新水平。

（三）大力培育龙头企业，增强辐射带动功能

搞好龙头企业建设是农业产业化经营的关键。今后几年临颍县要重点扶持以龙云、北徐、南街村等为主的一批规模大、效益好、辐射力强的龙头企业，使之逐步做强做大。要结合实际，制定出切实可行的扶持龙头企业的有关政策，在基础设施建设、企业用地等方面，优先安排，重点保证。支农资金和其他专项资金要向龙头企业倾斜。在国家政策许可的范围内，工商管理、税收等部门对龙头企业要给予适当照顾，以利企业健康发展。要大力发展个体、私营企业，鼓励个人投资农业，投资建市场，努力使个体私营经济有较大的发展。各类龙头企业，要立足农业求发展，积极开拓市场，带动农户致富，坚持自愿互利原则，与农户结成可靠、稳定的利益共同体，把千家万户的小生产和千变万化的大市场连接起来，使产业化做到经营企业化、生产集约化、产品标准化，充分发挥龙头企业的辐射带动作用。

（四）搞活市场流通，提高经济效益

市场流通是农业产业化经营的一个重要环节。在推进产业化经营过程中，要下大力气搞活流通，不断提高商品率和市场占有率。一是重点培育专业市场和农产品产地批发市场。要充分利用临颍县农副产品资源丰富的优势，下大力气抓好农副产品市场体系建设。要围绕产业、面向基地、结合小城镇建设，统筹规划，合理布局，发展一批有特色的蔬菜、粮油、畜产品等交易市场，逐步形成以批发市场为中心、以专业市场为骨干、以遍布城乡的集贸市场为基础的农产品市场体系。二是拓宽营销渠道，建立和完善销售网络。实行农产品信息定期发布制度，在批发市场试行网上交易或拍卖与议价相结合的现代交易方式，使之成为农产品集散中心、价格形成中心和信息传递中心。三是培养和造就一支高素质的营销队伍。要积极引导成立农民专业合作社、专业协会、中介组织等，要大力发展农民经纪人队伍，建立农民经纪人档案，对他们进行市场知识培训，提高经纪人队伍素质，引导他们向组织化、集团化的农村经济合作方向迈进，真正使农民经纪人成为农业产业化和市场流通的生力军。

（五）加大投入，为农业产业化提供资金保证

在农业产业化经营中，资金投入是基本保证，临颍县是一个财政穷县，无论是发展农业产业化经营还是龙头企业建设，都需要大量的资金投入，在现阶段临颍县农民收入相对较低，区域经济还不发达的情况下，仅靠自身力量，很难解决问题。因此，迫切需要上级部门在政策上给予支持，资金上给予扶持，尤其是各级金融部门要出台优惠政策，采取多种形式，对农业产业化龙头企业、高效农业园区建设和种养业给予大力支持，帮助其不断发展壮大。要加大项目引进，以项目实施促进农业产业化进程。

（六）加强服务体系建设，为农业产业化经营提供有力保障

要重点搞好五大服务体系建设。一是农业科技创新体系：积极引进农业新品种、新技术、新设施，运用现代科技，改造传统农业，促进农业由粗放经营向集约经营转变，为大力发展农业产业化提供强有力的技术支撑。二是农业信息体系：要建设好临颍县农业信息网络，做好“放大窗口，扩展平台，延伸网络”工作，逐步在各乡镇和龙头企业建立农业信息服务站，使临颍县上下形成左右相连、上下贯通的信息服务体系，扩大信息覆盖面，增强服务功能。三是农产品质量监测体系：壮大县农产品质量监测中心，开展对农产品、畜产品、农业生产资料和农业生产环境的安全卫生检测，实行产品质量认证制度，确保农产品质量安全，增强农产品市场竞争力。四是动植物保护体系：要健全检疫和防疫队伍，提高技术素质，实行县、乡、村三级疫病控制体系，确保农产品生产安全。五是良种繁育体系：要紧紧围绕农业结构调整和产业化经营，加大农作物新品种的引进、示范、推广力度，加快新品种更新换代步伐。

第九章

资料收集与说明

（1）临颍县志（1990 年 12 月，临颍县地方史志编纂委员会编制），该资料由临颍县地方史志编纂委员会提供。

（2）临颍县综合农业区划（1983 年 9 月，临颍县农业区划办公室编制），该资料由临颍县农业局提供。

（3）临颍县农业综合开发（2008 年 3 月，临颍县农业综合开发办公室），该资料由临颍县农业综合开发办公室提供。

（4）临颍县林业生态建设（2008 年 6 月，临颍县林业局），该资料由临颍县林业局提供。

（5）临颍县土地资源（1991 年 11 月，临颍县国土资源管理局），该资料由临颍县国土资源管理局提供。

（6）临颍县水利志（1986—2000 年）（2004 年 9 月，河南省临颍县水利志编纂委员会编制），临颍县 2005 年、2006 年、2007 年水利年鉴（临颍县水利局），该资料由临颍县水利局提供。

（7）临颍县土壤（1985 年 7 月，临颍县农牧局、临颍县土壤普查办公室编制），该资料由临颍县土壤肥料工作站提供。

（8）临颍县 2005 年、2006 年、2007 统计年鉴（临颍县统计局），该资料由临颍县统计局提供。

第二部分

作物适应性评价

第十章

临颍县作物适应性评价

作物适应性评价是测土配方施肥补贴项目的一项重要内容，是测土配方施肥 11 项工作内容中的第 9 项重要工作，是对第二次土壤普查等历史数据资料抢救性挖掘整理的重要手段。临颍县紧紧抓住国家重视土壤肥料工作的难得机遇，积极开展耕地地力评价，合理进行耕地地力保护利用，进一步挖掘耕地的增产潜力，发挥了新形势下农业技术工作者义不容辞的历史责任。这不仅是测土配方施肥工作本身的需要，又是搞清临颍县不同区域内耕地生产潜力和障碍因素，科学划分施肥区域、因土、因作物合理施肥的重要基础。同时，也是土壤肥料技术推广发展壮大、增强科学施肥手段的必由之路，还是保障粮食安全、农业综合生产能力增强和现代农业的发展提出了更新更高的要求。耕地地力、作物适应评价是在耕地地力评价的基础上，加入作物适应性参数，全面开展不同作物对不同土壤、不同耕地地力等级的适应性评价，为逐步建立临颍县作物合理布局、进一步优化种植业结构提供参考依据，为完善县域耕地管理系统、建立科学的施肥体系打下坚实基础。

一、作物适应性评价的指导思想

坚持以科学发展观为指导，以服务农民为出发点和落脚点，坚持统筹规划、分类指导、区别对待、突出重点、分工负责、稳步推进的原则，按照“测、配、产、供、施”技术路线，通过对作物适应性评价，寻求最佳的耕地资源利用形式，全面促进农业增收、农民增效。扩大测土配方施肥技术应用范围，创新测土配方施肥技术推广机制，提高测土配方施肥技术的普及率、覆盖率、到位率。

二、作物适应性评价的目标任务

作物适应性评价是根据土壤质地、质地结构、土壤养分、耕地建设等条件，并根据这些条件对作物生长发育作用影响能力的大小，用数字化的方法对作物适应性评价。通过作物适应性评价，寻找出县域耕地资源管理系统最佳作物布局，最大限度地发挥作物的增产能力，使农民用较少的投入换来较大收入。

三、调查方法

为了高标准完成作物适应性评价工作，临颍县协作组成员做了大量的调查研究，包括野外走访调查和室内化验结果分析。在完成这些工作中严格按照农业部耕地地力适应性评价工作的技术路线和工作方法，精心组织事业心强，肯吃苦耐劳的同志从事这项工作，为临颍县高标准完成作物适应性评价打下了坚实的基础。

(一) 调查工作的组织形式

作物适应性评价调查是一项非常严肃的工作，它关系到能否正确建立作物适应性评价指标，能否正确的进行耕地地力评价，能否把作物适应性评价成果运用到指导农业结构调整上去。因此，对作物适应性评价工作领导高度重视，精心组织，首先请关心农业的人士对临颍县耕地适应性情况座谈，使参加调查的同志对临颍县耕地情况有一个大致的了解。其次，把参加调查的同志分为 6 个小组，每个小组有一名专家带队，结合土壤分片取样调查，深入到田间地头，对农户的耕地情况调查，并将农户地块的位置采用 GPS 定位的方法统一编号记录收集。

(二) 调查工作所遵循的技术路线

为了高标准完成这次作物适应性评价的调查工作，临颍县项目组的领导要求严格按照“测土、配方、配肥、供肥、施肥指导”五个环节的要求，坚持从本地实际出发、以事实求是为原则，以农民容易接受为准绳，选取对农业生产影响大、差异性明显、相对稳定且易获取的项目作为调查重点。同时，按照用较少钱办较多事的方针，能够在室内获取的绝不用野外调查方法获取，能够野外调查方法获取的绝不用实验方法获取，必须用实验方法获取的一定高标准、严要求、保质保量的完成任务。

(三) 调查工作采用的工作方法

1. 成立领导小组

在项目开始之初，临颍县就成立了以抓农业的副县长任组长，农业局局长为副组长、财政局局长、农业局副局长、水利局局长及 15 个乡镇的乡镇长为成员的临颍县作物适应性评价工作领导小组，领导小组下设办公室，由农业局副局长兼任办公室主任，负责组织协调、人员落实、工作安排、资金配套和后勤供应等工作。

2. 成立技术小组

技术小组由县农业局和县农技推广中心有实践经验的技术人员组成，具体负责实施方案的制定、实施，技术指导以及质量控制自查自检等工作。

3. 聘请专家顾问

由于工作的需要，作为指导和参与耕地地力评价工作，并对作物适应性评价结果进行技术把关。

4. 搞好分工协作

根据上述指导思想，项目组内部建立严格的目标责任制，每项工作均落实到人，室内调查工作需要领导出面协调的一定限期完成。野外调查工作每个调查小组任命一名业务能力强的专家带队，三名吃苦耐劳技术人员参加的野外调查小组，每个小组负责 2 ~ 3 个乡（镇），为确保调查质量，农业局专门聘请市农业局的专家为作物适应性评价顾问，并负责各项工作的质量把关，农业局抽农业技术推广中心的技术骨干负责临颍县抽样调查的督导，并负责将调查数据及时录入。

四、调查结果

收集耕地立地条件、耕层养分含量、耕地的管理情况和相关资料等内容，为合理确定农、林、牧用地，充分利用耕地资源及科学用地养地提供参考依据。

（一）土壤立地条件调查情况

临颍县耕地的成土母质主要分为洪积物和湖积物两种类型。土壤种类较多，可分为潮土和砂姜黑土2个大类、4个亚类、6个土属、14个土种。土壤质地可分为沙壤土、轻壤土、轻黏土、中壤土和重壤土5个类型。土壤质地构型可分为均质沙壤、夹沙轻壤、沙底轻壤、夹沙中壤、均质轻壤、黏身中壤、夹黏中壤、均质中壤、壤身重壤和均质重壤10个类型。

（二）耕地养分含量调查情况（表10－1）

目前，临颍县土壤有机质含量最高的地块含量为25.52g/kg，最低含量为5.54g/kg，平均值为16.35g/kg，变异系数为13.61%；土壤全氮含量最高的地块含量为1.68g/kg，最低含量为0.3g/kg，平均值为0.90g/kg，变异系数为16.87%；有效磷含量最高地块含量为25.6mg/kg，最低含量为5.0mg/kg，平均值为13.05mg/kg。变异系数为31.59%；速效钾含量最高地块含量为251mg/kg，最低含量为56mg/kg，平均值为117.29mg/kg，变异系数为25.32%。

表10－1　土壤养分含量情况调查统计表

养分	平均值	最小值	最大值	标准差	变异系数（%）
有机质（g/kg）	16.35	5.54	25.52	2.10	13.61
全　氮（g/kg）	0.90	0.30	1.68	0.10	16.87
有效磷（mg/kg）	13.05	5.0	25.6	2.93	31.59
速效钾（mg/kg）	117.2	56.00	251.0	19.89	25.32

（三）耕地管理调查情况

临颍县耕地管理的内容较多，差异较为显著的是灌溉保证率和排涝能力，灌溉保证率最好的地块达80%，最差的地块仅30%。排涝能力最强可抗御20年一遇的涝灾，最差的地块4年两头受洪涝的危害。

五、调查结果分析

调查组将收集到的调查情况整理分析，并做相应的归纳，广泛听取了专家意见，去掉两端的极端数据，寻找出规律性的问题，然后把归纳结果反馈给专家，让他们再次提出自己的评价和判断。反复3~5次后，专家组形成一致的意见。

（一）土壤立地条件调查情况的分析

成土母质在临颍县仅有2种情况，对作物适应性评价影响较小，不作为评价指标。土壤质地是影响作物产量的重要指标，不同的质地产量悬殊较大。土壤质地是评价作物适应性的重要指标，沙壤地的优点是升温快，易耕作，发苗快；缺点是漏水漏肥，养分含量低，作物生长后期易早衰，获得高产困难。轻壤土的优点是较易耕作，保水保肥能力中等，发苗较快；缺点是作物前期长势偏旺、易形成田间郁弊，后期易倒伏，稳产性能差。轻黏土和中壤土长期被认为是最适应作物生长的土壤，但是，随着化肥工业的发展，作物前期生长受土壤因素的制约减轻，重壤土取代轻黏土、中壤土成为最适应作物生长的土壤。对作物适应性影响最大的是土壤质地构型，黏质的质地构型对农作物的根系影响较大，生长发育受到一定的影响，因此有根深才能苗壮。均质壤土是农民喜欢的质地构型，易耕作，保全苗容易，但保肥能力不如均质重壤土，产量水平也低于均质重壤土。

（二）耕地养分含量分析

土壤养分含量是评价耕地适应性的重要参数。通过土样资料整理分析，目前临颍县土壤有机质含量在20～30g/kg，土壤全氮含量在1.3～2g/kg，有效磷含量20～30mg/kg，速效钾含量150～300mg/kg的面积与目前作物每亩年产量1 100kg的面积基本一致；有机质含量在10～20g/kg，土壤全氮含量在1～1.3g/kg，有效磷含量14～20mg/kg，速效钾含量110～150mg/kg的面积与目前作物每亩年产量950kg的面积基本一致，土壤pH值在6.5～7.5。而临颍县土壤养分的实际情况如下。

1. 有机质（表10－2）

临颍县的土壤有机质平均含量虽然已达16.35g/kg，但由于多种因素的影响，通过测定分析，其含量不同地块有一定的差异。其中，含量在0.6～10g/kg的占总样的4%，代表面积2 300hm^2；10～20g/kg的占总样的84%，代表面积50 000hm^2；20g/kg以上的占总样12%，代表面积仅7 000hm^2。

表10－2　土壤有机质含量统计

级别	标准（g/kg）	样次	频率（%）	平均含量（g/kg）
1	30～40	0	0	0
2	20～30	240	12	21.41
3	10～20	1 680	84	15.35
4	0.6～10	80	4	8.47
5	≤0.6	0	0	0

2. 土壤全氮（表10－3）

临颍县土壤全氮的平均含量0.90g/kg，但由于施肥品种和数量水平的差异，各地块之间也有明显的差异。其含量小于0.5g/kg的占总样的1%，代表面积580hm^2；含量为0.5～0.75g/kg的占总样的21%，代表面积12 300hm^2；含量为0.75～1g/kg的占总样43%，代表面积2.50万hm^2；含量为1～1.5g/kg的占总样34%，代表面积2.0万hm^2；含量在1.5～2g/kg的占总样1%，代表面积590hm^2；含量为2g/kg以上的还没有出现。

表10－3　土壤全氮含量情况统计

等级	标准（g/kg）	样次	频率（%）	平均含量（g/kg）
1	<0.5	20	1	0.35
2	0.5～0.75	420	21	0.64
3	0.75～1	860	43	0.88
4	1～1.5	680	34	1.09
5	1.5～2	20	1	1.88
6	>2	0	0	0

3. 土壤有效磷（表 10－4）

临颍县土壤有效磷的平均含量为 13.05mg/kg，耕地有效磷含量在 4.5～70.3mg/kg。其中，含量在 3～5mg/kg 的占总样 2%，代表面积 1 170hm²；含量在 5～10mg/kg 占总样 33%，代表面积 2.0 万 hm²；10～20mg/kg 占总样的 54%，代表面积 3.0 万 hm²；20～40mg/kg 以上占总样 10%，其代表面积为 5 900hm²；含量在 40mg/kg 以上的占总样 1%，代表面积 600hm²。

表 10－4　土壤速效磷含量统计

级别	标准（mg/kg）	样次	频率（%）	平均含量（mg/kg）
1	3～5	40	2	4.7
2	5～10	660	33	8.1
3	10～20	1 300	54	13.97
4	20～40	200	10	26.8
5	>40	20	1	56.9

4. 土壤速效钾（表 10－5）

通过对数据库资料的整理分析，临颍县耕地土壤速效钾的平均含量为 117.29mg/kg，其分布区间为 46.2～251mg/kg。其中，大于 200mg/kg 占总样 5%，150～200mg/kg 占总样 31%，100～150mg/kg 占总样 49%，50～100mg/kg 占总样 14%，30～50mg/kg 占总样 1%，其代表面积分别为 2 900hm²、1.8 万 hm²、2.9 万 hm²、0.8 万 hm² 和 600hm²。

表 10－5　土壤速效钾含量统计

级别	标准（mg/kg）	样次	频率（%）	平均含量（mg/kg）
2	30～50	20	1	46.89
3	50～100	280	14	82.9
4	100～150	980	49	118.49
5	150～200	620	31	170.72
6	>200	100	5	219.97

（三）耕地管理情况分析

作物生产适应性评价离不开耕地管理因素，特别是灌溉保证率和排涝能力。虽然作物生产季节极少出现内涝现象，但是作物的生长后期极怕田间积水，特别在作物生长后期根系老化，一遇短时间积水就会造成早衰影响作物产量，低洼地极易受害。因此，排涝能力是作物适应性评价的一个指标。临颍县的地理位置决定了农作物生育期内极易受到阶段干旱的影响，耕地的灌溉保证率是作物适应性的一个重要的评价指标。

六、作物适应性评价指标体系

合理正确地确定作物适应性评价指标体系，是科学评价作物适应性的前提，直接关系到评价结果的正确性、科学性和农民可接受性。综合《测土配方施肥技术规范》《耕地地力评价指南》和“县域耕地资源管理信息系统3.0”的技术规定与要求，我们将选取评价指标、确定各指标权重和确定各评价指标的隶属度3项内容归纳为建立作物适应性评价指标体系。

临颍县作物适应性指标体系是在河南省土壤肥料站和河南农业大学的指导下，结合临颍县的耕地特点，通过专家组的充分论证逐步建立起来。首先，根据一定原则，结合临颍县农业生产实际、农业生产自然条件和耕地土壤特征，从全国耕地地力评价因子集中选取，建立县域作物适应性评价指标集。其次，利用层次分析法，建立评价指标与耕地潜在生产能力间的层次分析模型，计算单指标对作物适应性的权重。第三，采用特尔斐法组织专家，使用模糊评价法建立各指标的隶属度。

（一）作物适应性评价指标选择原则

作物适应性评价所遵循的原则是在耕地地力评价的基础上进行的，因此，仍然遵循耕地地力评价的重要性、差异性、稳定性、易获取性和精简性原则，结合临颍县的生产实际，选取土壤质地构型、质地、有机质、有效磷、速效钾、灌溉保证率和排涝能力七项指标进行作物适应性评价。

（二）评价指标权重确定原则

作物适应性评价受所选取指标的影响程度并不一致，确定各因素的影响程度大小时，必须遵从全局性和整体性的原则。综合衡量各指标的影响程度，不能因一年一季的影响或对某一区域的影响剧烈或无影响而形成极端的权重，如灌溉保证率和排涝能力的权重。首先考虑两个因素在临颍县的差异情况和这种差异造成的耕地生产能力的差异大小，如果降水较丰且不易致涝，则权重应较低。其次，考虑其发生频率，发生频率较高，则权重应较高，频率低则应较低。第三，排除特殊年份的影响，如极端干旱年份和丰水年份。第四，排除重复性指标的影响，如种植制度指标，农民施肥量加大，土壤肥力就提高了，作物适应性增强了，此权重加入相对就提高了耕地养分的权重，而对作物适应性影响大的权重无形地降低了分值。

（三）评价指标权重确定方法

1. 层次分析法

作物适应性为目标层（G层），影响作物适应性的立地条件、土壤管理、耕层养分状况为准则层（C层），再把影响准则层中各元素的项目作为指标层（A层），其结构关系如图10－1所示。

2. 构造判断矩阵

专家们评估的初步结果经合适的数学处理后（包括实际计算的最终结果——组合权重）反馈给各位专家，请专家重新修改或确认，确定C层对G层以及A层对C层的相对重要程度，共构成G、C_1、C_2共3个判断矩阵，详见表10－6至表10－9。

表10－6　目标层判断矩阵

G	C_1	C_2	C_3
土壤管理 C_1	1.0000	0.9070	0.4186
耕层养分 C_2	1.1025	1.0000	0.4615
立地条件 C_3	2.3889	2.1667	1.0000

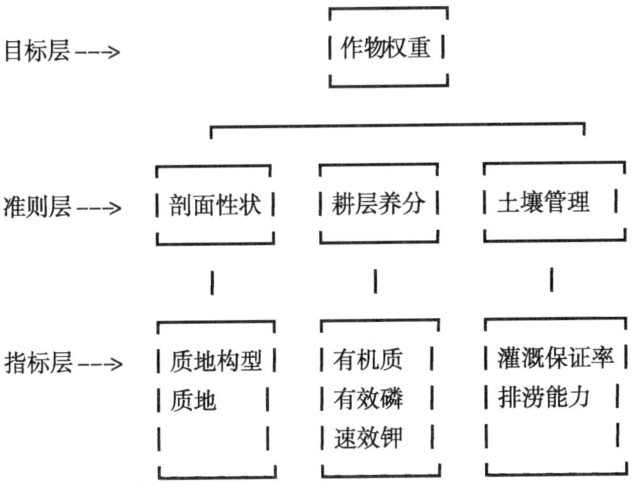

图 10-1 作物适应性影响因素层次结构

表 10-7 耕层养分判断矩阵

C_2	A_3	A_4	A_5
有机质 A_3	1.0000	0.7447	0.3830
有效磷 A_4	1.3428	1.0000	0.5143
速效钾 A_5	2.6110	1.9444	1.0000

表 10-8 土壤管理判断矩阵

C_2	A_3	A_4
灌溉保证率 A_4	1.0000	0.2500
排涝能力 A_5	4.0000	1.0000

表 10-9 立地条件判断矩阵

C_1	A_1	A_2
质地构型 A_2	1.0000	0.6502
质地 A_3	1.5380	1.0000

判别矩阵中标度的含义见表 10-10。

表 10-10 判断矩阵标度及其含义

标度	含 义
1	表示两个因素相比，具有同样重要性
3	表示两个因素相比，一个因素比另一个因素稍微重要
5	表示两个因素相比，一个因素比另一个因素明显重要

（续表）

标度	含　义
7	表示两个因素相比，一个因素比另一个因素强烈重要
9	表示两个因素相比，一个因素比另一个因素极端重要
2、4、6、8	上述两相邻判断的中值
倒数	因素 i 与 j 比较得判断 b_{ij}，则因素 j 与 i 比较的判断 $b_{ji}=1/b_{ij}$

3. 层次单排序及一致性检验

求取 A 层对 C 层的权数值，可归结为计算判断矩阵的最大特征根 λ_{max} 对应的特征向量 W。用 CR = CI/RI 进行一致性检验。计算方法如下：

（1）将比较矩阵每一列正规化（以矩阵 C 为例）。

$$\hat{c}_{ij} = \frac{c_{ij}}{\sum_{i=1}^{n} c_{ij}}$$

（2）每一列经正规化后的比较矩阵按行相加。

$$\overline{W}_i = \sum_{j=1}^{n} \hat{c}_{ij}, \quad j = 1,2,\cdots,n$$

（3）向量正规化。

$$W_i = \frac{\overline{W}_i}{\sum_{i=1}^{n} \overline{W}_i}, \quad i = 1,2,\cdots,n$$

所得到的 $W_i = [W_1, W_2, \cdots, W_n]^T$ 即为所求特征向量，也就是各个因素的权重值。

（4）计算比较矩阵最大特征根 λ_{max}。

$$\lambda_{max} = \sum_{i=1}^{n} \frac{(CW)_i}{nW_i}, \quad i = 1,2,\cdots,n$$

式中，C 为原始判别矩阵，(CW) i 表示向量的第 i 个元素。

（5）一致性检验。

首先计算一致性指标 CI

$$CI = \frac{\lambda_{max} - n}{n - 1}$$

式中，n 为比较矩阵的阶，即因素的个数。

然后根据表 10－11 查找出随机一致性指标 RI，由下式计算一致性比率 CR。

$$CR = \frac{CI}{RI}$$

表 10－11　随机一致性指标 *RI* 值

n	1	2	3	4	5	6	7	8	9	10	11
RI	0	0	0.58	0.9	1.12	1.24	1.32	1.41	1.45	1.49	1.51

根据以上计算方法可得以下结果

将所选指标根据其对作物适应性的影响方面和其固有的特征，分为几个组，形成目标层—耕地地力评价，准则层—因子组，指标层—准则下的评价指标。

表 10－12　权数值及一致性检验结果

矩阵	特征向量			CI	CR
矩阵 G	0. 6160	0. 3840		-2.03×10^{-6}	0
矩阵 C_1	0. 4700	0. 3500	0. 1800	-1.80×10^{-7}	0. 00000031
矩阵 C_2	0. 6060	0. 3940		3.80×10^{-6}	0. 00000052

从表 10－12 可以看出，$CR<0.1$，具有很好的一致性。

4. 层次总排序及一致性检验

计算同一层次所有因素对于最高层相对重要性的排序权值，称为层次总排序，这一过程是最高层次到最低层次逐层进行的。层次总排序结果见表 10－13。

表 10－13　层次总排序结果

层次 C	剖面性状	耕层养分	土壤管理	组合权重
	0. 4300	0. 3900	0. 1800	$\sum C_iA_i$
质地构型	0. 6160			0. 2649
质地	0. 3840			0. 1651
有机质		0. 4700		0. 1833
有效磷		0. 3500		0. 1365
速效钾		0. 1800		0. 0702
灌溉保证率			0. 6060	0. 1091
排涝能力			0. 3940	0. 0709

层次总排序的一致性检验也是从高到低逐层进行的。如果 A 层次某些因素对于 C_j 单排序的一致性指标为 CI_j，相应的平均随机一致性指标为 CR_j，则 A 层次总排序随机一致性比率为：

$$CR=\frac{\sum_{j=1}^{n}c_jCI_j}{\sum_{j=1}^{n}c_jRI_j}$$

经层次总排序，并进行一致性检验，结果为 $CI=-1.19\times10^{-7}$，$CR=0.00000790<0.1$，认为层次总排序结果具有满意的一致性，最后计算得到各因子的权重如表 10－14 所示。

表 10－14　各因子的权重

评价因子	质地构型	质地	有机质	有效磷	速效钾	灌溉保证率	排涝能力
权重	0. 2649	0. 1651	0. 1776	0. 1184	0. 0740	0. 1120	0. 0880

（四）评价指标隶属度

1. 指标特征

耕地内部各要素之间与耕地的生产能力之间关系十分复杂，此外，评价中也存在着许多不严格、模糊性的概念，因此，采用模糊评价方法来进行作物适应性等级的确定。本次评价中，根据指标的性质分为概念型指标和数据型指标两类。

概念型指标的性状是定性的、综合的，与作物适应性能力之间是一种非线性关系，如质地、质地构型，这类指标可采用特尔斐法直接结出隶属度。

数据型指标是指可以用数字表示的指标，如有机质、有效磷和速效钾等。根据模糊数学的理论，临颍县的养分评价指标与作物适应性之间的关系为戒上型函数。

对于数据型的指标也可以用适当的方法进行离散化（即数据分组），然后对离散化的数据做为概念型的指标来处理。

2. 指标隶属度

对质地构型、质地等概念型定性因子采用专家打分法，经过归纳、反馈、逐步收缩、集中，最后产生获得相应的隶属度。而对有机质、有效磷、速效钾等定量因子，首先对其离散化，将其分为不同的组别，然后为采用专家打分法，给出相应的隶属度。

（1）质地（表 10－15）。

属概念型，无量纲指标。

表 10－15　质地隶属度

质地	沙壤土	轻壤土	中壤土	轻黏土	重黏土
隶属度	0. 28	0. 56	0. 78	0. 9	1

（2）质地构型（表 10－16）。

属概念型，无量纲指标。

表 10－16　质地构型隶属度

质地构型	均质沙壤土	夹沙轻壤土	沙底轻壤土	均质轻壤土	沙底中壤土	黏底轻壤土	均质黏土	夹黏中壤土	黏底中壤	均质重壤
隶属度	0. 2	0. 3	0. 34	0. 36	0. 46	0. 54	0. 68	0. 78	0. 88	1

（3）有机质（表 10－17）。

属数值型，有量纲指标。

表 10－17　有机质隶属度

有机质（g/kg）	>18	16	13	10	7
隶属度	1	0. 86	0. 66	0. 5	0. 24

（4）有效磷（表 10－18）。

属数值型，有量纲指标，隶属函数为 $y = 2x + 8.25$（$R^2 = 0.9846$）。

表 10－18　有效磷隶属度

有效磷（mg/kg）	>18	15	12	9	6
隶属度	1	0.86	0.7	0.54	0.2

（5）速效钾（表 10－19）。

属数值型，有量纲指标，隶属函数为 $y = 18x + 58$（$R^2 = 0.9878$）。

表 10－19　速效钾隶属度

速效钾（mg/kg）	>150	140	120	100	70
隶属度	1	0.88	0.76	0.63	0.32

（6）排涝能力（表 10－20）。

属数值型，有量纲指标。

表 10－20　排涝能力隶属度

排涝能力	3 年以下一遇	3 年一遇	5 年一遇	10 年一遇	10 年以上一遇
隶属度	0.24	0.44	0.62	0.72	1

（7）灌溉保证率（表 10－21）。

属数值型，有量纲指标。

表 10－21　灌溉保证率隶属度

灌溉保证率（%）	30	50	60	73	80
隶属度	0.26	0.32	0.558	0.76	1

第十一章

小麦适应性评价

一、小麦适应性评价等级

（一）计算小麦适应性评价综合指数

用指数和法来确定适应性的综合指数，模型公式如下：

$$\mathrm{IFI} = \sum F_i * C_i \quad (i = 1,2,3,\cdots,n)$$

式中：IFI（Integrated Fertility Index）代表小麦适应性综合指数；F_i 表示第 i 个因素评语；C_i 表示第 i 个因素的组合权重。

具体操作过程：在县域耕地资源管理信息系统（CLRMIS）中，在“专题评价”模块中导入隶属函数模型和层次分析模型，然后选择“耕地生产潜力评价”功能，进行耕地地力综合指数的计算。

（二）确定最佳的小麦适应性等级数目

根据综合指数的变化规律，在耕地资源管理系统中我们采用累积曲线分级法进行评价，根据曲线斜率的突变点（拐点）来确定等级的数目和划分综合指数的临界点，将临颍县小麦适应性共划分为3级（图11－1），各等级小麦适应性综合指数如表11－1所示。

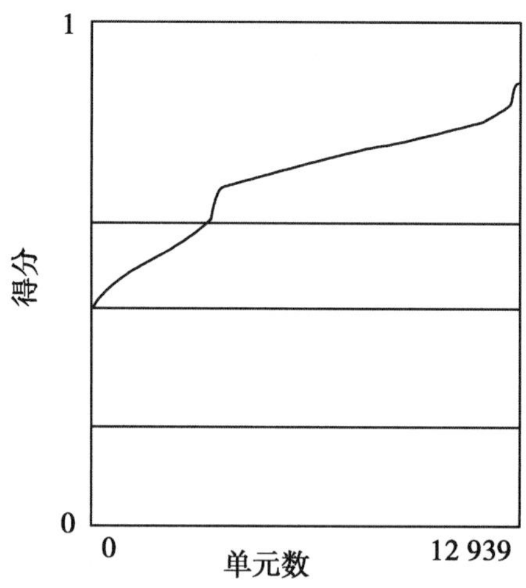

图11－1　小麦适应性等级分值累积曲线

表 11 – 1 临颍县小麦适应性评价级别综合指数

IFI	≥0.75	0.75 ~ 0.5	0.5 ~ 0.25
小麦适应性评价级别	高度适宜	适宜	勉强适宜

（三）临颍县小麦适应性等级

临颍县小麦适应性共分 3 个等级（图 11 – 2）。其中，高度适宜区 45 400hm^2，占临颍县 77.27%；适宜区 12 900hm^2，占临颍县 21.99%；勉强适宜区 435hm^2，占临颍县 0.74%。

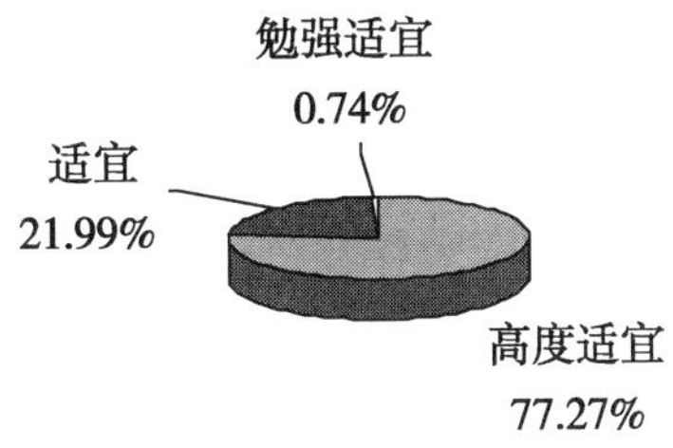

图 11 – 2 临颍县小麦适宜区面积比例等级图

（四）小麦适应性评价结果分析（图 11 – 3，表 11 – 2）

临颍县小麦高度适宜区的面积为 45 430.89hm^2，分布情况如下：各乡镇均有分布，其中面积最大是王岗镇，有 7 185.5hm^2，占高度适宜区面积的 15.8%。适宜区的面积为 12 928.06hm^2，各乡镇均有分布，其中适宜区面积最大的是台陈镇，有 2 231.09hm^2，占适宜区面积的 17.3%。勉强适宜区临颍县有 435.43hm^2，主要分布在窝城、台陈、石桥 3 个乡镇，最大的是窝城镇，有 249.94hm^2，占勉强适宜区面积的 57.4%。

表 11 – 2 各乡镇小麦适应性分级分布 （单位：hm^2）

乡名称	高度适宜	勉强适宜	适宜	总计
陈庄乡	2 280.42		187.8	2 468.22
城关镇	1 129.39		566.64	1 696.03
大郭乡	5 137.45		238.18	5 375.63
杜曲镇	2 216.64		1 537.7	3 754.34
繁城镇	3 008.28	5.57	1939.65	4 953.5
固厢乡	894.55		1 543.25	2 437.8
皇帝庙乡	3 386.22		113.32	3 499.54
巨陵镇	3 253		684.17	3 937.17
三家店镇	3 841.75		58	3 899.75
石桥乡	1 791.1	122.58	950.61	2 864.29
台陈镇	2 517.5	45.66	2 231.09	4 794.25
瓦店镇	2 728.39	7.65	1 133.98	3 870.02
王岗镇	7 185.51	4.03	14.39	7 203.93
王孟乡	3 258.01		1 033.49	4291.5
窝城镇	2 802.68	249.94	695.79	3 748.41
合计	45 430.89	435.43	12 928.06	58 794.38

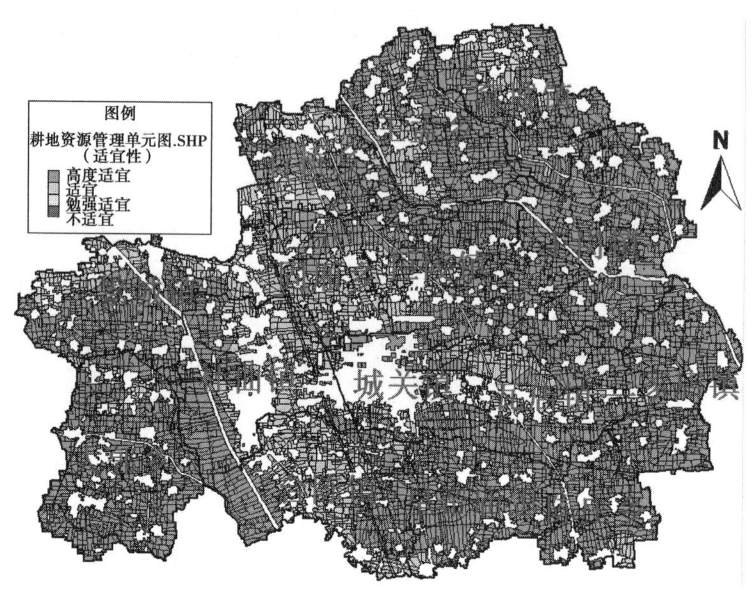

图 11－3　临颍县小麦适应性评价

1. 高度适宜区形成原因的分析

高度适宜区是临颍县耕地基本建设水平最高的耕地。该类地的部分经过农业综合开发或进行过大型的商品粮基地建设，生产条件得到改善，灌溉保证率、排涝能力显著提高，种植小麦的适应性显著增强。从土壤类型看大部分属砂姜黑土，从土壤质地构型上看大部分属均质重壤、黏质中壤或均质中壤，该土类（质地构型）保水保肥能力强，对小麦生长发育有利。从土壤养分含量来看，有机质、有效磷、速效钾含量较为充足，能够满足小麦生长的需要，为小麦高产提供了有力的保证。但该类地依然不是各方面的因素均达到完备，这类地无论从土壤养分、种植制度、灌排水利条件等因素与发达地区仍然有较大的差距。随着这些条件的改善，对小麦的适应程度还会进一步增强。

（1）土壤养分含量情况。从高度适宜区耕层养分含量统计情况（表 11－3）来看，该类地有机质含量在 13.3～20.60g/kg，平均含量为 16.41g/kg，全氮含量 0.69～1.17g/kg，平均含量为 0.96g/kg，有效磷含量为 13.23mg/kg，范围在 8.20～18.90mg/kg，速效钾含量在 92.00～173.00mg/kg，平均含量为 117.87mg/kg。特别是对小麦适应性评价影响较大的土壤有机质含量偏高，在很大程度上提高了土壤通气、保墒和保肥能力，有利于小麦的根系活动，良好的土壤水分、养分、通气条件促使小麦的根系早发快长，这也就应了“根深才能叶茂”的农谚，故而小麦更容易实现高产、稳产。

表 11－3　高度适宜区耕层养分含量统计

项目	平均值	最大值	最小值	标准差
有机质（g/kg）	16.41	20.6	13.3	0.92
全氮（g/kg）	0.90	1.17	0.69	0.07
有效磷（mg/kg）	13.23	18.9	8.2	1.47

（续表）

项目	平均值	最大值	最小值	标准差
速效钾（mg/kg）	117.87	173	92	10.10
有效铁（mg/kg）	5.50	6.7	4.3	0.39
有效锰（mg/kg）	6.09	8	4	0.72
有效铜（mg/kg）	2.72	6.89	1.13	0.95
有效锌（mg/kg）	0.60	0.81	0.27	0.06

（2）耕地的管理情况。从高度适宜区在临颍县的分布图（图 11－3）可以明显地看出，该类地绝大多数分布在临颍县的农业综合开发项目区和土地整理项目区，通过项目的实施，灌溉能力增强，灌溉保证率均在 75% 以上（表 11－4），排涝条件得到改善，随着生产条件的好转，广大农民更舍得向土壤投入，再加之近年来的天公作美，小麦的产量和品质均有较大的提升。

表 11－4　临颍县高度适宜灌溉保证率所占面积统计

灌溉保证率（%）	高度适宜（hm^2）	占高度适宜面积（%）
30	1 244.21	2.7
50	4 458.77	9.8
60	31 999.63	70.5
73	4 709.27	10.4
80	3 019.01	6.6
总计	45 430.89	100.0

（3）耕地的立地条件。从临颍县高度适宜区在 4 个土类的分布情况来看，以砂姜黑土所占比重最大，该土类长期存在着小麦拔籽不养苗的现象，广大农民摸清了该土类的特点，通过调整施肥期和施肥量，克服了土壤质地自身的不足，小麦产量水平大幅度提升。潮土地主要分布在两合土土种中，该土类一直是广大农民首选土种，但近些年来随着小麦生产由中产向高产过渡，自身存在后劲不足，经济产量上不去，和田间过早郁蔽，后期易倒伏而产量起伏较大。从质地构型（表 11－5）上来看，高度适宜区主要分布在黏底中壤上，面积达 26 500hm^2。从土壤质地（表 11－6）上看，高度适宜区主要分布在中壤土上，分布面积为 31 300hm^2。

表 11－5　临颍县高度适宜区质地构型所占面积统计

质地构型	高度适宜（hm^2）	占高度适宜面积（%）
夹黏中壤	4 646.42	10.2
夹沙轻壤	31.79	0.07
均质黏土	12 914.32	28.4
均质轻壤	253.41	0.56
均质沙壤		

（续表）

质地构型	高度适宜（hm^2）	占高度适宜面积（%）
均质重壤	568.95	1.27
黏底轻壤	206.42	0.5
黏底中壤	26 514.37	58.4
沙底轻壤	146.2	0.3
沙底中壤	149.01	0.3
总计	45 430.89	100.0

表 11－6　临颍县高度适宜区质地类型所占面积统计

质地	高度适宜（hm^2）	占高度适宜面积（%）
轻黏土	6 797.16	15.0
轻壤土	637.82	1.4
沙壤土		
中壤土	31 309.8	68.9
重黏土	6 686.11	14.7
总计	45 430.89	100.0

2. 适宜区形成原因的分析

适宜区是临颍县次好等级的耕地。该级别耕地与高度适宜区相比较，主要是没有进行大型的农业项目开发，耕地的养分略低，农田基本建设情况稍差，土壤结构、质地等情况基本上与高度适宜区持平。该区同样是临颍县的主要小麦生产基地。

（1）土壤养分含量情况。从适宜区耕层养分含量统计情况来看（表 11－7），该类地有机质含量在 13.3～19.8g/kg，平均含量为 16.26g/kg；全氮含量 0.70～1.12g/kg，平均含量为 0.90g/kg，有效磷含量在 8.10～18.40mg/kg，平均含量为 12.96mg/kg；速效钾含量在 80.00～178.00mg/kg，平均含量为 117.00mg/kg。特别是对小麦适应性评价影响较大的土壤有机质含量偏高，在很大程度上提高了土壤通气、保墒和保肥能力，有利于小麦的根系活动，良好的土壤水分、养分、通气条件促使小麦的根系早发快长。

表 11－7　临颍县适宜区耕层养分含量统计

项目	平均值	最大值	最小值	标准差
有机质（g/kg）	16.26	19.8	13.3	0.81
全氮（g/kg）	0.90	1.12	0.7	0.06
有效磷（mg/kg）	12.96	18	8.1	1.37
速效钾（mg/kg）	117.00	178	80	11.05
有效铁（mg/kg）	5.49	6.5	4.3	0.34
有效锰（mg/kg）	5.89	7.7	4.1	0.56
有效铜（mg/kg）	2.67	4.8	1.13	0.64
有效锌（mg/kg）	0.57	0.76	0.33	0.05

（2）耕地的管理情况。从临颍县小麦适应性评价分布图可以看出（图11－3），适宜区在临颍县分布较为凌乱，但绝大多数集中于南部及东南部、老颍河故道两侧及中部“四十五里黄土岗”。这些区域仅少部分进行过黄淮海开发项目及土地整理项目改造，但因养分偏低，产量水平次之。大部分适宜区地土壤养分含量还可以，保灌率均在75%以下（表11－8），主要是灌溉设备较为落后（移动软管），加之该区农用小型拖拉机偏多（主要从事运输，农忙时用作整地）长期耕层偏浅，小麦的抗灾能力稍差。近年来通过实施测土配方施肥技术，养分不足的问题得到缓解，加之气候条件较为有利小麦生长发育，此区的小麦每亩平均单产近两年来均突破了500kg。

表11－8　临颍县适宜区灌溉保证率所占面积统计

灌溉保证率（%）	适宜（hm^2）	占适宜面积（%）
30	1 715.72	13.3
50	436.99	3.4
60	8 940.25	69.1
73	1 455.55	11.3
80	379.55	2.9
总计	12 928.06	100.0

（3）耕地的立地条件。从适宜区在临颍县两大土壤类型的分布情况（表11－9）来看，潮土区所占比重较大，砂姜黑土所占比重较小。该土类土层较为深厚，质地较为松，保水、保肥能力差，加之土壤有机质含量偏低，更加对小麦生长不利。因此，小麦的适宜性能低于高度适宜区。该土类占据土体深厚，均匀一致，保水、保肥性能强的优势，对小麦生产较为适宜。均质轻壤、沙底轻壤面积较大，分别是6 670hm^2、4 900hm^2。从土壤质地（表11－10）上，主要分布为轻壤土，面积为12 700hm^2。

表11－9　临颍县适宜区质地构型所占面积统计

质地构型	适宜（hm^2）	占适宜面积（%）
夹黏中壤		
夹沙轻壤	520.2	4.0
均质黏土		
均质轻壤	6 666.89	51.6
均质沙壤	33.11	0.3
均质重壤		
黏底轻壤	610.72	4.7
黏底中壤		
沙底轻壤	4 908.06	37.9
沙底中壤	189.08	1.5
总计	12 928.06	100.0

表 11－10　临颍县适宜区质地类型所占面积统计

质地	适宜（hm^2）	占适宜面积（%）
轻黏土		
轻壤土	12 705.87	98.2
沙壤土	33.11	0.3
中壤土	189.08	1.5
重黏土		
总计	12 928.06	100.0

3. 勉强适宜区的主要属性

临颍县的小麦勉强适宜区面积较小，主要分布在颍河故道的沙壤土地和窑厂复耕地。根据制约耕地的主要制约因子，窑厂复耕地除严重缺乏灌溉条件外，土壤板结透气性差，养分含量低。沿颍河故道的沙壤土地漏水漏肥严重，抗旱能力差。小麦生长后期易早衰，获得高产困难。

（1）勉强适宜区养分含量情况。从勉强适宜区耕层养分含量统计情况来看（表 11－11），该类地有机质含量在 8.3～16.8g/kg，平均含量为 10.29g/kg；全氮含量 0.66～1.04g/kg，平均含量为 0.75g/kg；有效磷含量在 8.7～15.2mg/kg，平均含量为 10.29mg/kg；速效钾含量在 71.00～130.00mg/kg，平均含量为 93.46mg/kg。特别是对小麦适应性评价影响较大的土壤有机质含量偏低，严重制约了土壤通气、保墒和保肥能力，极不利于小麦的根系活动。

表 11－11　临颍县勉强适宜区耕层养分含量统计

项目	平均值	最大值	最小值	标准差
有机质（g/kg）	10.29	16.8	8.3	0.69
全氮（g/kg）	0.75	1.04	0.66	0.07
有效磷（mg/kg）	10.29	15.2	8.7	1.48
速效钾（mg/kg）	93.46	130	71.0	7.61
有效铁（mg/kg）	5.98	6.3	5.1	0.35
有效锰（mg/kg）	5.94	7.3	4.3	0.54
有效铜（mg/kg）	3.35	4.63	1.58	0.98
有效锌（mg/kg）	0.56	0.74	0.45	0.05

（2）勉强适宜区的管理情况。临颍县勉强适宜区面积所占比例最大类型是土壤养分含量偏低区，其次沿颍河故道，一方面严重缺水，另一方面因受窑厂地复耕时间短土壤养分含量偏低综合约束，而使生产能力偏低。从灌溉保证率上看（表 11－12），其水平更低，最差的仅有 30% 保证率，浇水困难是制约产量的限制因子。

表 11－12　临颍县勉强适宜灌溉保证率所占面积统计表

灌溉保证率（%）	勉强适宜（hm^2）	占勉强适宜面积（%）
30	126.83	29.1
50	250.02	57.4
60	58.58	13.5
73	0	0
80	0	0
总计	435.43	100.0

（3）勉强适宜区立地条件。临颍县的勉强适宜区的立地条件较上述等级耕地的情况更为复杂（表11－13，表11－14），特别是沿颍河故道的勉强适宜类型的地块，绝大多数属潮土类土壤质地为沙质轻壤土，不适合小麦高产要求，如土壤过沙的沙土类和夹沙形成的土壤结构，这些土类，漏水漏肥后劲差，小麦的穗粒少，千粒重不高。该区域地下水位低，灌水困难，土壤毛细水分补充困难，产量提升困难。

表 11－13　临颍县勉强适宜区质地构型所占面积统计

质地构型	勉强适宜（hm^2）	占勉强适宜面积（%）
夹黏中壤		
夹沙轻壤		
均质黏土		
均质轻壤	53.31	12.2
均质沙壤	97.51	22.4
均质重壤		
黏底轻壤		
黏底中壤		
沙底轻壤	284.61	65.4
沙底中壤		
总计	435.43	100.0

表 11－14　临颍县勉强适宜区质地类型所占面积统计

质地	勉强适宜（hm^2）	占勉强适宜面积（%）
轻黏土		
轻壤土	337.92	77.6
沙壤土	97.51	22.4
中壤土		
重黏土		
总计	435.43	100.0

二、小麦适应性评价结果应用目标

适应性评价的目的是为了科学建立耕地资源保护和生态环境建设规划。为临颍县合理的制定国民经济与社会发展计划提供科学的依据。为县领导确定近期、中远景发展目标当好参谋。

（一）临颍县耕地资源保护和生态环境建设规划

据2009年临颍县统计局统计，临颍县现有耕地58 800hm^2，人均0.078hm^2，人多地少，后备资源匮乏。要获得小麦更高的产量和效益，提高小麦综合生产能力，实现农业可持续性，就必须提高耕地质量，依法进行耕地质量管理。特制定临颍县耕地资源保护和生态环境建设规划。

1. 稳定小麦面积

小麦产量的高低是稳定人民安定的重要因素，稳定面积又是保证获得小麦高产的基本途径。临颍县的小麦种植面积要稳定在4.0万hm^{2}以上，任何组织和个人均不能以任何理由占用小麦生产用地。

2. 加强基础建设

临颍县的耕地资源有限，进一步提高小麦生产能力只有在提高单产上下工夫，只有在标准良田的建设上找出路，在培肥地力上上项目，在改变灌溉方法上想办法，在良种良法上做文章。充分利用国家的惠农政策，利用好县财政的有限支农资金，确保临颍县小麦生产再上一个新台阶。

3. 进一步培肥地力

小麦要高产，地力提高是关键。培肥地力是耕地资源保护的一项重要内容，要加大测土配方施肥和秸秆还田的力度，力争每3年土壤有机质上升一个千分点，10年内临颍县的小麦适应性达到高度适宜的分值。

4. 积极引进农业新技术

加强农田基本建设离不开农业新技术的引进，农田基本建设水平的提高离不开农业新技术支撑。针对制约小麦生产的灌溉问题，要加大节水灌溉技术引进。针对耕层浅、土壤板结的问题，要加大深耕和免耕技术引进。力争每5年小麦产量上一个新台阶。

5. 与环保相结合

提高小麦产量不能以牺牲环保为代价，要在测土配方施肥中找措施，减少化肥造成的污染，在植保方针中想办法，减少农药造成的污染，要在生产、生活污水处理上堵源头，减少废水的污染，确保小麦生产的可持续发展。

6. 土地管理相对集中

目前，临颍县的千家万户的生产方式与农业现代化发展方向很不相适宜，也不利于农业资源的良好应用，要鼓励农民进行土地流转，积极地为农民开辟广阔的就业门路促进土地快速的流转，力争5年内农业人口减少10%，15年内农业人口减少50%以上，为农业生产的规模化经营搭建平台，为科学用地养地创造条件。

（二）临颍县农业发展近期目标

农业发展的近期目标：以调整农业和农村经济结构为中心，以保证粮食安全为重点，以提高农民经济收入为目的，强力推进新农村建设工作。在调整农业和农村经济结构时，应遵循可持续发展原则，以土地适应性评价指标为参数，决定其利用途径和方法，使土地利用结构比例合理，才能实现经济发展与土壤环境改善的统一。在保证粮食安全上，要从稳定小麦面积做起，搞好结构调整，提高复种指数，在小麦生产高度适宜区确保高产、稳产；在小麦生产适宜区主攻单产的提升，在小麦勉强适宜区尽可能的改种适宜种植的豌豆、油菜等作物，提高农业产出率。

（三）临颍县农业发展中远景目标

农业发展中远景目标：以引进农业开发项目为动力，以加强农田基本建设为手段，以确保农业可持续发展为目标，为全面小康社会的健康发展保驾护航。在引进农业开发项目上，充分利用国家的惠农政策，重点根据制约小麦生产关键的因素，能够解决小麦生产问题的项目。在加强农田基本建设上，重点放在农田道路的合理规划，沟渠的疏通，井、电、渠的配套，使农业生产中的抗旱能力、排涝能力、中低产田的改造有新的突破，抗灾能力全面提升。在农业可持续发展上，应在保持小麦种植面积的基础上，加强环境保护、培肥地力、引进农业新技术和提高农民素质上增加投入。

三、发展小麦生产的对策与建议

根据小麦适应性评价调查中发现制约小麦生产的突出问题，如土壤养分偏低、抗旱能力弱、排涝能力差、土壤质地不适应、土壤质地构型需要改造等问题，特制定临颍县发展小麦生产的政策措施与技术措施。

（一）发展小麦生产的政策措施

农业要发展，农民的经济效益要提高，小麦产量的提高是关键，小麦品质提升作保证。为高标准完成小麦生产的预定目标，必须制定出完善的政策措施。小麦生产涉及面广、政策性强，必须切实加强组织领导，搞好综合协调。一是建立机构，明确责任，各级领导和部门要抓住重点、建好基地和引进项目，把这些工作内容纳入目标管理，实行年度考核，使其真正摆上位置。二是在临颍县开展实施“乡镇长工程”、“村长工程”竞赛活动，严格标准，严格考核，加快小麦生产基地建设步伐。三是要稳定农村基本政策、要在充分尊重农民土地经营自主权的前提下，积极探索土地流转新机制，促进小麦生产规模化种植，产生规模效益。四是增加资金投入，建立多元化投资机制，鼓励国有、集体、联户和个体向小麦生产投资。五是加大宣传力度，定期发布小麦生产的政策信息、科技信息和市场信息，报道小麦规模化种植的典型经验，搞好舆论引导。通过临颍县上下各部门、各行业的通力协作、扎实工作，努力把临颍县小麦生产能力再上一个新台阶。

（二）发展小麦生产的技术措施

“科学技术是第一生产力”。提升科技含量是解决小麦生产问题最有效的途径。只有解决小麦生产中的品种、土壤环境、水、肥、气、热相协调，个体与群体相统一，病、虫、草、倒综合防治，临颍县小麦生产水平才能够上升一个新的生产阶段。

1. 选择适宜的小麦优良品种

优良品种是小麦高产优质的基础，根据不同的地力选择适宜的小麦品种。小麦生产高度适宜区应以高产优质为目标，选择增产潜力大的品种，小麦生产适宜区应以高产稳产为目标，选择适应性强、抗灾能力强的品种，勉强适宜区能够改种的尽可能改种，不能改种的应以稳产为目标，选择抗灾能力强、早熟品种。

2. 创造适宜小麦生长的土壤环境条件

适宜小麦生长的环境条件是高产稳产的基础，培肥地力是基础，大力倡导农民千方百计增施有机肥、秸秆还田，提高土壤有机质含量，其次要根据土壤特点进行适时、适墒精耕细作，使土壤达到深、净、细、实、平，在管理上要适时进行深中耕，提高土壤的通透性，促进根系下扎，使根系能够充分吸收土壤中的营养和水分，保证小麦的健壮生长，为小麦高产稳产创造条件。

3. 大力推广测土配方施肥

小麦生长需要的各种营养元素要合理搭配，并不是越多越好。因为小麦产量受最小因子限制，如果某种元素缺乏，其他营养即使再充分也不能提高产量。目前，临颍县土壤的营养状况很不平衡，有的地块氮肥过剩而磷钾肥不足，有的地块钾肥过剩而磷肥不足。所以，在小麦的生产中一定要利用耕地地力评价成果，针对不同地块的不同特点，缺啥补啥，进行科学配方施肥合理运筹，使各种营养元素都能达到小麦生长的需要，不仅能提高小麦产量，而且还能达到节约成本、降低消耗、减少污染，切实实现节本增效。

4. 合理调控，创造适宜的群体结构

在小麦精量和半精量播种的基础上，要针对不同苗情对小麦群体进行适时调控。对于旺苗要及早进行深中耕、镇压等措施切断部分根系，控制其生长，使其向壮苗转化。对于弱苗田块要适时进行浅中耕、并结合浇水早追提苗肥，促使向壮苗转化。保证适宜的群体结构，增加通风透光能力，避免造成田间郁蔽，减少病虫害的发生。

5. 加强病、虫、草、倒的防治

病虫害在临颍县每年均有不同程度的发生，对小麦产量造成很大影响。因此要及早做好病虫害的预测预报工作，力争做到早发现、早动手、早预防，把病虫害消灭在萌芽状态，把病虫害造成的损失降到最低限度。对于草的防治要把握好防治时期，最好在冬前小麦拔节前、气温适宜时、上午 10 点以后对麦田进行喷施除草剂。对于播种量大、播种过早的麦田，由于群体过大，后期容易倒伏，因此对于这类麦田要及早进行化控，确保小麦健壮生长。

第十二章

玉米适应性评价

一、玉米适应性评价等级

（一）计算玉米适应性评价综合指数

用指数和法来确定适应性的综合指数，模型公式如下：

$$IFI = \sum F_i * C_i \quad (i = 1,2,3,\cdots,n)$$

式中：IFI（Integrated Fertility Index）代表玉米适应性综合指数；F_i 表示第 i 个因素评语；C_i 表示第 i 个因素的组合权重。

具体操作过程：在县域耕地资源管理信息系统（CLRMIS）中，在“专题评价”模块中导入隶属函数模型和层次分析模型，然后选择“耕地生产潜力评价”功能，进行耕地地力综合指数的计算。

（二）确定最佳的玉米适应性等级数目

根据综合指数的变化规律，在耕地资源管理系统中采用累积曲线分级法进行评价，根据曲线斜率的突变点（拐点）来确定等级的数目和划分综合指数的临界点，将临颍县玉米适应性共划分为三级（图 12－1），各等级玉米适应性综合指数如表 12－1 所示。

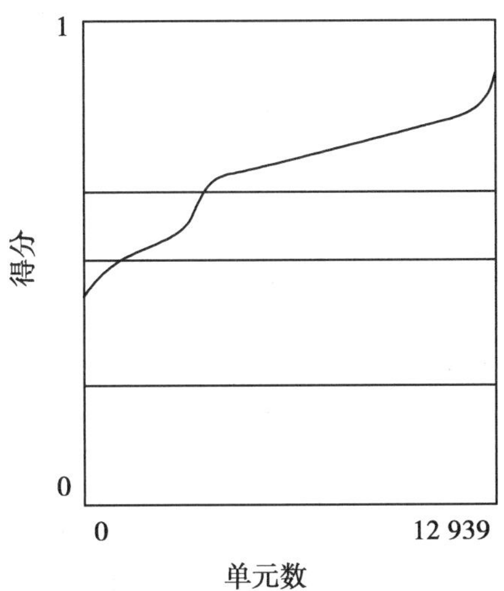

图 12－1　玉米适应性等级分值累积曲线

表 12－1 临颍县玉米适应性评价级别综合指数

IFI	≥0.75	0.75～0.5	0.5～0.25
玉米适应性评价级别	高度适宜	适宜	勉强适宜

（三）临颍县玉米适应性等级

临颍县玉米适应性共分 3 个等级（图 12－2）。其中，高度适宜区 44 221.29hm^2，占临颍县 75.21%；适宜区 9 516.06hm^2，占临颍县 16.19%；勉强适宜区 5 057.03hm^2，占临颍县 8.60%。

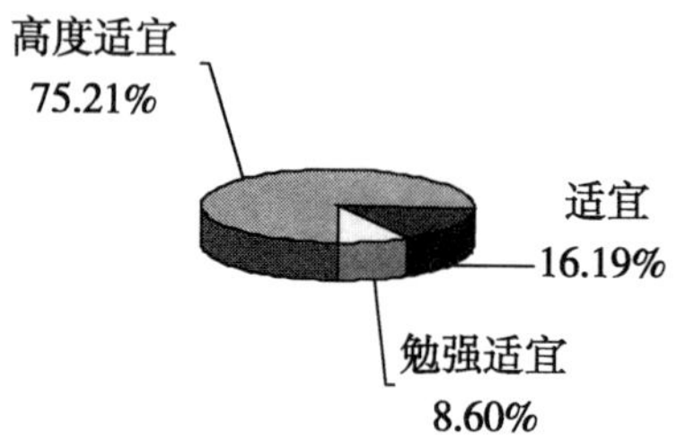

图 12－2 临颍县玉米适宜区面积比例等级

（四）玉米适应性评价结果分析（图 12－3，表 12－2）

从表 12－2 可以看出，临颍县玉米高度适宜区的面积为 44 221.29hm^2，各乡镇均有分布，其中面积最大的是王岗镇，有 6 917.37hm^2，占高度适宜区面积的 15.6%。适宜区的面积为 9 516.06hm^2，各乡镇均有分布，其中适宜区面积最大的是杜曲镇和固厢乡，面积分别为 1 321.36hm^{2}和 1 359.51hm^2，占适宜区面积的比例分别达到 13.9% 和 14.3%。勉强适宜区除皇帝庙乡没有分布外，其他乡镇均有分布，勉强适宜区面积最大的是台陈镇，有 1 352.96hm^2，占勉强适宜区面积的 26.8%。

表 12－2 各乡镇玉米适应性分级分布 （单位：hm^2）

乡镇名称	高度适宜	勉强适宜	适宜	总计
陈庄乡	2 085.52	176.4	206.3	2 468.22
城关镇	1 109.31	244.21	342.51	1 696.03
大郭乡	5 137.36	22.65	215.62	5 375.63
杜曲镇	2 054.36	378.62	1 321.36	3 754.34
繁城镇	2 996.67	606.83	1 350	4 953.5
固厢乡	687.8	390.49	1 359.51	2 437.8
皇帝庙乡	3 296.75		202.79	3 499.54
巨陵镇	3 241.29	38.19	657.69	3 937.17
三家店镇	3 841.75	12.13	45.87	3 899.75
石桥乡	1 698.73	590.08	575.48	2 864.29
台陈镇	2 503.49	1 352.96	937.8	4 794.25
瓦店镇	2 624.92	135.5	1 109.6	3 870.02
王岗镇	6 917.37	11.68	274.88	7 203.93
王孟乡	3 236.34	159.37	895.79	4 291.5
窝城镇	2 789.63	937.92	20.86	3 748.41
合计	44 221.29	5 057.03	9 516.06	58 794.38

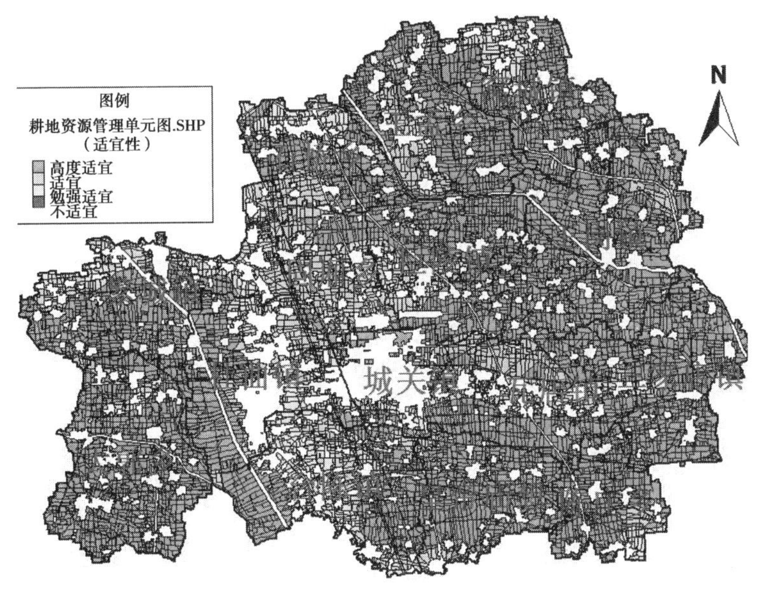

图 12-3　临颍县玉米适应性评价

1. 高度适宜区形成原因分析

高度适宜区是临颍县耕地基本建设水平最高的耕地。该类地经过农业综合开发或商品粮基地建设，生产条件得到了很大改善，灌溉保证率、排涝能力显著提高，种植玉米的适应性显著增强。从土壤类型看大部分属砂姜黑土，从土壤质地构型上看大部分属均质重壤、黏质中壤或均质中壤，该土类保水保肥能力强，对玉米生长发育有利。从土壤养分含量来看有机质、有效磷、速效钾含量较为充足，能够满足玉米生长的需要，为玉米高产提供了有力的保证。但该类地依然不是各方面的因素均达到完备，这类地无论从土壤养分、种植制度，还是灌排水利条件等因素方面分析，与发达县区仍然有较大的差距，随着这些条件的改善，对玉米的适应程度还会进一步增强。

（1）土壤养分含量情况。从高度适宜区耕层养分含量统计情况（表 12-3）来看，该类地有机质含量在 13.3～20.60g/kg，平均含量为 16.41g/kg，全氮含量 0.69～1.17g/kg，平均含量为 0.96g/kg，有效磷含量为 13.23mg/kg，范围在 8.20～18.90mg/kg，速效钾含量在 92.00～173.00mg/kg，平均含量为 117.87mg/kg。特别是对玉米适应性评价影响较大的土壤有机质含量偏高，在很大程度上提高了土壤通气、保墒和保肥能力，有利于玉米的根系活动，良好的土壤水分、养分、通气条件促使玉米的根系早发快长，这也就应了“根深才能叶茂”的农谚，故而玉米更容易实现高产、稳产。

表 12-3　高度适宜区耕层养分含量统计

项目	平均值	最大值	最小值	标准差
有机质（g/kg）	16.41	20.6	13.3	0.92
全氮（g/kg）	0.90	1.17	0.69	0.07
有效磷（mg/kg）	13.23	18.9	8.2	1.47

（续表）

项目	平均值	最大值	最小值	标准差
速效钾（mg/kg）	117.87	173	92	10.10
有效铁（mg/kg）	5.50	6.7	4.3	0.39
有效锰（mg/kg）	6.09	8	4	0.72
有效铜（mg/kg）	2.72	6.89	1.13	0.95
有效锌（mg/kg）	0.60	0.81	0.27	0.06

（2）耕地的管理情况。从高度适宜区在临颍县的分布图（图12－3）可以明显地看出，该类地绝大多数分布在临颍县的黄淮海开发项目区和土地整理项目区，通过项目的实施，灌溉能力增强，灌溉保证率均在75%以上（表12－4），排涝条件得到改善，随着生产条件的好转，广大农民更舍得向土壤投入，再加之近年来的雨水充足，玉米的产量和品质均有较大的提升。

表12－4　临颍县高度适宜灌溉保证率所占面积统计

灌溉保证率（%）	高度适宜（hm^2）	占高度适宜面积（%）
30	1 237.94	2.79
50	4 437.62	10.04
60	31 300.57	70.78
73	4 451.82	10.07
80	2 793.34	6.32
总计	44 221.29	100.0

（3）耕地的立地条件。从临颍县高度适宜区在两个土类的分布情况来看，以砂姜黑土所占比重较大，该土类长期存在着玉米不易全苗的现象，广大农民摸清了该土类的特点，通过调整播种质量，克服了土壤质地自身的不足，玉米产量水平大幅度提升。但近些年来随着玉米生产由中产向高产过渡，自身存在后劲不足，经济产量上不去。从质地构型（表12－5）上来看，高度适宜区主要分布在黏底中壤土，面积达26 432.45hm^2。从土壤质地（表12－6）上看，高度适宜区主要分布在中壤土上，面积为31 102.09hm^2。

表12－5　临颍县高度适宜区质地构型所占面积统计

质地构型	高度适宜（hm^2）	占高度适宜面积（%）
夹黏中壤	4 573.97	10.34
夹沙轻壤		
均质黏土	12 467.78	28.19
均质轻壤	30.12	0.07
均质沙壤		
均质重壤	568.95	1.29

（续表）

质地构型	高度适宜（hm^2）	占高度适宜面积（%）
黏底轻壤	29.58	0.07
黏底中壤	26 432.45	59.77
沙底轻壤	22.77	0.05
沙底中壤	95.67	0.22
总计	44 221.29	100.0

表 12－6 临颍县高度适宜区质地类型所占面积统计

质地	高度适宜（hm^2）	占高度适宜面积（%）
轻黏土	6 534.74	14.78
轻壤土	82.47	0.19
沙壤土	0	0
中壤土	31 102.09	70.33
重黏土	6 501.99	14.70
总计	44 221.29	100.0

2. 适宜区形成原因分析

适宜区是临颍县次好等级的耕地。该级别耕地与高度适宜区相比较，主要是进行大型的农业项目开发较少，耕地的养分略低，农田基本建设情况稍差，土壤结构、质地等情况与高度适宜区偏轻。该区同样是临颍县的主要玉米生产基地。

（1）土壤养分含量情况。从适宜区耕层养分含量统计情况（表 12－7）来看，该类地有机质含量在 13.30～19.80g/kg，平均含量为 16.45g/kg；全氮含量 0.70～1.11g/kg，平均含量为 0.90g/kg，有效磷含量在 8.20～18.7mg/kg，平均含量为 13.17mg/kg；速效钾含量在 80.00～165.00mg/kg，平均含量为 117.95mg/kg。特别是对玉米适应性评价影响较大的土壤有机质含量偏高，在很大限度上提高了土壤通气、保墒和保肥能力，有利于玉米的根系活动，良好的土壤水分、养分、通气条件促使玉米的根系早发快长。

表 12－7 临颍县适宜区耕层养分含量统计

项目	平均值	最大值	最小值	标准差
有机质（g/kg）	16.45	19.8	13.3	0.77
全氮（g/kg）	0.90	1.11	0.7	0.06
有效磷（mg/kg）	13.17	18.7	8.2	1.48
速效钾（mg/kg）	117.95	165	80	11.72
有效铁（mg/kg）	5.43	6.5	4.3	0.31
有效锰（mg/kg）	5.99	7.8	4.3	0.58
有效铜（mg/kg）	2.55	4.82	1.13	0.60
有效锌（mg/kg）	0.57	0.76	0.33	0.06

（2）耕地的管理情况。从临颍县玉米适应性评价分布图（图12－3）可以看出，适宜区在临颍县分布较为凌乱，但绝大多数集中于老颍河故道两侧及中部高平地。这些区域仅少部分进行过黄淮海开发项目、农业综合开发及土地整理项目改造，主要是灌溉设备较为落后（移动软管），加之该区从事运输，农忙时用作整地的农用小型拖拉机偏多，长期耕层偏浅，玉米的抗灾能力稍差（表12－8）。近年来通过实施测土配方施肥技术，养分不足的问题有所缓解，加之气候条件较为有利，玉米生长发育较为正常，此区的玉米每亩平均单产近两年来均突破了500kg。

表12－8　临颍县适宜区灌溉保证率所占面积统计

灌溉保证率（%）	适宜（hm^2）	占适宜面积的（%）
30	407.6	4.3
50	61.97	0.7
60	6 899.38	72.5
73	1 541.89	16.2
80	605.22	6.3
总计	9 516.06	100

（3）耕地的立地条件。从适宜区在临颍县两大土壤类型的分布情况（表12－9，表12－10）来看，潮土所占比重偏大，该土类土层较为深厚，质地较为疏松，保水、保肥能力差，玉米产量水平偏低。其次是砂姜黑土也有一定面积的分布，该土种质地黏重，保全苗困难，影响产量。

表12－9　临颍县适宜区质地构型所占面积统计

质地构型	适宜（hm^2）	占适宜面积的（%）
夹黏中壤	72.45	0.8
夹沙轻壤	545.32	5.7
均质黏土	446.54	4.7
均质轻壤	4 597.91	48.3
均质沙壤	0	0
均质重壤	0	0
黏底轻壤	787.56	8.3
黏底中壤	81.92	0.9
沙底轻壤	2 741.94	28.8
沙底中壤	242.42	2.5
总计	9 516.06	100.0

表 12－10　临颍县适宜区质地类型所占面积统计

质地	适宜（hm^2）	占适宜面积的（%）
轻黏土	262.42	2.8
轻壤土	8 672.73	91.1
沙壤土	0	0
中壤土	396.79	4.2
重黏土	184.12	1.9
总计	9 516.06	100.0

3. 勉强适宜区的主要属性

临颍县的玉米勉强适宜区面积较小，主要分布在颍河故道两侧及中部“四十五里黄土岗”以及废旧窑厂复耕地。根据制约耕地的主要制约因子，除严重缺乏灌溉条件外，严重存在有土壤板结、透气性差，养分含量低，质地较轻，漏水漏肥严重，抗旱能力差等问题。易形成玉米生长后期早衰，夺取高产困难。

（1）勉强适宜区养分含量情况。从勉强适宜区耕层养分含量统计情况（表 12－11）来看，该类地有机质含量在 13.3～19.8g/kg，平均含量为 15.85g/kg；全氮含量 0.72～1.12g/kg，平均含量为 0.89g/kg；有效磷含量在 8.1～17.3mg/kg，平均含量为 11.41mg/kg；速效钾含量在 64.00～168.00mg/kg，平均含量为 114.93mg/kg。特别是对玉米适应性评价影响较大的土壤有机质含量偏低，严重制约了土壤保墒和保肥能力，不利于玉米生产。

表 12－11　临颍县勉强适宜区耕层养分含量统计

项目	平均值	最大值	最小值	标准差
有机质（g/kg）	15.85	19.8	13.3	0.82
全氮（g/kg）	0.89	1.12	0.73	0.06
有效磷（mg/kg）	12.51	17.3	8.1	1.25
速效钾（mg/kg）	114.93	178	87	9.71
有效铁（mg/kg）	5.58	6.5	4.8	0.40
有效锰（mg/kg）	5.81	7.6	4.1	0.60
有效铜（mg/kg）	2.89	4.63	1.25	0.71
有效锌（mg/kg）	0.57	0.37	0.37	0.05

（2）勉强适宜区的管理情况。临颍县勉强适宜区中，面积所占比例最大类型是土壤养分含量偏低，质地疏松。窑厂地复耕时间短，土壤养分含量偏低等综合约束，使生产能力偏低。其次灌溉保证率更低（表 12－12），最差的仅有 30%，浇水困难也是制约产量的一个限制因子。

表 12－12　临颍县勉强适宜灌溉保证率所占面积统计

灌溉保证率（%）	勉强适宜（hm^2）	占勉强适宜面积的（%）
30	1 441.22	28.5
50	646.19	12.8
60	2 798.51	55.3
73	171.11	3.4
80	0	0
总计	5 057.03	100.0

（3）勉强适宜区立地条件。临颍县的勉强适宜区的立地条件（表 12－13，表 12－14）较上述等级耕地的情况更为复杂，特别是老颍河故道两侧的地块，属潮土类，质地较松，水位较浅，满足不了玉米高产要求。例如：土壤过沙的轻壤土类和夹沙形成的土壤结构，这些土类，漏水漏肥，后劲差，玉米的穗粒数少，千粒重不高。

表 12－13　临颍县勉强适宜区质地构型所占面积统计

质地构型	勉强适宜（hm^2）	占勉强适宜面积的（%）
夹黏中壤		
夹沙轻壤	6.67	0.1
均质黏土	0	0
均质轻壤	2 345.58	46.4
均质沙壤	130.62	2.6
均质重壤	0	0
黏底轻壤	0	0
黏底中壤	0	0
沙底轻壤	2 574.16	50.9
沙底中壤	0	0
总计	5 057.03	100.0

表 12－14　临颍县勉强适宜区质地类型所占面积统计

质地	勉强适宜（hm^2）	占勉强适宜面积的（%）
轻黏土	0	0
轻壤土	4 926.41	97.4
沙壤土	130.62	2.6
中壤土	0	0
重黏土	0	0
总计	5 057.03	100.0

二、玉米适应性评价结果应用目标

玉米适应性评价的目的是为了科学建立耕地资源保护和生态环境建设规划，为临颍县合理制定国民经济与社会发展计划提供科学的依据，为领导确定近期、中远景发展目标当好参谋。

（一）临颍县耕地资源保护和生态环境建设规划

据2009年临颍县统计局统计，临颍县现有耕地57 210hm^2，人均0.076hm^2，人多地少，后备资源匮乏。要获得玉米更高的产量和效益，提高玉米综合生产能力，实现农业可持续性，就必须提高耕地质量，依法进行耕地质量管理。特制定临颍县耕地资源保护和生态环境建设规划。

1. 稳定玉米面积

玉米产量的高低是保证畜牧养殖业发展的重要基础，要稳定发展玉米种植面积，根据河南省新增1 000亿斤（1斤合0.5kg。全书同）粮食发展的目标要求，临颍县的玉米种植面积要稳定在2.8万hm^2以上，任何组织和个人均不能以任何理由占用玉米生产用地。

2. 加强基础建设

临颍县的耕地资源有限，进一步提高玉米生产能力只有在提高单产上下工夫，在改善农业生产条件上做文章，在标准粮田的建设上找出路，在培肥地力上、改变灌溉方法上想办法，确保良种良法配套。要充分利用国家扶持发展粮食生产的支农惠农政策，确保临颍县的玉米生产再上一个新台阶。

3. 进一步培肥地力

玉米要高产，地力提高是关键。培肥地力是耕地资源保护的一项重要内容，要加大测土配方施肥的力度和秸秆还田，力争每3年土壤有机质上升一个千分点，10年内临颍县的玉米适应性达到高度适宜的分值。

4. 积极引进推广新技术

加强农田基本建设离不开农业新技术的引进，农田基本建设水平的提高离不开农业新技术支撑。针对制约玉米生产的灌溉问题，要加大节水灌溉技术引进，针对耕层浅、土壤板结的问题，要在麦播时就要在推广深耕技术方面搞好规划，同时，积极推广玉米单粒播种、分期追肥等技术，力争5年内实现临颍县玉米产量水平上一个新的台阶。

5. 与环保相结合

提高玉米产量不能以牺牲环保为代价，要在测土配方施肥中找措施，减少化肥造成的污染，在植保方针中想办法，减少农药造成的污染，要在生产、生活污水处理上堵源头，减少废水的污染。确保玉米生产的可持续发展。

6. 土地管理相对集中

目前，临颍县的千家万户的生产方式与农业现代化发展方向很不相适宜，也不利于农业资源的良好应用，要鼓励农民进行土地流转，积极的为农民开辟广阔的就业门路，促进土地快速流转，力争5年内，农业人口减少10%，15年内农业人口减少50%以上，为农业生产的规模化经营搭建平台，为科学用地养地创造条件。

（二）临颍县农业发展近期目标

农业发展的近期目标：以调整农业和农村经济结构为中心，以保证粮食安全为重点，以提高农民经济收入为目的，强力推进新农村建设工作。在调整农业和农村经济结构时，应遵循可持续发展原则，以土地适应性评价指标为参数，决定其利用途径和方法，使土地利用结构比例合理，实现经济发展与土壤环境改善的统一。在保证粮食安全上，要从稳定玉米面积做起，搞好结构调整，提高复种指数，在玉米生产高度适宜区确保高产、稳产；在玉米生产适宜区主攻单产的提升，在玉米勉强适宜区尽可能的改善农业生产条件，提高适应能力。

（三）临颍县农业发展中远景目标

临颍县农业发展中远景目标：以引进农业开发项目为动力，以加强农田基本建设为手段，以确保农业可持续发展为目标，为全面小康社会的健康发展保驾护航。在引进农业开发项目上，要充分利用国家的惠农政策，重点根据制约玉米生产关键的因素，在能够解决玉米生产关键问题方面多立项。在加强农田基本建设上，重点放在农田道路的合理规划，沟渠的疏通，井、电、渠的配套，使农业生产的抗旱能力、排涝能力、中低产田的改造有新的突破，抗灾能力得到全面提升。在农业可持续发展上，应在保持玉米种植面积的基础上，加强环境保护、培肥地力、引进农业新技术和提高农民素质上增加投入。

三、发展玉米生产的对策与建议

根据玉米适应性评价调查中发现制约玉米生产的突出问题，如土壤养分偏低、抗旱能力弱、排涝能力差、土壤质地不适应、土壤质地构型需要改造等问题，特制定临颍县发展玉米生产的政策措施与技术措施。

（一）发展玉米生产的政策措施

农业要发展，农民的经济效益要提高，玉米产量的提高、玉米品质的提升有着重要的作用。为高标准完成玉米生产的预定目标，必须制定出完善的政策措施。玉米生产涉及面广、政策性强，必须切实加强组织领导，搞好综合协调。一是建立机构，明确责任，各级领导和部门要抓住重点、建好基地和引进项目，把这些工作内容纳入目标管理，实行年度考核，使其真正摆上位置。二是在临颍县开展实施“乡镇长工程”、“村长工程”竞赛活动，严格标准，严格考核，加快玉米生产基地建设步伐。三是要稳定农村基本政策、要在充分尊重农民土地经营自主权的前提下，积极探索土地流转新机制，促进玉米生产规模化种植，产生规模效益。四是增加资金投入，建立多元化投资机制，鼓励国有、集体、联户和个体向玉米生产投资。五是加大宣传力度，定期发布玉米生产的政策信息、科技信息和市场信息，报道玉米规模化种植的典型经验，搞好舆论引导。通过临颍县上下、各部门、各行业的通力协作、扎实工作，努力把临颍县玉米生产能力再上一个新台阶。

（二）发展玉米生产的技术措施

“科学技术是第一生产力”。提升科技含量是解决玉米生产问题最有效的途径。只有解决玉米生产中的品种、土壤环境、水、肥、气、热相协调，个体与群体相统一，病、虫、草害综合防治，临颍县玉米生产水平才能够上升一个新阶段。

1. 选择适宜的玉米优良品种

优良品种是玉米优质高产的基础，根据不同的地力选择适宜的玉米品种。玉米生产高度适宜区应以高产优质为目标，选择增产潜力大的品种，玉米生产适宜区应以高产稳产为目标，选择适应性强、抗灾能力强的品种，勉强适宜区应在改善生产条件上下工夫，以稳产为目标，选择抗灾能力强、早熟品种。

2. 创造适宜玉米生长的土壤环境条件

玉米生产时间短，管理任务重，回旋余地小。要根据土壤类型的特点进行抢时早播，提高播种质量，及早进行管理，搭好丰产骨架，促进玉米健壮生长，为玉米高产稳产创造条件。

3. 大力推广测土配方施肥

玉米生长需要的各种营养元素并不是越多越好，要合理搭配。因为玉米产量受最小因子限制，如果某种元素缺乏，其他营养成分即使再充分，也不能提高产量。目前，临颍县土壤的营养状况很不平衡，有的地块氮肥过剩而磷钾肥不足，有的地块钾肥过剩而磷肥不足。所以，在玉米的生产中一定要利用耕地地力评价成果，针对不同地块的不同特点，缺啥补啥，进行科学配方施肥，合理运筹，使各种营养元素都能达到玉米生长的需要，实现节约成本、降低消耗、减少污染，切实实现节本增效。

4. 合理调控，创造适宜的种植密度

在玉米生产上，要针对不同地力水平及目标产量的要求，根据玉米品种的特征特性，对玉米群体进行适时调控，宜稀则稀，宜密则密，保证适宜的群体结构，增加通风透光能力，满足玉米对养分、水分等方面的要求。

5. 加强病、虫、草害的防治。病虫害在临颍县每年均有不同程度的发生，对玉米产量造成很大影响，而农户在玉米病虫害的防治方面的重视程度普遍较低，造成了不必要的经济损失。因此，要及早做好病虫害的预测、预报工作，力争做到早发现、早动手、早预防，把病虫害消灭在萌芽状态，把病虫害造成的损失降到最低限度以内。玉米生长时间正处于高温高湿季节，杂草生长快，杂草量大，稍有疏忽，就会形成草荒。因此，对于草的防治要把握好防治时期，最好在玉米出苗以前进行喷施除草剂防治，确保玉米健壮生长。

第三部分

专题报告

第十三章

临颍县土壤养分现状变化与评价

临颍县是一个以农业为基础的大县，农业的发展、农民的富裕，是县委县政府工作的头等大事。随着党中央一系列惠民政策的实施，农民种田的积极性得到全面提高，加大对农业的投入，实现农业高产、高效成为农民的自觉行动，粮食产量较20世纪80年代有了大幅度的提升。在此形势下，有些群众为追求农业的更高的效益，出现了盲目施肥的现象。为了适应农业快速发展的新形势，扭转群众在施肥上的不合理做法，临颍县承担了2007年度的测土配方施肥补贴项目。3年来对临颍县5.72万hm^2耕地提取了6 300个土样，并进行了常规化验。通过对资料的整理分析，全面掌握了临颍县土壤养分的现状与变化，并对此进行了评价，为正确指导农业生产，确保农业增效、农民增收提供科学依据。

一、土壤养分现状

农业生产离不开土壤，而土壤肥力又是决定产量的关键因子。土壤肥力受耕作制度、种植制度、气候因子、管理水平、施肥品种及施肥水平等综合因素的制约，只有根据不同土壤的特性，合理种地养地，才能确保农业的可持续性发展，近年来保持长期稳定的土地政策，使临颍县土壤的肥力水平有了明显的提升。较为肥沃的耕地条件，确保了临颍县农业综合生产能力的大幅度提升。

（一）土壤分布

临颍县所处的生物气候条件和其成土因素决定了土壤类型具有明显的过渡性。占据临颍县耕地主导地位的土类是砂姜黑土，面积达30 037hm^2，占耕地面积的52.5%；其次是潮土，面积达27 176hm^2，占耕地面积的47.5%（表13－1）。

表13－1　临颍县耕地土壤类型分布　（单位：hm^2）

项目 / 乡镇名	耕地面积	潮土面积	砂姜黑土面积
陈庄乡	2 555	1 001	1 563
城关镇	1 770	1 384	384
大郭乡	4 955	1 733	3 222
杜曲镇	4 061	4 061	0
繁城镇	4 558	4 057	501
固厢乡	2 765	2 306	459

（续表）

项目 乡镇名	耕地面积	潮土面积	砂姜黑土面积
皇帝庙乡	3 509	2 161	1 348
巨陵镇	4 145	1 310	2 835
三家店镇	3 817	95	3 722
石桥乡	2 757	1 552	1 205
台陈镇	5 031	4 937	94
瓦店镇	3 672	1 586	2 084
王岗镇	5 876	312	5 564
王孟乡	3 877	942	2 935
窝城镇	3 855	953	2 902
合计	57 213	27 176	30 037

（二）养分概况

土壤养分含量是评价土壤肥力的一个重要参数，通过对临颍县测土配方施肥项目数据库中的2 000个骨干样资料整理分析（表13－2），目前临颍县土壤有机质含量最高的地块含量为25. 52g/kg，最低含量为5. 54g/kg，平均值为16. 35g/kg，变异系数为13. 61%；土壤全氮含量最高的地块含量为1. 68g/kg，最低含量为0. 30g/kg，平均值为0. 90g/kg，变异系数为16. 87%；有效磷含量最高地块含量为25. 6mg/kg，最低含量为5. 0mg/kg，平均值为13. 05mg/kg，变异系数为31. 59%；速效钾含量最高地块含量为251. 00mg/kg，最低含量为56. 00mg/kg，平均值为117. 29mg/kg，变异系数为25. 32%；土壤pH值在6. 5～7. 5。

表13－2　土壤养分含量分析

养分	平均值	最小值	最大值	标准差	变异系数（%）
有机质（g/kg）	16. 35	5. 54	25. 52	2. 23	13. 61
全　氮（g/kg）	0. 90	0. 30	1. 68	0. 16	16. 87
有效磷（mg/kg）	13. 05	5. 00	25. 60	4. 34	31. 59
速效钾（mg/kg）	117. 29	56. 00	251. 00	29. 72	25. 32

（三）土壤养分分级标准

按照全国第二次土壤普查技术规程中拟定的土壤养分分级标准，结合临颍县多年来指导农业生产的实际，在广泛征求临颍县农业专家意见的基础上，并考虑到未来农业发展的方向，使土壤养分变化有可比性，决定按照养分含量的高低依次分为六级（表13－3）。

表 13－3　土壤养分分级标准

项目＼等级	1 级	2 级	3 级	4 级	5 级	6 级
有机质（g/kg）	<0.6	0.6～10	10～20	20～30	30～40	>40
全氮（g/kg）	<0.5	0.5～0.75	0.75～1	1～1.5	1.5～2	>2
有效磷（mg/kg）	<3	3～5	5～10	10～20	20～40	>40
速效钾（mg/kg）	<30	30～50	50～100	100～150	150～200	>200

1. 有机质（表 13－4）

临颍县的土壤有机质平均含量虽然已达 16.35g/kg，但由于多种因素的差异，其含量通过测定分析可以看出，不同地块有一定的差异。其中，含量在 0.6～10g/kg 的占总样的 4%，代表面积 2 290hm^2；10～20g/kg 的占总样 84%，代表面积 48 060hm^2；20g/kg 以上的占总样 12%，代表面积仅 6 870hm^2。

表 13－4　土壤有机质含量统计

级别	标准（g/kg）	样次	频率（%）	平均含量（g/kg）	代表面积（hm^2）
1	30～40	0	0	0	0
2	20～30	240	12	21.41	6 870
3	10～20	1 680	84	15.35	48 060
4	0.6～10	80	4	8.47	2 290
5	≤0.6	0	0	0	0
合计		2 000	100	15.77	57 220

2. 土壤全氮（表 13－5）

临颍县土壤全氮的平均含量 0.90g/kg，但由于施肥品种和数量水平的差异，各地块之间也有明显的差异。其含量小于 0.67g/kg 的占总样的 1%，代表面积 570hm^2；含量为 0.67～0.75g/kg 的占总样 21%，代表面积 12 010hm^2；含量为 0.75～1g/kg 的占总样 43%，代表面积 24 600hm^2；含量为 1～1.5g/kg 的占总样 34%，代表面积 19 450hm^2；含量在 1.5～2g/kg 的占总样 1%，代表面积 570hm^2；含量为 2g/kg 以上的没有出现。

表 13－5　土壤全氮含量情况统计

等级	标准（g/kg）	样次	频率（%）	平均含量（g/kg）	代表面积（hm^2）
1	<0.67	20	1	0.35	570
2	0.67～0.75	420	21	0.64	12 010
3	0.75～1	860	43	0.88	24 600
4	1～1.5	680	34	1.09	19 450
5	1.5～2	20	1	1.88	570
6	>2	0	0	0	0
合计		2 000	100	0.9	57 200

3. 土壤有效磷（表 13－6）

临颍县的土壤有效磷的平均含量为 13.05mg/kg，耕地有效磷含量在 5.0～25.6mg/kg。其中，含量在 3～5mg/kg 占总样 2%，代表面积 1 140hm²；含量在 5～10mg/kg 占总样 33%，代表面积 18 880hm²；10～20mg/kg 占总样的 54%，代表面积 30 895hm²；20～40mg/kg以上占总样 10%，其代表面积为 5 720hm²；含量在 40mg/kg 以上的占总样 1%，代表面积 570hm²。

表 13－6　土壤有效磷含量统计

级别	标准（mg/kg）	样次	频率（%）	平均含量（mg/kg）	代表面积（hm²）
1	3～5	40	2	4.7	1 140
2	5～10	660	33	8.1	18 880
3	10～20	1 080	54	13.97	30 890
4	20～40	200	10	26.8	5 720
5	>40	20	1	56.9	570
合计		2 000	100	13.05	57 200

4. 土壤速效钾（表 13－7）

通过对数据库资料的整理分析，临颍县耕地土壤速效钾的平均含量为 117.29mg/kg，其分布区间为 56.00～251.00mg/kg。其中，大于 200mg/kg 占总样 5%，150～200mg/kg 占总样 31%，100～150mg/kg 占总样 49%，50～100mg/kg 占总样 15%，其代表面积分别 2 810hm²、17 740hm²、28 030hm²和 8 580hm²。

表 13－7　土壤速效钾含量统计

级别	标准（mg/kg）	样次	频率（%）	平均含量（mg/kg）	代表面积（hm²）
2	30～50	0	0	0	0
3	50～100	800	15	82.9	85 80
4	100～150	980	49	118.49	28 030
5	150～200	620	31	170.72	17 740
6	>200	100	5	219.97	2 810
合计		2 000	100	117.29	57 260

5. 土壤微量元素（表 13－8）

土壤中的微量元素含量的高低也是土壤肥力的一个重要参数。根据 2007 年 3 800个土样微量元素化验资料的分析，临颍县锰平均含量为 6.17mg/kg，其分布区间 1.9～8.9mg/kg；锌平均含量为 0.59mg/kg，其分布区间 0.10～0.99mg/kg；铜平均含量为 2.68mg/kg，其分布区间 0.60～5.13mg/kg；铁平均含量为 5.58mg/kg，其分布区间为 3.80～7.10mg/kg。

表 13－8　土壤微量元素含量统计

养分	平均值	最小值	最大值	标准差	变异系数（%）
铜（mg/kg）	2.68	0.60	5.13	1.13	47.53
铁（mg/kg）	5.58	3.80	7.10	0.84	14.98
锰（mg/kg）	6.17	1.90	8.90	1.39	22.97
锌（mg/kg）	0.59	0.10	0.99	0.18	31.04

（四）不同土壤类型养分现状

土壤养分状况与土壤类型有着密切的关系，不同的土壤类型其养分状况有区别。通过对数据库资料整理分析，从临颍县的二个土壤类型养分含量的平均值来看，有机质含量最高的土类是砂姜黑土，全氮含量最高的土类是砂姜黑土，有效磷含量最高的是砂姜黑土，速效钾含量最高的是砂姜黑土。但从最大值和最小值来看，各类型土壤的养分含量均有许多的交叉现象。这充分说明，土壤的养分状况不仅受土壤类型制约，同时受施肥习惯和种植制度的影响。从决定土壤肥力的养分因素上看，平均值含量较高的土类中也有含量较低的田块，而平均值含量较低的土类中也有较高的田块。

1. 砂姜黑土

临颍县的砂姜黑土类只有一个砂姜黑土亚类、两个土属，分别为灰质深位少量砂姜黑土、灰黑土、灰质壤质厚复黑老土。从统计资料（表 13－9）来看，该土类有机质含量在 6.9～25.2g/kg，平均值为 17.34g/kg；全氮含量在 0.33～1.68g/kg，平均值为 0.98g/kg；有效磷含量在 5.6～25.6mg/kg，平均值为 13.36mg/kg；速效钾含量在 59.23～251.0mg/kg，平均值为 118.78mg/kg。

表 13－9　砂姜黑土养分含量统计

养分	平均值	最小值	最大值	标准差	变异系数（%）
有机质（g/kg）	17.34	6.9	25.2	3.2081	18.51
全　氮（g/kg）	0.98	0.33	1.68	0.2034	20.76
有效磷（mg/kg）	13.36	5.6	25.6	8.5546	59.58
速效钾（mg/kg）	118.78	59.23	251.00	40.3853	28.09

2. 潮土

临颍县的潮土类有黄潮土、褐土化潮土 2 个亚类，4 个土属，分别是两合土、淤土、褐土化沙土和褐土化两合土。从统计资料（表 13－10）来看，该土类有机质含量在 0.96～21.8g/kg，平均值为 16.10g/kg；全氮含量在 0.30～1.59g/kg，平均值为 0.88g/kg；有效磷含量在 5.0～24.9mg/kg，平均值为 12.28mg/kg；速效钾含量在 56.00～251.0mg/kg，平均值为 114.99mg/kg。

表 13－10　潮土土壤养分含量统计

养分	平均值	最大值	最小值	标准差	变异系数（%）
有机质（g/kg）	16.10	21.8	0.96	3.3182	23.54
全　氮（g/kg）	0.88	1.59	0.30	0.1930	22.98
有效磷（mg/kg）	12.28	24.9	5.0	5.0284	41.15
速效钾（mg/kg）	114.99	251.0	56.00	39.4050	31.53

（五）不同种植制度的养分状况

临颍县地势平坦，土壤肥沃，光、温、水资源丰富，适合种植小麦、玉米、花生、棉花、大豆、瓜类、蔬菜等多种粮食作物和经济作物，特别是随着改革开放和市场经济的调节，形成了临颍特色的种植制度。主要种植模式：以小麦—玉米为主体的粮食种植模式，以小麦＋小辣椒为主的麦菜种植模式，以小麦＋西瓜＋辣椒（棉花）的一年多熟的种植模式，以小麦—花生、小麦—烟叶等一年两熟的种植模式。因为在土样采集之时，前两种主要种植模式均收获完毕或已将成熟。现将临颍县的主要种植模式小麦—玉米和小麦—辣椒（棉花）两种种植制度的养分情况进行分析。

1. 小麦—玉米种植区养分含量状况

临颍县小麦—玉米种植模式是各乡镇的主要种植方式，常年面积稳定在 2.67 万 hm^2。由于近年来广大农村生活水平的提高，群众日常生活中对秸秆的依赖性降低，作物秸秆、根茬还田数量增加，土壤有机质含量逐步增加。从 2 000个骨干土样的化验结果来看，有机质含量平均值达 16.1mg/kg，全氮平均含量达 0.90g/kg，有效磷含量 14.44mg/kg，速效钾含量为 131. mg/kg（表 13－11）。但从各养分含量的分布区间来看，各乡村、各地块之间差异很大，这一方面说明各地块间的基础存在着一定的差异，另一方面各农户之间施肥、耕作、管理水平等也存在着一定的差异，造成一部分地块虽然土壤有机质提升了，但磷、钾含量偏低，一部分地块全氮含量提升，但有效磷、速效钾含量变幅不大。

表 13－11　小麦—玉米种植区养分含量统计

养分	平均值	最大值	最小值	标准差	变异系数（%）
有机质（g/kg）	16.1	24.7	1.27	3.6458	22.65
全　氮（g/kg）	0.90	1.92	0.27	0.2179	24.22
有效磷（mg/kg）	14.44	70.3	5.4	7.3107	50.63
速效钾（mg/kg）	131.64	263.56	46.16	39.672	30.14

2. 小麦/棉花（尖椒）＋西瓜种植区养分含量状况

该种植模式主要分布在临颍县的东北部的王孟、窝城、王岗、三家店 4 个乡镇，常年面积稳定在 7 130hm^2，该种植模式群众怕根茬残留加重病害的发生，对作物经济收入造成影响。虽然饼肥、复合肥施用量较大，但因复种指数高，土壤养分含量水平偏低。从 601 个农化样化验结果来看，土壤有机质平均含量为 15.0mg/kg，全氮平均含量为 0.91mg/kg，有效磷平均含量为 11.2mg/kg，速效钾平均含量 140.0mg/kg；但从各养分含量分布区间来看，变幅仍然偏大（表 13－12）。

表 13－12　小麦/棉花（尖椒）＋西瓜种植区养分含量统计表

养分	平均值	最大值	最小值	标准差	变异系数（%）
有机质（g/kg）	15.0	23.1	0.96	3.6875	24.59
全　氮（g/kg）	0.91	1.9	0.47	0.2249	24.72
有效磷（mg/kg）	11.2	20.7	4.5	4.4061	39.34
速效钾（mg/kg）	140.0	242.1	65.7	37.9263	27.1

3. 不同区域养分含量

土壤养分含量与耕地的地理位置有很大的关系。两合土长期的干旱，土壤通气状况良好，有机质分解速度快，加之土壤排水条件较好，养分流失较多。黏土则相反，壤土适中。因此，将临颍县耕地分为老颍河两侧平原培肥区、东西部平原高产区、洼地易涝区 3 个区域。

（1）老颍河两侧平原培肥区养分含量。该区主要包括繁城东南部、杜曲中东部、台陈中部、固厢西南部，面积为 14 600hm^2。从养分含量上来看，该区域有机质含量在 9.55～24.1g/kg，平均值为 16.7g/kg；全氮含量在 0.51～1.10g/kg，平均值为 0.88g/kg；速效磷含量在 4.8～28.4mg/kg，平均值为 12.65mg/kg；速效钾含量在 99.6～200.01mg/kg，平均值为 140.06mg/kg（表 13－13）。

表 13－13　老颍河两侧平原区养分含量

养分	平均值	最小值	最大值	标准差	变异系数（%）
有机质（g/kg）	16.7	9.55	24.1	2.9762	17.83
全　氮（g/kg）	0.88	0.51	1.10	0.1366	15.53
有效磷（mg/kg）	12.65	4.8	28.4	6.0997	48.22
速效钾（mg/kg）	140.06	99.6	200.01	34.2219	24.44

（2）洼地易涝区养分含量。洼地易涝区主要包括大郭东南部、杜曲、台陈、石桥西部，在其他乡镇零星分布，面积为 7 300hm^2。从养分含量上来看，该区有机质含量在 9.93～24.14g/kg，平均值为 14.72g/kg；全氮含量在 0.27～1.29g/kg，平均值为 0.84g/kg；速效磷含量在 4.5～36.9mg/kg，平均值为 13.41mg/kg；速效钾含量在 46.16～237.63mg/kg，平均值为 123.52mg/kg（表 13－14）。

表 13－14　洼地易涝区养分含量

养分	平均值	最大值	最小值	标准差	变异系数（%）
有机质（g/kg）	14.72	24.14	9.93	3.4073	23.15
全　氮（g/kg）	0.84	1.29	0.27	0.1973	23.49
有效磷（mg/kg）	13.41	36.9	4.5	5.2010	38.79
速效钾（mg/kg）	123.52	237.63	46.16	35.4525	28.71

（3）东西部平原高产排灌区。该区包括石桥东南部、巨陵、王孟、瓦店、王岗、三家店、陈庄、皇帝庙大部窝城南部、大郭北部，面积为36 900hm^2。从养分含量上来看，该区有机质含量在0.96～23.1g/kg，平均值为15.39g/kg；全氮含量在0.47～1.89g/kg，平均值为0.92g/kg；有效磷含量在4.5～20.7mg/kg，平均值为13.59mg/kg；速效钾含量在65.7～242.1mg/kg，平均值为136.17mg/kg（表13－15）。

表13－15　东西部平原高产排灌区养分含量

养分	平均值	最大值	最小值	标准差	变异系数（%）
有机质（g/kg）	15.39	23.1	0.96	3.6875	24.59
全　氮（g/kg）	0.92	1.，89	0.47	0.2249	24.72
有效磷（mg/kg）	13.59	20.7	4.5	4.4061	39.34
速效钾（mg/kg）	136.17	242.1	65.7	37.9263	27.1

二、土壤养分评价

土壤养分的丰缺条件是农作物产量提升的基础，土壤的理化性质是关键。土壤养分供应充足，农作物根系的氧气能满足供应，外界温度条件适宜，作物就能够健壮生长，并取得较高的经济产量。土壤的养分、水分、空气的协调供应受自然因素制约，土壤有机质含量、全氮、有效磷和速效钾的含量是制约产量关键因素。现根据测土配方施肥项目实施3年来的土壤养分变化情况，对临颍县所取的2 000个骨干样化验情况按照不同区域、不同土壤类型和种植制度分类评价。

（一）不同区域养分评价

土壤养分变化与耕地的地理位置有很大的关系。两合土土壤通气状况很好，有机质分解速度快，土壤排水条件较好，养分流失较多，黏土则相反，壤土适中。因此，将老颍河两侧平原培肥区、东西部平原高产区、洼地易涝区的3个区域对其中养分情况进行分析。

1. 老颍河两侧平原区

该区主要包括繁城东南部、杜曲中东部、台陈中部、固厢西南部、城关瓦店中部等，总耕地面积14 600hm^2，土壤类型属褐土类。该区有部分窑场地，复耕期较短，此地取土化验代表性不强，在此区共选择有代表性地块166个代表土样。根据化验分析结果，该区有机质的平均含量为16.7g/kg，参照土壤养分分级标准，其有机质含量分布在2～4级，分别占4.3%、87.0%、8.7%，面积分别为6 280hm^2、12 700hm^2、1 270hm^2，含量在1级的消失，而达到5、6级水平的尚未出现；土壤全氮平均含量为0.88g/kg，参照土壤养分分级标准，其全氮含量分布在2～4级所占的百分数分别为17.4%、63.0%、19.6%，面积分别为2 540hm^2、9 200hm^{2}和2 860hm^2；土壤有效磷平均含量为12.65mg/kg，参照土壤养分分级标准，其有效磷含量为在分布在2～5级所占的百分数分别为4.3%、37.0%、41.3%和17.4%，面积分别为6 300hm^2、5 400hm^2、6 030hm^{2}和2 540hm^2；土壤速效钾平均含量为140.1mg/kg，参照土壤养分分级标准，其速效钾含量分别在3～6级所占的百分数分别为

2.2%、56.5%、39.1% 和2.2%，面积分别为 $320hm^2$、8 $250hm^2$、5 $710hm^2$和 $320hm^2$（表13－16）。

表13－16　老颍河两侧平原区土壤养分分级表

项目	级别	范围	样次	平均值	所占比例（%）	代表面积（hm^2）
有机质	2	6～10g/kg	7	9.73g/kg	4.3	6 280
	3	10～20g/kg	144	16.57g/kg	87.0	12 700
	4	20～30g/kg	15	21.58g/kg	8.7	1 270
全氮	2	0.5～0.75g/kg	29	0.64g/kg	17.4	2 540
	3	0.75～1g/kg	105	0.90g/kg	63.0	9 200
	4	1～1.5g/kg	32	1.03g/kg	19.6	2 860
有效磷	2	3～5mg/kg	7	4.85mg/kg	4.3	6 300
	3	5～10mg/kg	61	7.23mg/kg	37.0	5 400
	4	10～20mg/kg	69	14.37mg/kg	41.3	6 030
	5	20～40mg/kg	29	22.0mg/kg	17.4	2 540
速效钾	3	50～100mg/kg	4	99.6mg/kg	2.2	320
	4	100～150mg/kg	94	113.24mg/kg	56.5	8 250
	5	150～200mg/kg	65	177.71mg/kg	39.1	5 710
	6	>200mg/kg	3	200.1mg/kg	2.2	320

2. 低洼地易涝区

该区主要包括大郭东南部、杜曲、台陈、石桥西部，在其他乡镇零星分布。总耕地面积7 $300hm^2$，土壤类型大部分属砂姜黑土。该区质地黏重，结构不良，地下水位较高，一般在1～2m，雨季可升到1m以内。由于土壤内外排水不良，怕涝又不耐旱，土壤潜在肥力较高，但有效养分较低。据372个农化样资料分析结果，有机质的平均含量为14.72g/kg，参照土壤养分分级标准，其有机质含量分别在2～4级，所占的百分数为2.0%、93.2%、4.8%，面积分别为 $150hm^2$、6 $800hm^2$和 $350hm^2$，含量在1级的消失，而达到5、6级水平的尚未出现；土壤全氮平均含量为0.84g/kg，参照土壤养分分级标准，其全氮含量分别在1～4级，所占的百分数分别为2.9%、31.1%、43.7%和22.3%，面积分别为 $210hm^2$、2 $270hm^2$、3 $190hm^2$和1 $630hm^2$；土壤有效磷平均含量为13.41mg/kg，参照土壤养分分级标准，其有效磷含量分别为在2～5级，所占的百分数分别为1.0%、17.5%、73.8% 和7.7%，面积分别为 $730hm^2$、1 $280hm^2$、5 $370hm^2$和 $560hm^2$；土壤速效钾平均含量为123.52mg/kg，参照土壤养分分级标准，其速效钾含量分别在2～6级，所占的百分数分别为2.0%、15.5%、61.2%、18.4%和2.9%，面积分别为 $150hm^2$、1 $130hm^2$、4 $470hm^2$、1 $340hm^2$、和 $210hm^2$（表13－17）。

表 13－17 低洼地易涝区养分分级表

项目	级别	范围	样次	平均值	所占比例（%）	代表面积（hm^2）
有机质	2	6～10g/kg	7	9.95g/kg	2.0	150
	3	10～20g/kg	347	14.45g/kg	93.2	6 800
	4	20～30g/kg	18	21.99g/kg	4.8	350
全氮	1	<0.5g/kg	11	0.32g/kg	2.9	210
	2	0.5～0.75g/kg	116	0.65g/kg	31.1	2 270
	3	0.75～1g/kg	163	0.88g/kg	43.7	3 190
	4	1～1.5g/kg	83	1.10g/kg	22.3	1 630
有效磷	2	3～5mg/kg	4	4.50mg/kg	1.0	730
	3	5～10mg/kg	65	7.91mg/kg	17.5	1 280
	4	10～20mg/kg	275	13.20mg/kg	73.8	5 370
	5	20～40mg/kg	29	27.0mg/kg	7.7	560
速效钾	2	30～50mg/kg	7	46.4mg/kg	2.0	150
	3	50～100mg/kg	58	75.9mg/kg	15.5	1 130
	4	100～150mg/kg	228	120.1mg/kg	61.2	4 470
	5	150～200mg/kg	68	168.5mg/kg	18.4	1 340
	6	>200mg/kg	11	216.0mg/kg	2.9	210

3. 东西部平原高产排灌区

该区包括石桥东南部、巨陵、王孟、瓦店、王岗、三家店、陈庄、皇帝庙大部窝城南部、大郭北部，该区土壤类型多、养分变幅较大，其主要特点是地势较为平坦、旱能浇、涝能排，是临颍县的主要粮仓，涉及总面积 19 770hm^2。根据该区的 405 个土壤农化样的分析结果，该区有机质的平均含量为 15.39g/kg，参照土壤养分分级标准，其有机质含量分布在 2～4 级，分别占 4.9%、81.0% 和 14.1%，面积分别为 970hm^2、16 010hm^2 和 2 790hm^2，含量在 1 级的消失，而达到 5、6 级水平的尚未出现；土壤全氮平均含量为 0.92g/kg，参照土壤养分分级标准，其全氮含量分别在 1～5 级，所占的百分数分别为 0.5%、19.0%、40.2%、39.3% 和 1.0%，面积分别为 990hm^2、3 760hm^2、7 950hm^2、7 770hm^2 和 200hm^2；土壤有效磷平均含量为 13.59mg/kg，参照土壤养分分级标准，其速效磷含量分布在 2～6 级，所占的百分数分别为 1.7%、36.8%、50.6%、10.2% 和 0.7%，面积分别为 340hm^2、7 280hm^2、9 940hm^2、2 020hm^2 和 140hm^2；土壤速效钾平均含量 136.17mg/kg，参照土壤养分分级标准，其速效钾含量分别在 2～6 级，所占的百分数分别为 0.5%、15.3%、44.9%、33.6% 和 5.7%，面积分别为 100hm^2、3 020hm^2、8 880hm^2、6 640hm^2 和 1 130hm^2（表 13－18）。

表 13－18　东西部平原高产排灌区养分分级表

项目	级别	范围	样次	平均值	所占比例（%）	代表面积（hm^2）
有机质	2	6～10g/kg	20	8.2g/kg	4.9	970
	3	10～20g/kg	328	15.46g/kg	81.0	16 010
	4	20～30g/kg	57	21.35g/kg	14.1	2 790
全氮	1	<0.5g/kg	2	0.40g/kg	0.5	990
	2	0.5～0.75g/kg	77	0.64g/kg	19.0	3 760
	3	0.75～1g/kg	163	0.88g/kg	40.2	7 950
	4	1～1.5g/kg	159	1.09g/kg	39.3	7 770
	5	1.5～2g/kg	4	1.88g/kg	1.0	200
有效磷	2	3～5mg/kg	7	4.68mg/kg	1.7	340
	3	5～10mg/kg	149	8.22mg/kg	36.8	7 280
	4	10～20mg/kg	205	14.22mg/kg	50.3	9 940
	5	20～40mg/kg	41	27.7mg/kg	10.2	2 020
	6	>40mg/kg	3	56.9mg/kg	0.7	140
速效钾	2	30～50mg/kg	2	47.38mg/kg	0.5	100
	3	50～100mg/kg	62	84.44mg/kg	15.3	3 020
	4	100～150mg/kg	182	118.68mg/kg	44.9	8 880
	5	150～200mg/kg	136	170.10mg/kg	33.6	6 640
	6	>200mg/kg	23	221.35mg/kg	5.7	1 130

（二）不同土壤类型养分评价

不同类型的土壤都有独特的生成发育条件和物质组成，所以，其主要养分含量也不一样。临颍县土壤的主要类型有砂姜黑土、潮土两个土类，根据土壤养分划分等级标准，结合3年来的土壤化验资料进行耕地养分评价。

1. 砂姜黑土土类养分评价

砂姜黑土是临颍县最大的土类，面积达30 037hm^2。根据土壤养分含量数据统计分析，结合常年产量水平及该类不同的土种，取区域等值代表样238个农化样分析，土壤有机质含量范围在2～4级水平，分别占样本数的0.8%、77.7%和21.5%，其代表面积分别是240hm^2、23 340hm^2和6 460hm^2；土壤全氮含量范围主要在1～5级，各级分别占样本数的0.4%、12.6%、30.7%、55.0%和1.3%，其代表面积分别为120hm^2、3 780 hm^2、9 220hm^2、16 520hm^2和390hm^2；土壤有效磷含量范围主要在2～6级，各级分别占样本数的0.8%、34.9%、53.4%、8.4%和2.5%，其代表面积为240hm^2、10 480hm^2、16 040hm^2、2 520hm^2和750hm^2；土壤速效钾含量范围主要在3～6级，各级占样本的12.6%、39.5%、

40.8%和7.1%，其代表面积为3 780hm²、11 860hm²、12 260hm²和2 130hm²（表13－19）。

表13－19 砂姜黑土区耕地养分分级

项目	级别	范围	样次	平均值	所占比例（%）	代表面积（hm²）
有机质	2	6～10g/kg	2	8.42g/kg	0.8	240
	3	10～20g/kg	185	16.28g/kg	77.7	23 340
	4	20～30g/kg	51	21.56g/kg	21.5	6 460
全氮	1	<0.5g/kg	1	0.33g/kg	0.4	120
	2	0.5～0.75g/kg	30	0.64g/kg	12.6	3 780
	3	0.75～1g/kg	73	0.89g/kg	30.7	9 220
	4	1～1.5g/kg	131	1.09g/kg	55.0	16 520
	5	1.5～2g/kg	3	1.88g/kg	1.3	390
有效磷	2	3～5mg/kg	2	4.6mg/kg	0.8	240
	3	5～10mg/kg	83	7.96mg/kg	34.9	10 480
	4	10～20mg/kg	127	14.96mg/kg	53.4	16 040
	5	20～40mg/kg	20	27.5mg/kg	8.4	2 520
	6	>40mg/kg	6	49.5mg/kg	2.5	750
速效钾	3	50～100mg/kg	30	85.8mg/kg	12.6	3 780
	4	100～150mg/kg	94	118.5mg/kg	39.5	11 860
	5	150～200mg/kg	97	172.3mg/kg	40.8	12 260
	6	>200mg/kg	17	222.8mg/kg	7.1	2 130

2. 潮土土壤养分评价

潮土是临颍县的第二大土类，主要分布在沿河区域，面积为27 176hm²。该土类具有土层深厚，质地层次明显，土壤层次不明显，土壤颜色较浅，易耕作，保水、保肥能力较强。根据土壤养分含量数据统计，结合常年产量水平及该土类不同的土种，取区域等值代表样207个农化样分析，土壤有机质养分含量范围在1～4级水平，分别占样本数的0.5%、7.7%、87.4%和4.4%，其代表面积分别为140hm²、2 090hm²、23 750hm²和1 200hm²；土壤全氮含量范围主要在1～5级，各级别分别占样本数的1.9%、27.2%、50.3%、17.9%和0.5%，其代表面积分别为520hm²、7 390hm²、13 670hm²、4 860hm²和140hm²；土壤有效磷含量范围主要在2～5级，各级分别占样本数2.9%、33.8%、56.0%和7.3%，其代表面积分别为790hm²、9 190hm²、15 220hm²和1 980hm²；土壤速效钾含量范围主要在2～6级，各级分别占样本数1.9%、21.3%、47.8%、25.1%和3.9%，其代表面积分别为520hm²、5 790hm²、12 990hm²、6 820hm²和1 060hm²（表13－20）。

表 13－20　潮土区耕地养分分级表

项目	级别	范围	样次	平均值	所占比例（%）	代表面积（hm^2）
有机质	1	<6g/kg	1	0.96g/kg	0.5	140
	2	6～10g/kg	16	8.66g/kg	7.7	2 090
	3	10～20g/kg	181	14.33g/kg	87.4	23 750
	4	20～30g/kg	9	20.67g/kg	4.4	1 200
全氮	1	<0.5g/kg	4	0.36g/kg	1.9	520
	2	0.5～0.75g/kg	56	0.65g/kg	27.2	7 390
	3	0.75～1g/kg	104	0.87g/kg	50.3	13 670
	4	1～1.5g/kg	37	1.09g/kg	17.9	4 860
	5	1.5～2g/kg	1	1.89g/kg	0.5	140
有效磷	2	3～5mg/kg	6	4.7mg/kg	2.9	790
	3	5～10mg/kg	70	8.4mg/kg	33.8	9 190
	4	10～20mg/kg	116	13.3mg/kg	56.0	15 220
	5	20～40mg/kg	15	25.2mg/kg	7.3	1 980
速效钾	2	30～50mg/kg	4	46.9mg/kg	1.9	520
	3	50～100mg/kg	44	79.4mg/kg	21.3	5 790
	4	100～150mg/kg	99	119.3mg/kg	47.8	12 990
	5	150～200mg/kg	52	166.0mg/kg	25.1	6 820
	6	>200mg/kg	8	218.2mg/kg	3.9	1 060

（三）不同种植制度耕地的养分等级分析

不同的种植制度所种植的农作物不同，对土壤营养利用情况有别，不同农作物的需肥规律不同，需肥量有差别，而施肥水平和施肥品种也有差别。特别是对高产、高效的作物，由于其经济收入较高，群众施肥水平偏高，加之施肥品种上多施用多元复合肥，土壤残存量将会逐年积累，土壤供肥能力逐年增多。近年来，随着群众种粮积极性的提高，群众对粮食生产的投入加大，粮食作物种植区养分也有了明显提升。由于千家万户的生产方式，同一种种植制度土壤养分也有一定差别。为了更好地指导农业生产，根据土壤数据库资料，将代表临颍县主要种植制度的小麦—玉米和小麦/辣椒（棉花）—西瓜种植模式的土壤养分进行分析评价。

1. 小麦—玉米一年两熟种植区

该种植区面积最大，是确保临颍县粮食安全的核心区，常年种植面积稳定在 26 700hm^2。根据该区土壤养分测试结果和养分分级标准，取区域等值代表样 393 个农化样本分析评价其养分含量情况，土壤有机质含量范围在 1.27～24.7g/kg，其养分含量在 2～4

级水平，分别占样本数的2.3%、84.1%和13.6%，其代表面积分别为610hm²、22 450hm²和3 630hm²；土壤全氮含量范围在0.27～1.92g/kg，主要分布于1～5级，各级分别占样本数的1%、22.4%、40.1%、36.2%和0.3%，其代表面积分别为270hm²、5 980hm²、10 710hm²、9 670hm²和80hm²；土壤有效磷含量范围在70.3～5.4mg/kg，主要分布1～5级，各级分别占样本数的0.8%、27.5%、56.8%、14.1%和0.8%，其代表面积分别为210hm²、7 340hm²、15 170hm²、3 760hm²和210hm²；土壤速效钾含量范围在46.16～263.56mg/kg，主要分布在2～6级，各级分别占样本数的1.0%、14.7%、50.4%、29.0%和4.9%，其代表面积分别为270hm²、3 920hm²、13 460hm²、7 740hm²和1 310hm²（表13－21）。

表13－21　小麦—玉米一年两熟种植区耕地养分

项目	级别	范围	样次	平均值	所占比例（%）	代表面积（hm²）
有机质	2	6～10g/kg	9	9.60g/kg	2.3	610
	3	10～20g/kg	327	15.38g/kg	84.1	22 450
	4	20～30g/kg	53	21.54g/kg	13.6	3 630
全氮	1	<0.5g/kg	4	0.32g/kg	1.0	270
	2	0.5～0.75g/kg	87	0.64g/kg	22.4	5 980
	3	0.75～1g/kg	156	0.89g/kg	40.1	10 710
	4	1～1.5g/kg	141	1.09g/kg	36.2	9 670
	5	1.5～2g/kg	1	1.91g/kg	0.3	80
有效磷	1	3～5mg/kg	3	4.70mg/kg	0.8	210
	2	5～10mg/kg	107	8.24mg/kg	27.5	7 340
	3	10～20mg/kg	221	13.67mg/kg	56.8	15 170
	4	20～40mg/kg	55	27.02mg/kg	14.1	3 760
	5	>40mg/kg	3	56.90mg/kg	0.8	210
速效钾	2	30～50mg/kg	4	46.89mg/kg	1.0	270
	3	50～100mg/kg	57	79.19mg/kg	14.7	3 920
	4	100～150mg/kg	196	118.79mg/kg	50.4	13 460
	5	150～200mg/kg	113	168.55mg/kg	29.0	7 740
	6	>200mg/kg	19	220.34mg/kg	4.9	1 310

2. 小麦/棉花（辣椒）/西瓜一年三熟区

该种植制度已在临颍县实施多年，常年种植面积稳定在23 300hm²。根据该区土壤养分测试结果和养分分级标准，取区域等值代表样165个农化样本分析其养分含量，土壤有机质含量范围在0.96～23.1g/kg，其养分含量在2～4级水平，分别占样本数的9.1%、83.0%和7.9%，其代表面积分别为2 120hm²、19 340hm²和1 840hm²；土壤全氮含范围在0.47～1.9g/kg，主要分布1～5级，各级分别占样本数的0.6%、18.2%、49.1%、30.3%和1.8%，其代表面积分别为140hm²、4 240hm²、11 440hm²、7 060hm²和420hm²；土壤有效磷含量范围在4.5～20.7mg/kg，主要分布2～5级，各级分别占样本数的4.2%、46.7%、47.9%和1.2%，其代表面积分别为980hm²、10 880hm²、11 160hm²和280hm²；土壤速效钾含量范围在65.7～242.1mg/kg，主要分布3～6级，各级分别占样本数的13.3%、45.5%、36.4%和4.8%，其代表面积分别为310hm²、10 600hm²、8 480hm²和1 120hm²（表13－22）。

表13－22 小麦/棉花（辣椒）/西瓜一年三熟区耕地养分

项目	级别	范围	样次	平均值	所占比例（%）	代表面积（hm²）
有机质	2	6～10g/kg	15	7.79g/kg	9.1	2 120
	3	10～20g/kg	137	15.28g/kg	83.0	19 340
	4	20～30g/kg	13	20.88g/kg	7.9	1 840
全氮	1	<0.5g/kg	1	0.47g/kg	0.6	140
	2	0.5～0.75g/kg	30	0.63g/kg	18.2	4 240
	3	0.75～1g/kg	81	0.86g/kg	49.1	11 440
	4	1～1.5g/kg	50	1.1g/kg	30.3	7 060
	5	1.5～2g/kg	3	1.87g/kg	1.8	420
有效磷	2	3～5mg/kg	7	4.7mg/kg	4.2	980
	3	5～10mg/kg	77	7.9mg/kg	46.7	10 880
	4	10～20mg/kg	79	14.8mg/kg	47.9	11 160
	5	20～40mg/kg	2	20.6mg/kg	1.2	280
速效钾	3	50～100mg/kg	22	92.5mg/kg	13.3	310
	4	100～150mg/kg	75	117.7mg/kg	45.5	10 600
	5	150～200mg/kg	60	174.8mg/kg	36.4	8 480
	6	>200mg/kg	8	219.1mg/kg	4.8	1 120

三、临颍县土壤养分变化趋势分析

土壤养分含量是指导农民科学施肥的重要参数，而该参数随着耕作制度的改变、施肥水平和施用品种结构发生变化而改变。临颍县在指导施肥上一直沿用第二次土壤普查时的资料，远不能正确制定新形势下最佳施肥量和确定适宜的施肥时期。为了确保临颍县粮食产量再上新台阶，结合测土配方施肥项目，摸清了临颍县耕地的肥力现状，为正确运用肥料资源、确保农民增产增效提供了强有力的支持。根据临颍县采集的2 000个骨干农化样的化验结果，与第二次土壤普查的资料比较，分析临颍县土壤养分变化的趋势。

（一）土壤有机质含量现状及变化趋势

目前，临颍县耕地土壤有机质平均含量为16.35g/kg，比第二次土壤普查时的10.96g/kg增加了5.39g/kg，增长了49.2%；其最低含量地块为5.54g/kg，较普查时最低含量地块的4.7g/kg增加了0.84g/kg，增长了17.9%；最高含量地块为25.52g/kg，较普查时最高含量地块的21.1g/kg增加了4.42g/kg，增长了20.9%。上述结果分析表明，随着临颍县农业的快速发展，作物产量的提升和作物秸秆、根茬残留量的增多，临颍县的土壤有机质含量均有不同程度的提高。另外，一部分农户由于养殖业的快速发展，有机肥施用量增加，使个别地块有机质已达到高等级肥力标准。但总的水平依然偏低，与临颍县目前的每亩单产500kg的生产水平不相适应。有机质含量不仅是决定产量的先决条件，而且是作物抗逆能力的重要参照。土壤有机质含量高，土壤结构就好，土壤固、液、气三相就比较协调，作物生长就健壮，抗逆能力相应增强。而临颍县高产与倒伏相联系，是制约粮食进一步提升的限制因子。临颍县的每亩单产500kg的粮食生产能力是在较为适宜的气候条件下实现的，如果遭遇到大风、降雨天气，就容易造成大面积倒伏，将会造成严重的减产。

（二）土壤全氮含量变化趋势

目前，临颍县耕地土壤全氮平均含量为0.90g/kg，比第二次普查结果0.71g/kg增加了0.19g/kg，增长了26.8%；最低含量为0.3g/kg，较普查结果的0.13g/kg增加了0.17g/kg，增长了130.7%；最高含量为1.68g/kg，较普查结果的1.56g/kg增加了0.12g/kg，增长了7.7%。从这些对比情况来看，临颍县耕地土壤含氮量较普查时有显著的提高，特别是高含量地块，当季不施任何氮肥，作物也能正常生长；同时也表明，千家万户的生产方式，由于施肥量不同，差异仍然较为显著。低含量的地块适当补施氮肥增产十分显著。氮肥在作物生长中需要量大，是影响作物生长的关键因子，为培肥地力仍需适当补充。

（三）土壤有效磷含量变化趋势

目前，临颍县耕地土壤有效磷平均含量为13.0mg/kg，较第二次普查结果11.8mg/kg增加了1.2mg/kg，增长了10.2%；最低含量为5mg/kg，较普查结果的4.1mg/kg增加了0.9mg/kg，增长了21.9%；最高含量为25.4mg/kg，与普查结果的25.2mg/kg基本持平。从上述情况来分析，有效磷含量增长趋势偏低的现状仍然没有得到明显改变，增加磷肥施用量仍然是临颍县农民增产增效的关键。其形成的主要原因：一方面说明前一段时间内临颍县群众对使用磷肥认识不足，施用量不足；另一个方面由于农家肥施用量偏低，秸秆燃烧后磷素不能归还到土壤中去。临颍县近两年来一年一个新台阶的生产实践，也说明因为临颍县大面积推广测土配方施肥，磷素得到一定程度的补充。

（四）土壤速效钾含量变化趋势

目前，临颍县耕地土壤速效钾平均含量为117.3mg/kg，较第二次土壤普查结果161mg/kg减少了43.7mg/kg，减少了27.1%；含量最低值为56mg/kg，较普查结果40mg/kg增加了16mg/kg，增长了40%；含量最高值为240mg/kg，较普查结果260mg/kg减少了20mg/kg，减少了7.7%。引起这些情况的原因主要在于临颍县小辣椒等经济作物面积较大，需钾量大，补充较少；加之此类种植区除小麦秸秆还田外，其他秸秆还田量少，单一使用化学肥料，有机肥使用不足，造成掠夺式的生产经营，投入产出、供给与需求不平衡，导致速效钾含量下降。

四、结果应用

土壤养分含量评价结果是制定施肥标准的重要依据。为了建立临颍县主要农作物的科学施肥体系，充分利用土壤养分含量数据库的资料，结合肥料试验资料进行分析。首先，在临颍县平均产量水平下，计算出土壤养分的供应量，同时根据作物籽粒、秸秆化验结果计算出全肥区作物吸收量；再用作物吸收量减去土壤供肥量，结合施肥数量，寻找出当季肥料的利用率；再结合目标产量，制定出临颍县施肥数量。同时，根据土壤养分含量的变幅，特别参考最低含量和最高含量，制定出临颍县小麦、玉米各3个推荐配方。在此基础上，农户要按照施肥水平，选择出适宜自己地力情况的配方。在指导配方施肥和提高耕地质量建设方面的具体做法如下。

（一）科学地推荐施肥

小麦是临颍县种植面积最大的作物，产量增减关系到临颍县大局的稳定，而科学施肥又是决定产量的重要因子。因此，在制定小麦科学施肥上慎之又慎。为了建立符合临颍县小麦的施肥体系，全县严格按照农业部、省测土配方施肥方案逐步进行。目前，小麦的施肥体系已在临颍县取得了显著成效。

目前，临颍县耕地土壤养分的平均含量是有机质16.34g/kg，全氮0.90g/kg，有效磷13.04mg/kg，速效钾117mg/kg，已达到中等偏上的标准；每666.7m^2土壤的平均供肥能力N达7.58～10.13kg，P_2O_5达2.82～3.45kg，K_2O达6.02～6.97kg；当季肥料利用率N 28.21%，P_2O_5 20.23%，K_2O 28.31%。根据上述参数，临颍县小麦在一般地力水平下，每亩目标产量为500～550kg，小麦全生育期内施肥量为N 7.39～13.45kg，P_2O_5 3.57～8.16kg，K_2O 3.11～4.77kg。每亩目标产量在450kg，小麦全生育期内施肥量为N 4.83～11.43kg，P_2O_5 3.6～6.94kg，K_2O 2.98～7.26kg。由于这次测土样本较广泛、试验布点多，加之现代化的软件数据处理，所推荐的指标适合临颍县的实际，2008年临颍县小麦每亩平均单产，一举突破500kg大关。

玉米是仅次于小麦的第二大种植作物，随着玉米市场价格的提升，临颍县农民把种足种好玉米当作重要事情来抓。为切实解决农民在玉米生产中的难题，我们也像抓小麦那样，建立符合临颍县玉米生产实际的施肥体系。经过宣传发动、典型带动、试验示范推动，玉米配方肥使用和按方施肥面积已达75.2%，对提升临颍县玉米综合生产能力作出了应有的贡献。

根据临颍县耕地土壤养分平均含量，结合玉米的肥料试验，我们用与小麦一样的方法，找出玉米生产季节土壤养分的供应量、吸收量和当年的利用率，以玉米施肥的肥料利用率等参数，制定出临颍县玉米在一般地力水平下肥料的最佳施用量。玉米全生育期内肥料利用率N 25.71%，P_2O_5 19.64%，K_2O 30.45%。根据上述参数，临颍县玉米在一般地力水平下，每亩目标产量为500～550kg，玉米全生育期内施肥量为N 11.52kg，P_2O_5 7.31kg，K_2O 4.09kg。目标产量每亩单产450kg，玉米全生育期内施肥量为N 16.2kg，P_2O_5 7.43kg，K_2O 3.96kg。由于这次测土样本较广泛、试验布点多，通过现代化的软件数据处理，所推荐的指标符合临颍县的实际，加之推广措施较为得力，2010年临颍县玉米每亩平均单产也一举突破500kg大关。

（二）提高耕地质量，确保农业可持续发展

土地是极其宝贵的自然资源，特别是临颍县可开发利用的土地已开发殆尽。为确保农业生产的可持续发展、满足广大人民生活水平提高的需求，只能在养好土地上作文章，在提高耕地的综合生产能力上下工夫。种地养地虽然是临颍县干群一直关注的问题，但前一个时期因受农民种地经济收入偏低的制约和长期形成习惯施肥的影响，加之临颍县的基本农田建设投入偏低，临颍县耕地质量仍然处于偏低水平。根据这次测土施肥项目实施中广泛调查研究和数据库资料整理分析，制约临颍县耕地质量快速提升的主要限制因子：① 洼地抗灾能力差；② 土壤有机质含量偏低；③ 复种指数偏高，耕地休闲时间过短；④ 大型农机具保有量偏低，耕层偏浅。针对这些制约因素，重点从以下几个方面狠下工夫。

1. 加大农田基本建设力度

县委、县政府加大对农业的投资力度和支持力度，首先在水位较深地区新打深水机井1 500眼，并高标准的进行机电配套，同时推广节水灌溉新技术，解决了靠天等雨的雨养农业生产习惯。其次把支农资金向低洼易涝区倾斜，动员社会力量修通渠道，排除积水死角，确保10年一遇的大涝年份不减产、30年一遇的大涝年份不受灾。

2. 增施有机肥

随着人民生活水平的提高，一家一户集沤的农家肥数量减少，但是临颍县畜牧业的快速发展，给农业生产提供了充足的肥源。另外，随着人民生活水平提升，日常生活对秸秆依赖性降低，大面积推广秸秆还田的时机已经成熟。近年来，临颍县小麦、玉米秸秆还田面积已达90%以上，群众已尝到秸秆还田的甜头，临颍县土壤有机质含量偏低的现象有望在近几年内得到改变。

3. 建立适宜的轮作制度

临颍县大田作物种植基本上仍是小麦—玉米一年两熟或小麦 + 小辣椒（棉花）—西瓜等种植模式，复种指数高，用地养地矛盾突出。要改变种植模式及轮作方式，采用用地养地相结合，这样就能解决因连作病害加重的问题和因连作引发对某一种微量元素过度吸收而使地力下降的问题。同时，还要加强农作物新品种的引进、试验研究，为临颍县在有限耕地里的农产品能满足新形势下的需求储备后劲。

4. 增加耕作层深度

临颍县机耕面积虽然已达100%，但小型拖拉机耕地面积占85%，这些机械耕地深度一般在18 ~ 20cm，由于耕层浅，一方面不利于作物根系的下扎，另一方面耕层浅，深层土壤的结构不良，保水、保肥能力差，且不利于潜在肥力转化为有效肥力。因此，要加大大中型拖拉机购置的投入，使临颍县耕地的耕层变深，为临颍县农业生产的全面提升打下坚实的地力基础。

第十四章

临颍县冬小麦田间肥效试验与相关参数研究

田间肥效试验是测土配方施肥项目的重要组成部分，是建立和完善科学施肥指标体系的重要科学依据，是推广应用测土配方施肥的重要技术手段和有效途经。按照测土配方施肥项目要求，临颍县3年共完成冬小麦田间肥效试验28个，其中，“3414+1”试验10个，氮肥用量试验9个，丰缺指标试验9个。通过对试验数据的整理与分析，获得了相关的技术参数。

一、试验设计与方法

（一）试验设计

1. 小麦“3414+1”试验

采用全省统一的“3414+1”设计方案，“3414”是指3因素、4水平共14个处理的试验。3个因素指氮、磷、钾这三种大量营养元素；4水平指0、1、2、3水平，1水平是2水平施肥量的一半，3水平是2水平的1.5倍；“+1”即有机肥处理（表14-1）。

表14-1 临颍县冬小麦“3414+1”田间试验设计

编号	处理	氮	磷	钾
1	$N_0P_0K_0$	0	0	0
2	$N_0P_2K_2$	0	2	2
3	$N_1P_2K_2$	1	2	2
4	$N_2P_0K_2$	2	0	2
5	$N_2P_1K_2$	2	1	2
6	$N_2P_2K_2$	2	2	2
7	$N_2P_3K_2$	2	3	2
8	$N_2P_2K_0$	2	2	0
9	$N_2P_2K_1$	2	2	1
10	$N_2P_2K_3$	2	2	3
11	$N_3P_2K_2$	3	2	2
12	$N_1P_1K_2$	1	1	2
13	$N_1P_2K_1$	1	2	1
14	$N_2P_1K_1$	2	1	1
15	$N_0P_0K_0+M$	0	0	0

试验设 3 个高肥点、4 个中肥点、3 个低肥点，田间采用 3 列制，小区面积 30m^2。

2. 氮肥用量试验

按照全省统一的田间试验方案进行，不同的氮肥施用量设置 5 个处理：$N_0P_0K_0$、$N_7P_6K_6$、$N_{14}P_6K_6$、$N_{21}P_6K_6$、$N_{28}P_6K_6$，每个处理设 3 次重复，随机排列，小区面积 30m^2。试验设 2 个高肥点、2 个中肥点、1 个低肥点。

3. 丰缺指标试验

田间试验设置按照全省统一的小麦肥料效应田间试验方案进行，试验在不施有机肥基础上按要求设置 5 个处理：$N_0P_0K_0$、$N_0P_8K_6$、$N_{14}P_0K_6$、$N_{14}P_8K_0$、$N_{14}P_8K_6$，每个处理设 3 次重复，随机排列，小区面积 30m^2。试验设 2 个高肥点、2 个中肥点、1 个低肥点。

（二）试验方法

2007—2008 年度完成小麦“3414 + 1”试验，2008—2009 年度和 2009—2010 年度完成小麦丰缺指标试验和氮肥用量试验。供试土壤有潮土和砂姜黑土。试验地 GPS 定位，远离沟渠、村庄，地势平坦，无明显障碍物，肥力均匀，排灌方便。

在上茬作物收获后，按方案要求采集耕层（0 ~ 20cm）土样进行土壤有机质、全氮、有效磷、速效钾等养分含量化验。

试验供试品种统一选用临颍县当家品种周麦 16，播量 8 ~ 9kg，机播。

氮肥选用尿素（含 N 46%），磷肥选用 12% 的过磷酸钙，钾肥选用 60% 的氯化钾。高产田将 40% 的氮肥和全部磷、钾肥在整地时作为底肥一次施入，其余 60% 的氮肥于小麦返青期施入。中低产田磷肥、钾肥及 70% 的氮肥底施，30% 的氮肥于返青期追施，旱地麦田磷肥钾肥及 90% 的氮肥底施春季根据墒情追施 10% 的氮肥。田间管理按临颍县高产水平进行。成熟时每小区选中间 3m^2，人工单收、单打、单晒。“3414”试验 1、2、4、6、8 处理和丰缺指标试验选取植株样。室内考种项目有株高、茎粗、穗长、千粒重、产量等。

二、试验结果与分析

（一）函数拟合情况

利用 Excel 表的函数统计分析功能，方程拟合结果表明：用氮、磷、钾三元二次方程拟合，10 个点拟合 10 次，3 个通过，成功率 30%；氮一元一次方程拟合 15 次（含氮肥用量试验），通过 7 次，成功率 47%；磷一元二次方程拟合 10 次，通过 4 次，成功率 40%；钾一元二次方程拟合 10 次，通过 3 次，成功率 30%。

（二）临颍县冬小麦最佳施肥量的确定

一元二次方程拟合成功，可直接求得氮、磷、钾最高施肥量和最佳施肥量。一元二次方程拟合不成功的，根据“3414”试验中处理 2（0 - 2 - 2）、3（1 - 2 - 2）、6（2 - 2 - 2）、11（3 - 2 - 2）的产量作氮素单因子试验分析，通过散点图，添加趋势线，求得氮的最佳施肥量；用处理 4（2 - 0 - 2）、5（2 - 1 - 2）、6（2 - 2 - 2）、7（2 - 3 - 2）的产量作磷单因子试验分析，求得磷的最佳施肥量；用处理 8（2 - 2 - 0）、9（2 - 2 - 1）、6（2 - 2 - 2）、10（2 - 2 - 3）作钾单因子分析，求得钾的最佳施肥量。求得各试验点的氮、磷、钾最佳施肥量。

表 14-2　临颍县冬小麦最佳施肥量分析

结果＼项目	N		P_2O_5		K_2O	
	高	中	高	中	高	中
平均值（kg/亩）	10.06	7.64	5.92	6.94	4.98	4.70
最小值（kg/亩）	6.39	6.17	4.03	3.65	4.05	2.98
最大值（kg/亩）	13.45	14.83	10.57	12.4	7.77	8.26
标准差（kg/亩）	2.70	2.29	2.30	2.84	0.83	1.69
变异系数（%）	26.84	29.97	38.85	40.9	20.85	35.96

经分析，求得高产水平下肥料最佳施用量氮平均为 10.06kg/亩，最大值 13.9kg/亩，最小值 6.39kg/亩，标准差 2.70kg/亩，变异系数 26.84%；磷平均值 5.92kg/亩，最大值 10.57kg/亩，最小值 4.03kg/亩，标准差 2.30kg/亩，变异系数 38.85%；钾平均值 4.98kg/亩，最大值 7.77kg/亩，最小值 4.05kg/亩，标准差 0.83kg/亩，变异系数 20.85%。中产水平下，氮平均 7.64kg/亩，最大值 14.83kg/亩，最小值 6.17kg/亩，标准差 2.29kg/亩，变异系数 29.97%；磷平均 6.94kg/亩，最大值 12.4kg/亩，最小值 3.65kg/亩，标准差 2.84kg/亩，变异系数 40.9%；钾平均 4.70kg/亩，最大值 8.23kg/亩，最小值 2.98kg/亩，标准差 1.69kg/亩，变异系数 35.96%（表 14-2）。

（三）土壤养分分级指标的建立

1. 土壤有效磷分级指标的建立

"3414" 试验根据缺磷区（2-0-2）产量与最佳施肥区即全肥区（2-2-2）处理产量计算相对产量。丰缺指标试验，根据缺磷区（$N_{14}P_0K_6$ 处理）与全肥区（$N_{14}P_8K_6$ 处理）产量计算相对产量。用缺磷区相对产量与相对应土壤有效磷含量在 Excel 表中作散点图，用添加趋势线功能，选择 "对数" 类型获得相对产量与土壤有效磷的数学关系，并给出趋势线，获得方程 $Y = -0.6235\ln(X) + 76.181$，$Y$ 为相对产量（%），X 为土壤有效磷含量（mg/kg）。然后，以 Y 值（相对产量）的大小作为划分土壤有效磷丰缺的指标，相对产量低于 75% 的点为低养分区，相对产量在 75%~95% 的点为中养分区，相对产量大于 95% 的点为高养分区。就目前试验数据还不能建立临颍县小麦土壤有效磷分级指标。

2. 土壤速效钾分级指标的建立

"3414" 试验根据缺钾区（2-2-0 处理）产量与最佳施肥区（2-2-2 处理）产量计算相对产量，小麦丰缺指标试验以缺钾区（$N_{14}P_8K_0$ 处理）产量与全肥区（$N_{14}P_8K_4$ 处理）产量计算相对产量。用缺钾区相对产量与相对应土壤速效钾含量在 Excel 表中作散点图，添加趋势线，选择 "对数" 类型获得相对产量与土壤速效钾的数学关系给出趋势线，获得方程 $Y = 6.45\ln(X) + 56.851$，其中：Y 为缺钾区相对产量，X 为土壤速效钾含量（mg/kg）。然后，以 Y 值即相对产量来划分土壤速效钾的丰缺。缺钾区小麦相对产量低于 75%，为低养分区，相对产量在 75%~95% 为中养分区，相对产量大于 95% 则为高养分区。

与土壤有效磷一样，相对产量不随土壤速效钾的增加而增加。就目前现有的试验数据，还不能建立相对应的土壤速效钾的丰缺指标。

土壤有效磷和速效钾丰缺指标与相对产量对应关系不理想的原因，经分析可能有以下几点：一是试验点数较少；二是各试验点土壤有效磷及速效钾含量水平比较接近，数值变化幅度较小；三是临颍县各地块产量水平接近，对磷、钾肥反应差距不大；四是由于气候、生态、施肥习惯等原因导致试验数据不理想。具体原因及问题我们将在以后的试验中探讨、校正、解决，逐步建立临颍县冬小麦土壤有效磷及速效钾的科学完整的丰缺指标体系。

三、相关参数探索

（一）小麦养分吸收量

根据临颍县小麦"3414"试验和丰缺指标试验籽粒及茎叶养分含量化验结果，分别计算出无肥区、缺素区、全肥区百千克产量氮、磷、钾养分吸收量（表14－3）。

表14－3　临颍县小麦百千克产量养分吸收量

编号	氮（kg）			磷（kg）			钾（kg）		
	无肥区	全肥区	缺氮区	无肥区	全肥区	缺磷区	无肥区	全肥区	缺钾区
LE-1	1.90	3.48	2.14	0.70	0.83	0.76	1.53	1.75	1.96
LE-2	1.97	2.36	2.26	0.77	0.81	0.73	1.85	2.13	2.36
LE-3	3.23	1.47	3.32	0.71	0.89	0.60	2.19	1.82	1.70
LE-4	2.03	2.71	2.37	0.56	0.70	0.65	1.92	1.54	2.58
LE-5	1.81	1.63	1.74	0.91	0.92	0.89	2.62	2.05	3.46
LE-6	1.99	2.41	2.37	0.70	0.70	0.71	1.97	1.82	1.39
LE-7	2.27	2.49	2.31	0.65	0.82	0.64	1.40	1.15	1.36
LE-8	1.77	1.38	2.15	0.98	0.98	0.92	1.86	2.12	1.88
LE-9	1.92	1.22	1.84	0.88	0.90	0.99	1.92	2.23	2.81
LE-10	2.71	1.31	1.75	0.66	0.67	0.79	1.39	1.34	1.41
LE-21	3.23	2.60	2.62	0.98	0.79	2.09	2.19	1.70	3.41
LE-22	1.81	3.29	1.74	0.91	0.92	0.99	2.62	3.87	3.46
LE-23	1.89	2.28	1.84	0.85	0.90	0.99	1.90	2.76	2.81
LE-24	2.03	2.27	2.97	0.56	0.70	0.65	1.92	2.03	2.58
LE-25	1.97	3.12	2.26	0.77	0.81	0.73	1.85	2.80	2.36
LE-41	2.81	2.94	2.65	0.74	0.89	0.79	2.69	2.91	2.85
LE-42	2.61	2.81	2.80	0.79	0.82	0.81	2.57	2.45	1.97
LE-43	1.91	2.02	2.00	0.82	0.87	0.84	2.67	1.78	2.64
LE-44	1.96	2.22	2.04	0.69	0.75	0.73	2.36	2.64	2.34

结果表明，全肥区的养分吸收量最高，即土壤养分的吸收利用最多，无肥区养分吸收量最低。氮、磷、钾表现出同样的趋势（表14－4）。

表 14－4　临颍县冬小麦百千克产量养分吸收量汇总

项目 水平	氮（kg）			磷（kg）			钾（kg）			点数
	无肥区	全肥区	缺氮区	无肥区	全肥区	缺磷区	无肥区	全肥区	缺钾区	
高	2.43	2.64	2.56	0.82	0.82	1.08	2.08	2.25	2.58	6
中	2.34	2.78	2.22	0.76	0.81	0.81	1.87	1.98	2.26	8
低	2.21	2.66	2.51	0.71	0.78	0.73	1.69	1.87	1.75	5
平均	2.34	2.76	2.49	0.79	0.80	0.85	1.98	2.12	2.42	19

（二）土壤养分供应量

根据无肥区籽粒产量和无肥区百千克养分吸收量，计算出氮、磷、钾的土壤供应量。

经分析，高肥点氮的土壤供应量平均10.63kg/亩，最大值15.64kg/亩，最小值7.77kg/亩；磷的土壤供应量平均值为3.45kg/亩，最大值4.76kg/亩，最小值2.48kg/亩；钾的土壤供应量平均6.02kg/亩，最大值7.64kg/亩，最小值4.07kg/亩。中肥点氮的土壤供应量平均7.58kg/亩，最大值10.30kg/亩，最小值6.18kg/亩；磷的土壤供应量平均2.82kg/亩，最大值3.53kg/亩，最小值1.85kg/亩；钾的土壤供应量平均6.97kg/亩，最大值8.97kg/亩，最小值4.93kg/亩（表14－5）。

表 14－5　临颍县冬小麦土壤养分供应量分析

	氮			磷			钾		
	高产	中产	低产	高产	中产	低产	高产	中产	低产
平均值（kg/亩）	10.13	7.58	7.71	3.45	2.82	3.62	6.02	6.97	5.12
最大值（kg/亩）	15.64	10.30	8.91	4.76	3.53	4.02	7.64	8.97	6.63
最小值（kg/亩）	7.77	6.18	6.12	2.48	1.85	2.91	4.07	4.93	3.28

（三）肥料利用率

由施肥区养分吸收量、缺素区养分吸收量和肥料施用量可计算出肥料利用率，其公式：

肥料利用率（%）＝｛［施肥区作物吸收养分量（kg）－缺素区作物吸收养分量（kg）］/［肥料纯养分施用量（kg）］｝×100

经分析，高产水平肥料利用率：氮平均26.23%、最大值38.23%、最小值17.23%、磷平均28.37%、最大值32.75%、最小值15.28%、钾平均34.61%、最大值63.35%、最小值24.30%；中产水平肥料利用率：氮平均30.19%、最大值45.05%、最小值11.38%、磷平均22.08%、最大值28.39%、最小值8.62%、钾平均32.01%、最大值58.04%、最小值15.03%（表14－6）。

分析结果表明，氮、磷、钾肥料利用率随产量水平提高都呈下降趋势。临颍县小麦氮肥平均利用率氮为28.21%，磷为20.23%，钾28.31%。

表 14-6 临颍县冬小麦肥料利用率分析

	氮			磷			钾		
	高产	中产	低产	高产	中产	低产	高产	中产	低产
平均值（%）	26.23	30.19	33.34	28.37	22.08	13.54	34.61	32.01	22.41
最大值（%）	38.23	45.05	42.15	32.75	28.38	15.31	63.35	58.04	33.35
最小值（%）	17.23	11.38	32.12	15.28	8.62	9.95	24.30	15.03	15.03

（四）生物学性状及产量结构分析

从“3414+1”试验田间调查和室内考种结果看，不同的施肥量、施肥种类以及肥料组合，对小麦群、个体生长发育都有不同程度的影响。从群体长相看，从越冬期各处理差异开始出现，缺氮区最明显，群体、个体较弱。从室内考种结果看，在磷、钾肥水平相同时，株高随氮肥用量增加而增高，高肥组表现最明显。茎粗和穗长随氮肥用量增加而增加，但当氮肥用量超过最佳用量时，又随氮肥用量增加而减小。产量三因素亩穗数随氮肥用量增加而增加，千粒重随氮肥用量增加而下降，穗粒数随氮用量增加而增加到超过最佳用量时，开始减少。在氮、钾水平相同时，株高、茎粗随磷肥用量增加而增加，穗长表现不明显。产量三因素穗粒数和千粒重随磷肥用量增加而增加，亩穗数随磷肥增加而减少，在氮、磷水平相同时，株高随钾肥增加而增加，茎粗和穗长表现不明显。产量三因素穗粒数表现不明显，亩穗数和千粒重随钾肥增加而增加，到最佳施用量后，又随钾肥增加而下降。

四、结论

（1）在当前生产条件下，临颍县冬小麦最佳施肥量：高产水平下，氮肥施用量为7.9～14.5kg/亩，磷为4.5～9.6kg/亩，钾为3.0～6.7kg/亩；中产水平下，最佳施肥量氮为5.8～13.5kg/亩，磷4.4～12.5kg/亩，钾为3.0～7.0kg/亩。土壤养分含量高时走下限，土壤养分含量低时走上限。

（2）小麦百千克产量需肥量分别为氮2.36～2.39kg，磷0.82～0.95kg，钾2.12～2.42kg。

（3）小麦当季肥料利用率分别为氮16.23%～30.19%，磷8.37%～22.08%，钾24.61%～52.01%。

（4）小麦当季土壤养分供应量分别为氮7.58～10.13kg/亩，磷2.82～3.45kg/亩，钾6.02～6.97kg/亩。

（5）就目前试验数据还不能建立临颍县小麦土壤有效磷与速效钾分级指标，需以后进一步补充、完善相关数据。

五、讨论

（1）小麦土壤有效磷与速效钾分级指标的建立，由于临颍县小麦每亩单产都在400～500kg，相对比较接近。从试验结果看，相对产量都在75%～95%，难以制定磷、钾养分的丰缺指标，应进一步修订和完善相应指标。

（2）在小麦实际生产过程中，小麦产量还受诸如生态、气候、生产等多种因素制约和影响，土壤养分不是唯一因素，且土壤养分状况处于动态变化过程中，建立一定条件下的小麦施肥指标体系及土壤养分丰缺指标是相对的，这些指标体系需在生产、生态等条件不断变化过程中加以修正和完善。

第十五章

临颍县夏玉米田间肥效试验与相关参数研究

夏玉米和冬小麦一样也是临颍县乃至河南省的主要粮食作物，按照测土配方施肥项目要求，也实施了夏玉米田间肥效试验，3 年共完成夏玉米 24 个点的田间肥效试验，其中，“3414 +1”试验 10 个，氮肥用量试验 6 个，丰缺指标试验 6 个，混合设计试验 2 个。通过对试验数据的整理与分析，获得了相关的技术参数。

一、试验设计与方法

（一）试验设计

1. 玉米“3414 +1”试验

采用全省统一的“3414 +1”设计方案，“3414”是指 3 因素、4 水平共 14 个处理的试验。3 个因素即氮、磷、钾这 3 种大量营养元素；4 水平即 0、1、2、3 水平，1 水平是 2 水平施肥量的一半，3 水平是 2 水平的 1.5 倍；“ +1”即硫酸锌处理（表 15 –1）。

表 15 –1　临颍县夏玉米“3414 +1”田间试验设计

编号	处理	氮	磷	钾
1	$N_0P_0K_0$	0	0	0
2	$N_0P_2K_2$	0	2	2
3	$N_1P_2K_2$	1	2	2
4	$N_2P_0K_2$	2	0	2
5	$N_2P_1K_2$	2	1	2
6	$N_2P_2K_2$	2	2	2
7	$N_2P_3K_2$	2	3	2
8	$N_2P_2K_0$	2	2	0
9	$N_2P_2K_1$	2	2	1
10	$N_2P_2K_3$	2	2	3
11	$N_3P_2K_2$	3	2	2
12	$N_1P_1K_2$	1	1	2
13	$N_1P_2K_1$	1	2	1
14	$N_2P_1K_1$	2	1	1
15	$N_0P_0K_0 + M$	0	0	0

试验设 3 个高肥点、7 个中肥点，田间采用 3 列制，小区面积 $30m^2$。

2. 氮肥用量试验

按照全省统一的田间试验方案进行，按照不同的氮肥施用量设置 5 个处理：$N_0P_0K_0$、$N_8P_5K_5$、$N_{16}P_5K_5$、$N_{24}P_5K_5$、$N_{32}P_5K_5$，每个处理设 3 次重复，随机排列，小区面积 $30m^2$。试验设 2 个高肥点、3 个中肥点。

3. 丰缺指标试验

田间试验设置按照全省统一的小麦肥料效应田间试验方案进行，试验在不施有机肥基础上按要求设置 5 个处理：$N_0P_0K_0$、$N_0P_5K_5$、$N1_5P_0K_5$、$N_{15}P_5K_0$、$N_{15}P_5K_5$，每个处理设 3 次重复，随机排列，小区面积 $30m^2$。试验设 2 个高肥点、3 个中肥点。

（二）试验方法

2008 年完成玉米“3414 + 1”完全实施方案设计，2009 年和 2010 年度完成玉米丰缺指标试验和氮肥用量试验。供试土壤有潮土和砂姜黑土。试验地 GPS 定位，远离沟渠、村庄，地势平坦，无明显障碍物，肥力均匀，排灌方便。

在上茬作物收获后，按方案要求采集耕层（0 ~ 20cm）土样进行土壤有机质、全氮、有效磷、速效钾等养分含量化验。

试验供试品种统一选用临颍县当家品种浚单 20，播量 3kg，灭茬机播，每亩定苗 4 000株。

氮肥选用大粒尿素（含 N 46%），磷肥选用 12% 的过磷酸钙，钾肥选用 60% 的氯化钾，加锌处理亩施含锌 20% 硫酸锌 1kg。将 30% 的氮肥和全部磷、钾、锌肥在定苗后施入，其余 70% 的氮肥于大喇叭口期施入。施肥方法采用开沟条施，田间其他管理按临颍县高产水平进行。成熟时每小区选中间一行相邻的 10 株，人工单收、单晒，“3414”试验 1、2、4、6、8 处理和丰缺指标试验选取植株样。并对籽粒和秸秆进行化验。室内考种项目有株高、穗粗、穗长、穗行数、行数、行粒数、穗粒数、千粒重、产量等。

二、试验结果与分析

（一）函数拟合情况

利用 Excel 表的函数统计分析功能，进行方程拟合，用氮、磷、钾三元二次方程拟合，用氮一元二次方程拟合 12 次（含氮肥用量试验），磷一元二次方程拟合 7 次，钾一元二次方程拟合 7 次。

（二）临颍县夏玉米最佳施肥量的确定

一元二次方程拟合成功，可直接求得氮、磷、钾最高施肥量和最佳施肥量。一元二次方程拟合不成功的，根据 3414 试验中处理 2（0 - 2 - 2）、3（1 - 2 - 2）、6（2 - 2 - 2）、11（3 - 2 - 2）的产量作氮素单因子试验分析，通过散点图，添加趋势线，求得氮的最佳施肥量；用处理 4（2 - 0 - 2）、5（2 - 1 - 2）、6（2 - 2 - 2）、7（2 - 3 - 2）产量作磷单因子试验分析，求得磷的最佳施肥量；用处理 8（2 - 2 - 0）、9（2 - 2 - 1）、6（2 - 2 - 2）、10（2 - 2 - 3）作钾单因子分析，求得钾的最佳施肥量。求得的各试验点氮、磷、钾最佳施肥量见表 15 - 2。

表 15－2　临颍县玉米最佳施肥量分析表

结果＼项目	N		P_2O_5		K_2O	
	高	中	高	中	高	中
平均值（kg/亩）	21.52	26.20	7.31	8.43	24.09	33.96
最小值（kg/亩）	8.21	11.29	3.4	4.44	10.68	13.77
最大值（kg/亩）	34.44	32.5	12	19.29	38.59	44.05
标准差（kg/亩）	3.06	3.54	4.34	2.61	4.07	0.16
变异系数（%）	26.56	21.85	59.37	35.13	99.51	4.04

经分析，求得高产水平下肥料最佳施用量：氮平均为21.52kg/亩，最大值34.44kg/亩，最小值8.21kg/亩，标准差3.06kg/亩，变异系数26.56%；磷平均值7.31kg/亩，最大值12kg/亩，最小值3.4kg/亩，标准差4.34kg/亩，变异系数59.37%；钾平均值24.09kg/亩，最大值38.59kg/亩，最小值10.68kg/亩，标准差4.07kg/亩，变异系数99.51%。中产水平：氮平均26.20kg/亩，最大值32.5kg/亩，最小值11.29kg/亩，标准差3.54kg/亩，变异系数21.85%；磷平均8.43kg/亩，最大值19.29kg/亩，最小值4.44kg/亩，标准值2.61kg/亩，变异系数35.13%；钾平均33.96kg/亩，最大值44.05kg/亩，最小值13.77kg/亩，标准差0.16kg/亩，变异系数4.04%。

三、相关参数探索

（一）玉米养分吸收量

根据临颍县玉米“3414”试验和丰缺指标试验籽粒及茎叶养分含量化验结果，分别计算出无肥区、缺素区、全肥区百千克产量氮、磷、钾养分吸收量。

结果表明，全肥区氮、磷、钾的养分吸收量最高，即土壤养分的吸收利用最多，无肥区氮、磷、钾养分吸收量最低（表15－3）。

表 15－3　临颍县玉米百千克产量养分吸收量汇总

水平＼项目	氮（kg）			磷（kg）			钾（kg）			点数
	无肥区	全肥区	缺氮区	无肥区	全肥区	缺磷区	无肥区	全肥区	缺钾区	
高	2.21	2.52	2.35	0.71	0.80	0.73	1.53	1.84	1.91	5
中	2.24	2.68	2.38	0.78	0.86	0.81	1.92	2.38	2.11	10
低	2.31	2.69	2.41	0.83	0.89	1.21	2.43	2.46	2.23	2
平均	2.27	2.59	2.38	0.76	0.84	0.95	1.88	2.11	2.15	17

（二）土壤养分供应量

根据无肥区籽粒产量和无肥区百千克养分吸收量，计算出氮、磷、钾的土壤供应量。

经分析，高肥点：氮的土壤供应量平均10.54kg/亩，最大值12.37kg/亩，最小值8.03kg/亩；磷的土壤供应量平均值为3.51kg/亩，最大值6.41kg/亩，最小值2.76kg/亩；钾的土壤供应量平均7.26kg/亩，最大值8.68kg/亩，最小值5.77kg/亩。中肥点：氮的土壤供应量平均 7.75kg/亩，最大值 11.88kg/亩，最小值 2.76kg/亩；磷的土壤供应量平均 2.66kg/亩，最大值 3.09kg/亩，最小值 2.34kg/亩；钾的土壤供应量平均 6.20kg/亩，最大值 8.75kg/亩，最小值 3.59kg/亩（表 15-4）。

表 15-4　临颍县玉米土壤养分供应量分析

	氮		磷		钾	
	高产	中产	高产	中产	高产	中产
平均值（kg/亩）	10.54	7.75	3.51	2.66	7.26	6.20
最大值（kg/亩）	12.37	11.88	6.41	3.09	8.68	8.75
最小值（kg/亩）	8.03	2.76	2.76	2.34	5.77	3.59
标准差（kg/亩）	1.79	3.21	3.43	0.24	1.21	1.72

（三）肥料利用率

由施肥区养分吸收量、缺素区养分吸收量和肥料施用量可计算出肥料利用率。

经分析，高产水平下玉米肥料利用率：氮平均 25.71%，最大值 40.87%，最小值 10.18%；磷平均 18.22%，最大值 30.28%，最小值 9.41%；钾平均 29.51%，最大值 41.63%，最小值 11.17%。中产水平下肥料利用率：氮平均 26.52%，最大值 31.48%，最小值 17.42%；磷平均 19.64%，最大值 36.54%，最小值 11.35%，钾平均 31.41%，最大值 41.36%，最小值 12.81%（表 15-5）。

表 15-5　临颍县玉米肥料利用率分析

	氮		磷		钾	
	高产	中产	高产	中产	高产	中产
平均值（%）	25.71	26.52	18.22	19.64	29.51	31.41
最大值（%）	40.87	31.48	30.28	36.54	41.63	41.36
最小值（%）	10.18	17.42	9.41	11.35	11.17	12.81
标准差（%）	5.39	2.61	3.83	3.84	0.53	2.32

分析结果表明，玉米氮、磷、钾肥料利用率随产量水平提高都呈下降趋势，临颍县玉米肥料平均利用率（加权平均）氮为 26.35%，磷为 18.82%，钾 30.04%。

（四）生物学性状及产量结构分析

从“3414+1”试验田间调查和室内考种结果看，不同的施肥量、施肥种类以及肥料组合，对玉米群体、个体生长发育都有不同程度的影响。氮肥对玉米苗期穗期影响较大，到花粒期差异缩小。而磷钾肥对玉米的长相、长势、株高、穗位影响不太明显。从室内考种结果看，玉米的穗长、穗粗、行数、行粒数、穗粒数、千粒重随氮肥用量的增加而增加，而秃尖随氮肥量的增加而减少。但当增加到最佳施用量上下时，又随氮肥用量的增加而相对下降；玉米的穗长、穗粗、行数、行粒数、穗粒数、千粒重在磷肥最佳用量范围最大，秃尖最小；玉米的穗长、行粒数、穗粒数随钾肥用量增加而增加，秃尖随钾肥用量增加而减小，穗粗和千粒重在钾肥最佳用量范围内最大，玉米每亩株数与肥料用量多少关系不大，各处理产量结构以全肥区和最佳施肥处理最合理。

四、结论

（1）在当前生产条件下，临颍县夏玉米最佳施肥量：高产水平下每亩氮肥施用量为8.21～14.44kg，磷为3.4～6.1kg，钾为1.68～5.59kg；中产水平下每亩最佳施肥量氮为7.29～12.5kg，磷2.44～5.29kg，钾为0.77～4.05kg。土壤养分含量高时走下限，土壤养分含量低时走上限。

（2）玉米百千克产量需肥量为氮2.5kg，磷0.78kg，钾1.61kg。

（3）玉米肥料利用率氮21.52%～26.2%，磷7.31%～8.43%，钾24.09%～33.96%。

（4）玉米每亩土壤养分供应量为氮7.75～10.54kg，磷2.66～5.51kg，钾6.20～7.26kg。

五、讨论

（1）就玉米土壤有效磷与速效钾分级指标的建立来讲，由于临颍县玉米每亩单产都在450～600kg，相对比较接近。从这两年的试验结果看，产量相对集中，因此目前难以建立夏玉米丰缺指标。

（2）在玉米实际生产过程中，玉米产量受诸如生态、气候、生产等多种因素制约和影响，土壤养分不是唯一因素，且土壤养分状况处于动态变化过程中，建立一定条件下的玉米施肥指标体系及土壤养分丰缺指标是相对的，这些指标体系需在生产、生态等条件不断变化过程中加以修正和完善。因此，玉米施肥指标体系及土壤养分丰缺指标的建立，是一项长期性的工作，要常抓不懈。

第十六章

临颍县施肥配方的制定与配方肥推广

测土配方施肥项目在临颍县实施后，县委、县政府高度重视，除加强领导、协调项目顺利实施外，更加注重通过项目的实施让临颍县人民得到党的强农、惠农政策的实惠。因此，项目技术组把肥料配方制定与配方肥开发工作当作实施好项目的重中之重，并把它作为项目实施成败的关键任务纳入目标考核，同时又把它当作临颍县农民能否实现节本增效的必由之路。为此，技术组成员精诚团结、协作攻关，以制定出符合临颍县生产实际的配方为手段，通过配方肥开发应用，实现临颍县人民科学施肥水平全面提升。

一、配方制定

制定出符合生产实际的施肥配方，是简化、量化配方施肥工作的基础，是把土壤采集化验、试验示范的科研成果转化成生产力的具体体现。在制定肥料配方过程中，充分发挥老专家的作用，调动中青年技术人员工作热情和对新技术、新观点反应灵敏创新能力强的特点，取长补短，群策群力，跟踪服务，发现问题及时调整。两年多的生产实践证明，制定的施肥配方切实可行，受到了临颍县广大农民的欢迎。

（一）配方制定的依据

临颍县在肥料配方制定中，通过广泛的调查研究，根据养分供需平衡理论、报酬递减规律、最低限制因子及肥料利用率，以及作物单位产量养分需求规律和土壤养分供肥能力等参数，结合群众接受能力和试验结果分析的最佳施肥量的推荐指标，并结合三区示范的反馈情况和长期工作在生产第一线的老专家的经验，分别制定出了配方肥加工配方和指导生产的施肥配方。

（二）制定过程

在配方肥生产配方制定中，广大技术人员关注的焦点问题：针对千家万户的生产方式，土壤肥力水平千差万别，用2~3个肥料配方很难解决生产中的问题。根据耕地基本情况调查分析，大家一致针对临颍县氮肥施用量过大，磷、钾肥补充不足的问题，形成了一个指导施肥的总的原则：控氮、增磷、补钾。而在具体的肥料配方制定中，富有实践经验的老专家提出了切实可行的意见：在小麦肥料配方上，可以制定一个高磷、高钾含量的配方，以满足长期单一施用氮肥农户的需要；制定一个相对高钾的配方，以满足临颍县长期氮磷配合施肥农户的需求；对于氮、磷、钾使用较为均衡的农户则以土壤化验情况，制定出科学的配方。这一意见的提出，很好地解决了生产的难题，给正确制定肥料配方指明了方向。统一思想后，大家参考国内外肥料生产情况，结合临颍县的生产实际，在小麦专用肥料配方中，选择N 15~P_2O_5 15~K_2O 15的肥料作为高磷、钾配方；N 20~P_2O_5 12~K_2O 10的肥料作为相对高钾配方；N 20～P_2O_5 10～K_2O 8 的肥料作为地力相对均衡的肥料配方。为确保临颍县部分高肥田科学施肥、降低成本，还专门制定了 N 17～P_2O_5 6～K_2O 4 低含量配方。

在玉米专用配方肥的配方制定中，着重考虑农民的接受能力，同时结合试验和土壤化验情况，参考小麦配方肥制定原则，制定出 N 20～P_2O_5 12～K_2O 14 的高磷、钾配方，N 18～P_2O_5 8～K_2O 10 肥料相对均衡的使用配方，N 18～P_2O_5 12～K_2O 10 的高磷配方。

肥料配方制定后，在制定农户施肥配方时，大家的意见就相对集中，针对小麦施肥，普遍认为要施足底肥，磷、钾肥一次性施入，氮肥底施 65%，返青拔节期追施 35%。按照此标准，秋收整地时一次性施入小麦专用配方肥 50kg，小麦返青拔节期追施尿素 6～8kg。把小麦配方施肥的建议施肥量控制在 N 12～13kg/亩，P_2O_5 3～6kg/亩，K_2O 2～4kg/亩。高肥水麦田走下限，低肥水麦田走上限；目标产量较高的麦田走上限，目标产量低的走下限。

玉米施肥配方：建议施肥量 N 13～15kg/亩，P_2O_5 4～6kg/亩，K_2O 5kg/亩。其施肥方法：玉米定期苗后追施 10kg 尿素，玉米拔节后追施玉米专用复合肥 40～50kg，高密度、目标产量高的田块施肥量走上限，低密度、目标产量相对低的田块施肥量可走下限。

（三）配方田间验证效果

由于在配方制定中，集中了广大科技人员集体智慧，科学依据充分，通过对临颍县广大干群的广泛宣传发动，多点试验示范带动，典型农户和村组干部率先示范拉动，厂商和农技人员真诚服务促动，临颍县配方肥使用面积大幅度提升。特别是鲁西牌配方肥、心连心牌配方肥、芦阳牌的配方肥在临颍县的销量直线上升。据统计，临颍县三年累计销售小麦配方肥 42 200t，玉米配方肥 28 800t。在 2009 年由县政府对该项目检查验收中，抽检到的 3 个村 60 个农户均反映，使用配方肥确实较过去的施肥方法增产显著，特别是在玉米生产中表现明显，施配方肥的田块，群众普遍反映玉米秃尖小了、空棵少了、棒子大了。临颍县农民得使用配方肥的实惠，又激励了商家的销售信心，目前又有许多新商户与我们联系，决定要从事好配方肥销售的服务。

二、配方肥开发

配方肥开发、生产、供应及产品质量监督工作，是实施好测土配方项目的关键环节。项目组多次研究如何搞好配方肥的开发工作，项目领导组广泛征取基层人员的意见，对配方肥企业进行考查，结合临颍县广大农民购肥意愿，反复权衡自己开发和企业合作利弊，在临颍县招商引资的攻关年中，放弃临颍县一些商家出资办生产配方肥厂的方案，充分尊重群众购肥意愿，筹建了漯河合力农业科技有限公司，并与在临颍县最为知名企业的鲁西、心连心、撒可富肥业等企业签订合作协议，作为临颍县农业生产施用化肥的补充，确保临颍县的测土配方施肥项目顺利实施。经过反复协商，上述厂家均在临颍县设立专门代理商，同时根据项目组的要求，每 1～2（大村和重点村）个村设立一个专营商户，确保足量供应到位。

测土配方施肥项目领导组要求，临颍县的配方肥开发工作的重点放在与专营商的合作和配方肥质量监督上。特别是与商户的合作上，要把工作做得扎实、稳妥。为了让临颍县人民尽快尝到使用配方肥的甜头，除了正常进行测土配方施肥的宣传外，抽调工作能力强、了解群众施肥心理的中、高级技术人员，分片包干配合商户搞好宣传发动工作，在项目实施之初，临颍县共开展配方肥推广宣传会90场次。同时，为了扩大影响，县农业局在配方肥销售的关键时期出动宣传车60辆次，把配方肥施用技术宣传覆盖到临颍县每个乡村。

在配方肥质量监督上，县农业局责成农业执法大队加强对配方肥质量监督。执法大队对每个商户所经营的每批次肥料抽样封存，一旦出现质量问题，严惩不贷。由于农业执法力度较大，3年来，临颍县无一户因配方肥质量问题进行投诉。

三、配方肥推广与使用效果

临颍县的配方肥推广工作由于“四个到位”落实较好，即宣传到位、指导到位、协调到位、服务到位，达到了预期目标。

（一）及时发放施肥建议卡

随着临颍县农民种田积极性的提高，群众期盼农业新技术热情增强，农业科普宣传材料已成为农民的抢手货，临颍县测土配方施肥项目技术组为了充分发挥施肥建议卡的作用，吸取以往发放农业技术宣传材料通过乡、村领导发放，部分村组干部责任心不强，宣传资料不能充分发挥其作用的教训，采用与配方肥商户结合，让其代发，每当有一农户购买配方肥时，就随带一张施肥建议卡。这样做，一方面使印发的施肥建议卡真正送到群众手中；另一方面，因商户发放施肥建议卡是县农业局制定，证明该商户是测土配方施肥项目组设立的定点销售商户，打消了群众怕买到假化肥的顾虑，增强了销售商户的知名度，实现了发挥施肥建议卡的作用和增加商户销售量的双赢。3年来，临颍县累计发放小麦施肥建议卡20.4万份，玉米施肥建议卡10.7万份。同时，由于制定的施肥建议卡是宏观指导建议卡，有许多建议卡起到了一卡多用，甚至一卡带一片的作用。

（二）取得了较为显著的增产、增收、节肥效果

临颍县实施测土配方施肥项目两年来，由于临颍县干群的齐心协力，步调一致，农民种田的科技含量不断提高，施肥水平趋于合理，粮食产量有了大幅度的提升。特别是推扩测土配方施肥区，2008年小麦推广面积2.03万hm^2，每亩平均单产达436.3kg，较临颍县平均单产427kg增产9.3kg，较非测土配方区平均单产407.5kg增产28.8kg，分别增产0.7%和7.1%；玉米推广配方施肥面积1.1万hm^2，每亩平均单产达465.6kg，较临颍县的平均单产455.0kg增产10.6kg，较非测土配方区平均单产435.2kg增产30.4kg，分别增产2.3%和6.9%。测土配方施肥区每亩平均节约化肥小麦生产季2.0kg，玉米生产季1.5kg；以每千克小麦1.7元，玉米1.6元，化肥每千克6元，每亩增收节支，小麦生产当季60.96元，玉米生产当季57.64元。2009年小麦配方施肥推广面积2.33万hm^2，每亩平均单产达465.2kg，较临颍县的平均单产456.4kg增产8.8kg，较非测土配方区平均单产442.8kg增产22.4kg，分别增产1.9%和5.1%；玉米配方施肥推广面积1.71万hm^2，每亩平均单产达495.3kg，较临颍县的平均单产486.2kg增产9.1kg，较非测土配方区平均单产473.4kg增产21.9kg，分别增产1.8%和4.6%。测土配方施肥区每亩平均节约化肥小麦生产季2.0kg，玉米1.5kg；以每千克小麦1.7元，玉米每千克1.6元，化肥每千克6元，每亩增收节支，小麦生产季50.08元，玉米生产季44.04元；2010年小麦配方肥推广面积2.67万hm^2，每亩平均单产484.6kg，较临颍县平均单产472.4kg增产12.2kg，较非测土配方区平均单产461.2kg增产23.4kg，分别增产2.6%和5.1%；玉米配方施肥推广面积2万hm^2，每亩平均单产513.4kg，较临颍县平均单产498.3kg增产15.1kg，较非测土配方区平均单产475.6kg

增产37.8kg，分别增产3.0%和7.9%，测土配方施肥区每亩平均节约化肥小麦生产季2.0kg，玉米生产季1.5kg，以每千克小麦1.7元，玉米每千克1.6元，化肥每千克6元，每亩增收节支，小麦51.78元，玉米69.48元；3年累计增加经济收入9 850.57万元，经济效益和社会效益十分显著。

第十七章

临颍县农户施肥情况调查与评价

肥料是农业生产的主要投入品，对作物产量的提高起着举足轻重的作用，但是部分群众为了追求高产盲目加大施肥量，不仅不能提高经济效益，而且还会造成浪费及生态环境污染，为了解决长期以来群众施肥的不合理性和盲目性而造成的肥料利用率低、浪费、污染等严重问题，按照农业部测土配方施肥补贴项目的要求，在临颍县大力推广先进的测土配方施肥技术。临颍县从2007年起连续3年对临颍县所辖的15个乡镇，367个行政村，18.9万农户的主要农作物有机肥、氮、磷、钾及中微量元素肥料的施用品种、数量、施肥时期、施肥方法以及施肥投入产出情况等进行了调查与分析，对照有关历史资料，从中总结了许多施肥方面的成功经验，同时也发现了许多施肥不合理的问题，对临颍县今后制定切实可行的施肥体系及施肥技术指导方案提供了可靠的数据，对临颍县今后农业生产在肥料投入及利用方面的科学宏观指导和先进施肥技术的推广应用将起到良好的促进作用。

一、农户施肥现状调查分析与评价

临颍县位于河南省中部平原区，地理坐标在北纬33°43′～33°59′，东经113°44′～114°10′，临颍县辖15个乡镇，总人口75万人，土地面积5.72万hm^2。地势平坦，土壤肥沃，降雨量适中，能够满足小麦、玉米、大豆、红薯等多种粮食作物的正常生长。常年粮食种植面积稳定在7.47万hm^2，成为豫中南粮食主产区之一。小麦、玉米平均每亩单产常年稳定在475kg左右。2010年小麦、玉米测土配方施肥区每亩突破500kg大关。随着棉花、烟叶、西瓜、小辣椒等经济和瓜果、蔬菜作物面积的逐年增长，临颍县耕地复种指数达到2.15以上。随着作物产量及耕地复种指数的提高，在农业生产的诸多管理因素中，科学施肥增产增效所起到的作用越来越突出，科学施肥在农业生产中的重要性也越来越突出。

肥料是农作物获得高产的物质基础，它不仅能够提供植物必需的营养元素，而且还能够改变土壤性质，提高土壤肥力。在临颍县作物增产措施中，施肥占34%，品种占32%，灌溉占6%，机械占13%，其他占15%。可见临颍县作物增产肥料的贡献最大。

临颍县自2007年实施测土配方施肥项目以来，每年均严格按照省测土配方施肥项目方案的要求进行农户施肥情况调查，3年来共调查农户6 500户。通过调查，获得了大量农户施肥方面的信息。

（一）临颍县施肥总体现状及分析

1. 临颍县施肥总体现状

根据临颍县农户调查统计分析，在种植业结构、粮食作物面积基本不变而肥料价格逐年攀升的情况下，临颍县化肥用量2008年为13 821t（纯量）（下同），2009年化肥用量为

13 666. 4t，减少 1. 1%，2010 年化肥用量达 13 630. 2t，比 2007 年又下降了 0. 3%，连续 3 年化肥施用量显下降趋势。

通过测土配方施肥项目的实施，农民的施肥习惯发生了明显变化，特别是施肥结构的变化更趋合理。据数据库资料分析，氮肥施用量呈显著下降趋势，2008 年降幅为 10. 3%，2009 年降幅为 10. 4%，2010 年降幅为 2. 8%；磷、钾肥施用量呈增长趋势。其中，磷肥的增幅 2008 年达到 27. 1%，2009 年达到 22. 4%，2010 年达到 12. 2%；钾肥的增幅 2008 年到达 27. 2%，2009 年达到 20. 7%，2010 年达到 6. 4%。

2008—2010 年，对临颍县 15 个乡镇 260 个农户肥料的购买和施用情况进行了跟踪调查。调查结果表明，临颍县从施肥量到施肥种类和施肥结构都发生了明显变化：配方肥所占比重明显增加，所占比重由 2008 年的 5. 6% 增加到 2010 年的 38. 05%，增长了 32. 45%。氮肥的施用量明显减少，其中尿素由 2008 年的 48. 1% 降低到 2009 年的 22. 4%，降幅为 25. 7%；碳酸氢铵由 2008 年的 5. 75% 降低到 2009 年的 2. 22%，降幅为 61. 4%。

临颍县施肥情况的变化从农作物种植占主导地位的小麦、玉米生产中可以清楚地反映出来。根据临颍县 2008 年、2009 年、2010 年施肥情况调查统计；在小麦、玉米生产中，氮肥用量从 2008 年起呈下降趋势，磷、钾肥明显增加。2008 年每亩小麦施肥水平为15. 4 : 3. 0 : 2. 8，玉米施肥水平为 17. 5 : 2. 2 : 2. 3；2009 年每亩小麦施肥水平调整为 13. 5 : 3. 8 : 3. 5，玉米施肥水平调整为 15. 8 : 2. 8 : 3. 0；2010 年每亩小麦、玉米施肥水平分别为 11. 9 : 4. 6 : 3. 8 和 14. 2 : 3. 5 : 4. 2。临颍县小麦、玉米的每亩产量水平平均在 450 ~ 500kg；按小麦、玉米的生长需肥规律及土壤养分供应和当地肥料利用率，小麦、玉米的每亩施肥量应为 N：12 ~ 14kg，P：3 ~ 6kg，K：2 ~ 5kg 和 N：13 ~ 15kg，P：4 ~ 6kg，K：5 ~ 7kg；说明通过 3 年配方施肥项目的实施，施肥量与施肥结构更趋合理。

在施肥方法上，小麦施肥 85% 的农户还是采用“一炮轰”的施肥方法，即在犁地时以底肥的形式一次性施入，只有 15% 的农户在返青期结合土壤墒情每亩追施尿素 7 ~ 10kg。随着产量水平的提高，这种“一炮轰”的施肥方法越来越不适应农业生产的要求。玉米施肥 95% 以上的农户都是在定苗期和大喇叭口期进行分期施肥。

2. 临颍县施肥总体现状分析

通过 3 年来测土配方施肥项目实施，临颍县农民的施肥习惯有了很大改善，特别是在施肥量和施肥结构上更趋合理和科学，由重施氮肥、轻施磷、钾肥的习惯逐步转向氮、磷、钾肥配合施用。群众的思想观念在逐步更新，接受新生事物的能力增强，施肥的科技含量正在提高，但是在施肥方法上改变不大，特别是在小麦生产中，大量一次性施入的习惯还没有得到有效改变，肥料的利用率不是很高，有待进一步提高。这与大部分群众急于把活干完好出去打工的思想有关。随着国家各项惠农政策的落实，群众离城返乡的越来越多，再加上土地流转，集约生产，会更加有利于施肥方法的改变。在目前化肥价格居高不下、粮食价格上涨空间有限的条件下，促进粮食生产节本增效目标的实现，提高土地产出能力为核心的农业综合生产能力建设，进一步科学施肥、合理施肥势在必行。

（二）临颍县有机肥料施用现状及分析

1. 临颍县有机肥种类

有机肥含有大量生物物质、动植物残体、排泄物、生物废物等物质。临颍县有机肥种类有以下几种：堆肥、沤肥、厩肥、土杂肥、人粪尿、沼气肥、作物秸秆等。

2. 临颍县有机肥利用现状

2008年临颍县对有机肥施用情况进行了抽样调查，共调查农户160户，调查面积110.01hm^2，种植作物为小麦和玉米。

调查结果显示：目前临颍县在小麦、玉米生产中，传统有机肥的使用量极少。堆肥施用面积几乎为0，沤肥小麦施用面积为2hm^2，占调查面积的3.5%，玉米施用面积为0；厩肥小麦施用面积为6.4hm^2，占调查面积的11.3%，玉米施用面积为0.93hm^2，占调查面积的1.8%；人粪尿小麦、玉米施用面积为0；沼气肥小麦施用面积为3.33hm^2，占调查面积的5.9%，玉米施用面积为4hm^2，占调查面积的7.5%；秸秆还田小麦施用面积为44.93hm^2，占调查面积的79.3%，玉米施用面积为48.4hm^2，占调查面积的91.4%（表17-1）。

表17-1　2008年临颍县有机肥施用调查表

季节		合计	秸秆还田	堆肥	沤肥	厩肥	人粪尿	沼气肥
小麦	调查面积（hm^2）	56.66	44.93	0	2.0	6.4	0	3.33
	占比例%		79.3	0	3.5	11.3	0	5.9
玉米	调查面积（hm^2）	53.35	48.4	0	0	0.95	0	4.0
	占比例%		90.7	0	0	1.8	0	7.5
合计	调查面积（hm^2）	110.011	93.33	0	2	7.35	0	7.33
	占比例（%）		84.8	0	1.8	6.7	0	6.7

根据临颍县测土配方施肥农户调查统计，近几年来，临颍县秸秆还田面积呈上升趋势，2008年小麦秸秆还田率达91.7%，玉米秸秆还田率达97%（表17-2）。

尽管秸秆还田面积占一定的比例，但情况不很乐观。由于机械作业存在问题，秸秆粉碎不是很细，有部分农户最后又把粉碎的秸秆运出田块，还田情况不彻底，使秸秆还田效率大打折扣。

表17-2　临颍县秸秆还田情况统计

年度	主要作物秸秆	种植面积（万hm^2）	秸秆还田面积（万hm^2）	占比例（%）
2008	小麦	4.25	3.9	91.7
	玉米	2.67	2.59	97.0
2009	小麦	4.23	4.0	94.5
	玉米	2.64	2.6	98.5
2010	小麦	4.27	4.13	96.7
	玉米	2.8	2.73	97.5

3. 临颍县有机肥施用现状分析与评价

临颍县在粮食生产中，传统有机肥施用量极少的原因主要有以下几个方面：一是随着群众生活条件的提高、经济的富裕，群众产生了一定的惰性，反而对化肥的依赖性增强；二是随着阳光工程培训力度加大，外出务工人员越来越多，没有足够的劳动力去从事有机肥的生产和施用，加上施用化肥简单，且省工、省时，为了尽快忙完农活有更多时间出外打工，更多农民还是愿意放弃施用传统有机肥而选择施用化肥。目前唯一有效的有机肥施用方法就是秸秆还田。随着政府严禁秸秆禁烧和秸秆还田宣传力度的加大，秸秆还田面积逐年增加，但由于机械原因，秸秆粉碎得不是很彻底，耕地翻压过浅，在一定程度上影响机械播种质量，部分群众为了不影响下茬作物播种时期，都又把粉碎的秸秆运出田地，导致秸秆还田效果不是很好。

大量研究实践表明：有机肥养分全面，肥效持久。有机肥中不仅含有植物必需的大量元素、微量元素，还含有丰富的有机养分，有机肥是最全面的肥料。有机肥能改善土壤理化性状，提高土壤肥力，可促进土壤微生物的活动。有机肥施用充足的农田施肥投入的总养分量中约有25%以上的氮、30%以上的磷、80%以上的钾、90%以上的微量元素靠有机肥供给，施用有机肥是现代农业持续发展的重要基础。有机肥可就地取材，就地施用，来源广，成本低，通过增施有机肥不仅可以增加养分、提高地力，而且可以提高化肥的利用率、降低化肥用量，从而降低施肥成本，是农业节本增效的重要措施之一。

根据临颍县目前的农业生产现状，今后要采取一些措施，加大宣传和推广有机肥施用力度，使群众在思想上对有机无机相结合、二者配合施用的重要性引起足够重视，从而使临颍县在整体施肥结构上更趋合理。在施用方法上有机肥主要用作底肥，结合耕翻全层施用，腐熟的优质农家肥、草木灰也可用作追肥。在肥源上，重点做好大力推广作物秸秆还田，同时要充分利用人粪尿、畜禽粪尿、作物秸秆、杂草、落叶及一切农业生产的废弃物，充分利用草木灰、土杂肥、饼肥，因地制宜保持和扩大有机肥的施用量。为临颍县土壤改良及粮食增产增收发挥更大更好的作用。

（三）临颍县氮肥施用现状及分析

1. 临颍县氮肥施用现状

根据临颍县农户施肥情况调查统计，目前临颍县在农业生产中施用的氮肥主要是三元复合氮肥、其次是尿素和磷酸二铵，其中：复合肥的使用量最大，占氮肥施用量的78%；尿素占氮肥使用量的20%；其他氮肥合计占氮肥用量的2%。

临颍县2008年、2009年、2010年每亩小麦纯氮肥使用量分别为13.4kg、12.5kg、11.7kg，玉米纯氮肥施用量分别为18.4kg、15.2kg、14.3kg，氮肥施用量占化肥总量的71.6%，远远高于磷肥16.8%、钾肥11.6%的施用比例。

2. 临颍县氮肥施用情况与评价

根据连续3年临颍县农户施肥情况调查统计，临颍县目前氮肥施用量已达到了较高水平。尽管在测土配方施肥项目实施过程中，通过广泛宣传以及试验、示范田的现场展示，氮肥施用量明显下降，但根据临颍县目前产量水平及土壤供肥能力，从总体上看氮肥施用量依然偏高，没有按配方施肥的农户在氮肥使用量上仍有一定的下降空间。

氮肥生产行业是一个高能耗、高污染的行业，氮肥生产所需的原料——煤和天然气都有涨价空间，氮肥价格将持续上扬。因此，合理施用氮肥是农业生产中节本增效的重要途径，同时能够有效地减少污染、节约能源，产生较大的经济效益和社会效益。

根据临颍县目前的农业生产现状，今后氮肥的施用要根据不同的作物、不同的生产水平进行总量控制，防止偏施氮肥，并且根据不同作物不同的需肥规律和不同氮肥品种在施肥方法上进行改进和提高，保持土壤氮养分的供需平衡，充分发挥氮肥在农业生产中的增产作用，最大限度克服盲目施肥的不良习惯，做到减氮不减产。

（1）具体在氮肥施用中应注意以下技术环节

① 根据各种氮肥特性加以区别对待。碳酸氢铵易挥发，宜做基肥深施；硝态氮肥在土壤中移动性强，肥效快，是旱田的良好追肥；能保证灌溉的农田追肥可用铵态氮肥或尿素。尿素、碳酸氢铵对种子有毒害，不宜做种肥；硫酸铵等可做种肥，但用量不宜过多，并且肥料与种子间一定有土壤隔离。

② 要将氮肥深施。氮肥深施可以减少肥料的直接挥发、随水流失、硝化脱氮等方面的损失。深施还有利于根系发育，使根系下扎，扩大营养面积。

③ 合理配施其他肥料。氮肥与有机肥配合施用对夺取作物高产、稳产、降低成本具有重要作用，不仅可以更好地满足作物对养分的需要，而且还可以培肥地力。氮肥和磷肥配合施用，可提高氮磷两种养分的利用效果，尤其在土壤肥力较低的土壤上，氮肥和磷肥配合施用效果更好。在有效钾含量不足的土壤上，氮肥与钾肥配合施用，更能提高氮肥的施用效果。

④ 根据作物目标产量和土壤供氮能力，确定氮肥的合理用量，并且合理掌握底、追肥比例及施用时期，这要因具体作物而定，并与灌溉、耕作等农艺措施相结合。

（2）临颍县小麦和玉米生产中氮肥施用的控制措施

① 小麦生产中氮肥的控制措施。目前临颍县小麦播种面积稳定在 4. 27 万 hm^2，每亩产量水平在 450～500kg，土壤供氮能力每亩高产田 10. 13kg，中产田 7. 58kg。根据目前小麦产量水平、需肥规律、土壤供应能力及氮肥利用率，每亩氮肥施用量应在 11～13kg。由于小麦的生育期较长，临颍县小麦播种期半冬性品种在 10 月 15～20 日，弱春性品种在 10 月 20～25 日，生育期长达 230～235 天，而且每个生育期需肥量也不一样。一般在小麦幼苗期处于营养生长阶段，需肥量少；小麦起身拔节后就进入营养生长和生殖生长并进期，这时随着温度回升，小麦植株呼吸量加大，需肥量也随之加大。因此，小麦氮肥施用，在灌溉条件好的地块应 40% 做底肥施入，60% 在返青—拔节期作为追肥施入；旱地应 90% 做底肥施入，10% 在返青时做追肥施入。目前，临颍县小麦大部分处于高产水平，如果还是采用氮肥大量一次性施入的“一炮轰”的施肥方法，就会由于肥料下渗流失、挥发而造成肥料损失，利用率大大下降。追肥时也要因地力、肥力情况而异；否则，追肥不当会造成贪青晚熟，甚至倒伏而减产。

② 玉米生产中氮肥的控制措施。临颍县种植的玉米以夏玉米为主，夏玉米播种面积在 1. 8 万 hm^2 以上，每亩产量水平在 475kg，2010 年每亩玉米平均达到 500kg 以上。玉米是需肥、需水量大的高产作物，尤其是对氮肥的施用非常敏感。在配施农家肥和磷肥的基础上，1kg 尿素可增产 6～11kg 玉米。但是并不是施入的氮肥越多越好，临颍县玉米肥料试验结果分析表明：每亩施肥量纯氮控制在 13～15kg 比较合适，而且要分期施入，即定苗后施肥量应占总施氮量的 2/3，喇叭肥 10～11 叶期，施肥量占 1/3，改变拔节期大量一次施肥的不良习惯。

（四）临颍县磷肥施用现状及分析

1. 临颍县磷肥施用现状

目前，临颍县农业生产中磷肥施用的品种主要有复合磷肥、磷酸二铵和钙镁磷肥等。钙镁磷肥和磷酸二铵施用量很少，95% 以上都施用复合磷肥。

临颍县2008年、2009年、2010年小麦生产中磷肥每亩施用量平均为4.0kg、4.6kg、6.5kg。玉米生产中磷肥每亩施用量平均为2.2kg、2.8kg、3.5kg，2010年磷肥使用量占化肥使用总量的19.7%。

2. 临颍县磷肥施用情况分析与评价

临颍县近几年来，随着农业科学技术的提高和“控氮，增磷，补钾”施肥理念的大力推广，施用配方肥料的比例越来越大，磷肥施用量得到一定提高，土壤磷含量得到了进一步补充，土壤缺磷的状况也得到了有效改善，这是临颍县在施肥上取得进步的一面，也是临颍县粮食产量稳中有升一个重要原因。但是通过农户施肥情况调查发现，在临颍县磷肥施用不均衡的状况依然存在，尤其是在玉米生产中，有部分玉米专用肥或复合肥实际是二元复合肥或单质氮肥，磷的含量为零。这样的化肥以次充好价格比较便宜，再加上一些肥料经销商为了推销这种假化肥，给群众灌输一些错误理念，使部分群众走入不施磷肥的误区，这种状况需要农技人员进一步加大配方施肥技术宣传力度及时进行改变。

磷是植物生长三要素之一。磷直接参与光合作用中二氧化碳的固定和还原，氨基酸的活化，蛋白质、核酸、糖类的形成，为植物所需养料的主动呼吸提供所需的能量。磷又是作物体内许多代谢过程中的重要催化剂，能加强碳水化合物的合成与运转，有利于糖、淀粉的形成和积累。土壤中的磷一般不能满足作物的需要，必须通过施肥来补充，因此，虽然磷肥的需要量没有氮肥大，但其重要性十分突出，只有适量合理施用磷肥，农作物才能高产优质，达到预期的施肥效果。

在今后农业生产的磷肥施用中，除根据不同种类磷肥特点合理施用及根据作物的需磷特点合理施用外，重点注重氮、磷肥配合施用。

氮、磷肥配合施用，表现出强烈的连锁效果，其增产幅度在1.5倍以上，特别是在中、下等肥力的土壤进行氮、磷肥配合施用其增产幅度更大。由于作物对氮、磷营养要求不同，对氮、磷肥配合的要求也有差别。一般来说，对于小麦、玉米等需氮量较多的作物，氮、磷肥配合施用时，氮的用量要大于磷。而豆科及绿肥作物氮、磷肥配合施用时，磷的用量大于氮，以充分发挥这些作物的生物固氮作用。

（五）临颍县钾肥施用现况及分析

目前临颍县农业生产中常用的钾肥种类有硫酸钾、氯化钾、复合钾肥和草木灰等。复合钾肥用量最大，占钾肥施用总量的97%以上。

临颍县2008年、2009年、2010年小麦生产中钾肥平均每亩施用量为2.8kg、3.5kg、3.8kg，玉米生产中钾肥每亩平均施用量为2.3kg、3.0kg、3.4kg。2009年钾肥施用量占化肥施用总量的18.9%，是处于氮、磷之后排第三位的肥料。

近几年来，随着政府严禁秸秆禁烧和秸秆还田推广力度的加大以及农民科学种田技术水平的不断提高，临颍县秸秆还田面积逐年增大，2010年小麦秸秆还田率达到96.7%，玉米秸秆还田率达到97.5%。由于秸秆中含有大量的钾养分，加上复合钾肥的大量施用，临颍县土壤速效钾平均含量达到117.28mg/kg，相对第二次土壤普查时速效钾平均含量161.00mg/kg，降低43.72mg/kg，降幅为27.15%。目前，土壤速效钾含量相对于氮、磷含量呈富有状态。

钾是植物必需的大量营养元素之一。钾对农作物的正常生长发育、产量形成、抗逆性及品质等均有重要影响。试验结果表明，作物施钾肥的增产率与土壤速效钾含量呈显著的负相关性。而钾肥必须在施用氮肥的条件下，才能充分发挥增产效应，氮、钾之间存在明显的互促作用。钾肥施用还要考虑作物轮作制度和种植方式。

在小麦—玉米轮作制下，钾肥则应该优先分配在玉米上使用。玉米施用钾肥时，其他因素如水分条件、土壤条件、钾肥种类和气候因素等都不容忽视。

由于20世纪70～80年代，农业生产中作物从土壤中带走的钾素远远大于归还量，加上土地的复种指数的增加和集约化程度的提高，作物对钾素的耗竭速度加快；另一方面高产品种的推广，也增加了作物对土壤钾素的吸收量。因此，在今后农业生产中对钾肥投入像氮肥、磷肥一样必需得到重视。根据临颍县目前的施肥现状，特提出以下钾肥的施用意见。

（1）增施有机肥。因为有机肥中速效钾含量较高，含量一般在130mg/kg左右，它是提高土壤速效钾含量的传统方法。

（2）大力推广秸秆还田技术。因为秸秆中富含钾素，推广秸秆还田可使土壤速效钾恢复回升，据化验，每亩还田麦秸500kg、玉米秸秆600kg，可使土壤钾素提高3～5mg/kg。在秸秆腐熟过程中，通过养分的转化及对土壤养分的活化，可改善土壤养分的供给状况。因此，秸秆还田可以代替钾肥，只要连年还田，可以节约大量化学钾肥的投入。

（3）深翻晒垡。这一措施可以改善土壤结构，协调土壤水、肥、气、热状况，有利于钾素释放。

（4）推广平衡施肥技术。增加钾肥投入，使氮、磷、钾肥投入比例接近生产要求。

（六）临颍县中微量元素肥料施用现状及分析

1. 临颍县中微量元素肥料施用现状

目前，临颍县农业生产上常用的中微量元素肥料种类有硫酸锌、硫酸亚铁及部分叶面肥等微肥，硫酸亚铁用量很少，85%以上都是施用草木灰和微肥包。

在农户施肥情况调查中发现，施用微量元素肥料的极少，尤其是在小麦、玉米生产中施用更少，但由于秸秆还田的大面积推广和配方肥中施用微肥包，对土壤中微量元素得到了有效补充。目前，临颍县农业生产中微量元素缺乏的症状不很突出。

2. 临颍县微量元素肥料施用情况分析与评价

目前，临颍县随着秸秆还田技术的推广和配方肥中微肥包的施用，土壤中微量元素得到有效补充。但是，由于微肥施用不平衡、秸秆还田不彻底、不均衡等因素，临颍县微量元素含量地区差别很大。在今后微量元素的施用上还需要采取措施加大推广、宣传力度，全面均衡地提高土壤微量元素含量。

微量元素肥料是指农作物生长发育必须的而用量微小的元素肥料，其中，农作物含量为0.1%～0.5%的元素称为中量元素，包括钙、镁、硫3种元素；含量为0.2～200mg/kg的必需营养元素称为微量元素，有锌、硼、钼、铜、铁、锰、氯7种。

中微量元素虽然用量少，但作用很大，是农作物生产不可缺少的元素。根据“最小养分率”，植物生长发育吸收的各种养分中，决定植物产量的是土壤中相对含量最小的养分。如果中微量元素缺乏，即使施入的大量元素再多，产量也不会提高。因为中微量元素大多是植物体内促进光合作用、呼吸作用以及物质转化作用的“酶”或“辅酶”的组成部分，在植物体内非常活跃。当土壤中某种元素不足时，植物会出现“缺乏症状”，使农作物产量减少、品质下降，严重时甚至颗粒无收。在这种情况下施用相应的微量元素肥料，往往会收到极为明显的增收效果。

随着化工行业的问世、化肥施用量的增加，农作物产量得到很大提高。特别是近年来，化肥的施用量急剧增加，再加上高产品种及配套技术的推广应用，农作物产量有了更大突破。目前正在由高产向更高产水平过渡，随着产量的大幅度提高，作物带走的中微量元素养分增多，进行土壤肥力的检测和补充必要的中微量元素显得十分重要。

临颍县近几年来对中微量元素研究成果的推广做了许多工作，但推广力度和普及面不够。今后应当利用多种渠道加强对农民进行平衡施肥的宣传培训，使之认识中、微量元素在作物生产中的重要性。并在配方肥大面积推广应用中，重视中微肥的施用。在配方肥中，把中、微量元素与氮、磷、钾常量元素复合施用，既减少了施肥的麻烦，又可将常量元素作为中、微量元素的载体或稀释剂，减少了施用的麻烦，让配方肥发展成为“全元素肥料”。

（七）临颍县施肥投入产出现状及分析

1. 临颍县施肥投入产出现状

在测土配方施肥项目实施的3年中，对临颍县2008年、2009年、2010年小麦、玉米施肥投入产出情况进行调查统计。为了便于进行对比，3年的化肥和粮食价格均按照统一标准，化肥用量和粮食产量是对临颍县实际调查总量的平均，其中：氮肥（纯养分，下同）价格为5元/kg、磷肥价格为6元/kg、钾肥价格为8元/kg，小麦市场价格为1.7元/kg、玉米市场价格为1.6元/kg。2008年，每亩小麦平均产量为427kg，化肥投入为117.4元，产投比为3.6；玉米平均产量为455kg，化肥投入为119.1元，产投比为3.82。2009年，每亩小麦平均产量为456kg，化肥投入为118.3元，产投比为3.85；玉米平均产量为486.2kg，化肥投入为119.8元，产投比为4.09。2010年，每亩小麦平均产量为472.4kg，化肥投入为117.5元，产投比为4.02；玉米平均产量为498.3kg，化肥投入为115.6元，产投比为4.31。从2008—2010年，临颍县小麦、玉米的化肥投入逐年减少，平均产量逐年增加，产投比逐年增加。

同时，对临颍县2008—2010年小麦、玉米配方施肥与习惯施肥情况进行了调查对比。为便于对比，3年的化肥和粮食价格均按照统一标准，化肥用量和粮食产量是对临颍县实际调查总量的平均，其中：化肥价格按氮、磷、钾平均价格6元/kg，小麦市场价格为1.7元/kg，玉米市场价格为1.6元/kg。从配方施肥情况来看，小麦按照配方施肥面积由2008年的2.03万hm^2提高到2010年的2.67万hm^2，提高了31.1%；玉米按照配方施肥面积由2008年的1.1万hm^2提高到2010年的2万hm^2，提高了81.8%。3年内，配方施肥区的平均单产和产投比均高于习惯施肥区，而单位面积化肥投入均低于习惯施肥区。这充分说明配方施肥氮、磷、钾结构比较合理，能够起到节本增效的作用。

2. 临颍县施肥投入产出现状分析

临颍县在测土配方施肥项目的实施过程中，通过广泛宣传和田间试验、示范带动，群众的科学施肥习惯和意识逐年提高，靠高投入换取高产出的盲目施肥理念已经有所改观。过去群众凭习惯、凭经验施肥，现在群众看配方进行施肥。三年来，临颍县粮食作物平均亩产量的提高、产投比的下降、农业增效、农民增收，主要得益于中央惠农政策的落实、各级领导对农业生产的重视、测土配方施肥项目的顺利实施。

二、测土配方施肥对农户施肥的影响

临颍县自2007年实施测土配方施肥补贴项目以来，在项目实施过程中，随着技术人员不断深入田间地头，对测土配方施肥技术进行大力宣传，以及3年来田间示范，农民逐步认识到科学合理施肥对作物产量的影响，农民的测土配方施肥意识已逐渐形成，采用配方肥已经成为大多数农户的第一选择。2008—2010年，临颍县测土配方施肥面积逐年加大，2010年达到4.67万hm^2，占临颍县总面积的66%，实施测土配方施肥田块的经济效益明显增加。测土配方施肥对群众的施肥习惯产生了极大影响，主要包括施肥数量、品种、施肥次数、施肥方法等方面。现就临颍县测土配方施肥项目开展以来，对农户施肥情况的影响做如下分析。

（一）施肥数量发生了变化

2008年在农户施肥情况调查中发现，临颍县有相当大一部分农民对自己的耕地土壤养分状况不了解，对作物的需肥规律知道更少，在施肥上存在着错误认识（认为只要施肥量大，粮食产量就一定高），因此盲目加大施肥量以高投入换取高产出。例如：王岗镇祁庄村农民祁庆锋每亩玉米施碳铵100kg，谷学民每亩玉米施碳铵120kg，凡城镇韦钢涛每亩玉米施尿素50kg。据研究，每生产100kg玉米籽粒需从土壤中吸收纯氮2.5～2.7kg，磷（P_2O_5）1.1～1.4kg，钾（K_2O）3.7～4.2kg。按照这一标准，结合临颍县粮食产量现状，每亩玉米最多需施纯氮12.5～13.5kg。而上述农户，玉米施氮素化肥量较需求量多21.5～24.0kg。试验证明：这样的施肥量不仅不能获得高产，还造成了化肥资源的严重浪费。在田间调查中，这种施肥量的田块往往形成苗期徒长，叶片过于茂盛，造成田间郁蔽、病虫害加重，后期稍遇风雨就会造成大面积倒伏而严重减产，且品质下降，充分印证了肥料报酬递减规律的客观存在。盲目加大施肥量将会导致粮食生产成本大大提高，增产而不增收甚至减产。3年来，通过测土配方施肥项目的实施，群众对施肥量有了新的认识，特别是通过示范田配方施肥区与习惯施肥区产量及效益进行比较，群众直接看到了配方施肥的好处，坚定了群众施用配方肥的信心和决心。2010年进行农户施肥情况调查时发现，群众施肥总量明显下降，施肥量更趋合理。

（二）施肥品种及结构发生了变化

2008年农户施肥情况调查统计，农户施用单质氮肥比例较大，尿素占31.9%，碳酸氢铵占2.6%。随着科学技术的进步，粮食专用肥、复合肥的出现，农民的科学施肥意识有了很大提高，大部分农户施用了复合肥料，在施肥方法上也有了一定改进。但是，调查发现，仍有60%的农民没有按照氮、磷、钾的合理搭配去施用，只用复合肥而不再追施氮肥。例如：固厢乡小师村农民师小宝每亩玉米和小麦都施复合肥50kg，农民李书歌每亩玉米施复合肥40kg、小麦施复合肥45kg，这样虽然补充了磷、钾肥，但氮的含量往往达不到粮食生产的需要。因为50kg复合肥一般含氮量在7.5～10kg，按照每亩500kg产量水平推荐的氮肥施用量10～13kg，还差2.5～3kg纯氮。有30%的农民还是习惯于单施氮肥而不补充磷、钾肥。这些施肥方法会造成分蘖成穗不足或植株矮小而减产，或者出现因磷、钾肥不足而使籽粒饱满度不高、“三要素”不协调，而达不到预期目的。这些证明了施肥原则应该是“以产定氮，以产定磷钾肥的施用量”，只有氮、磷、钾比例协调，才能确保高产稳产。如果单施常用复合肥，氮的含量往往达不到粮食生产的需要；单施氮肥，磷、钾肥的含量不足也达不到实现高产稳产的目的。

现在农民掌握了科学配方施肥技术，手里又多了一张施肥建议卡，购买化肥时，不再是别人买什么肥料就买什么肥料，而是看看自己手里的施肥建议卡，再看看肥料的养分含量及氮、磷、钾比例是否符合自己土地的要求，不再盲目施肥了。从2010年农户施肥情况调查来看，临颍县整体施肥品种和结构有了明显改善。

（三）施肥方法得到有效改变

长期以来，临颍县群众在小麦生产中采用化肥大量一次性施入的施肥方法，也就是群众说的“一炮轰”。这种施肥方法虽然简单、省工、省时，但是不符合小麦生长需肥规律，尤其是不符合目前高产水平小麦生长的需要，而且这种施肥方法会因肥料下渗、挥发、流失等因素导致肥料利用率降低。

在测土配方施肥项目的深入开展过程中，通过大力宣传、发放施肥建议卡、农户示范带动等措施，农民群众渐渐明白了作物对肥料的需求规律。分期施肥不仅能有效提高肥料利用率、减少肥料施用量，而且还能增产，是一项利农惠农的新举措。

（四）秸秆还田率大大提高

以前农民在施肥上存在着重化肥、轻有机肥的思想，不施或少施有机肥的现象普遍存在。通过3年来测土配方施肥项目在临颍县的顺利实施，农民对施有机肥有了新的认识，但由于劳动力、场地等诸多因素的影响，传统的有机肥集沤有一定的困难，加上肥源的不足，使农作物大量施用有机肥有一定的难度。

秸秆还田是代替传统有机肥的有效途径，因为近几年随着农机补贴政策的落实，秸秆还田机械的推广应用，农民已经逐步接受了秸秆还田技术，并把它看成是实现补充土壤有机质的有效手段。秸秆还田面积的不断扩大和长久实施，将对培肥土壤、提高地力、增加作物产量、提高作物品质、降低生产成本等生产目标提供有力的支持。

从近几年大面积推广以来，临颍县秸秆还田已经发展到2010年小麦秸秆还田面积4.13万hm^2，秸秆还田率达96.7%；玉米秸秆还田面积2.73万hm^2，秸秆还田率达97.5%。这一方面得益于秸秆还田机械的更新和普及，另一方面就是测土配方施肥项目在临颍县实施以来，通过大力宣传，农民充分认识到了有机肥的重要作用。

三、农户施肥情况评价

通过3年来农户施肥情况调查，宏观上了解了临颍县农民当前的施肥现状。总体来说，临颍县目前的施肥水平、施肥方法、施肥结构与测土配方施肥项目实施前相比更趋合理。下面从以下3个方面对农户施肥情况的合理性进行分析与评价。

（一）从粮食增产方面看施肥情况更趋合理

测土配方施肥项目在临颍县实施以来，临颍县粮食作物产量逐年增长。2008年临颍县小麦在后期严重干旱和干热风严重危害的情况下，仍然达到了每亩平均单产427.0kg的好收成，仅比2007年平均单产减少了3.1%；玉米每亩平均单产达455.0kg，比2007年平均单产433kg增产22.0kg，增长了5%。2010年临颍县小麦每亩平均单产472.4kg，比2008年平均单产427.0kg增产45.4kg，增长了10.6%；每亩玉米平均单产498.3kg，比2008年平均单产455.0kg增产43.3kg，增长了9.5%。

调查表明，临颍县不仅平均产量增加，而且区域、农户差异也在缩小，特别是2010年下乡调查时，每问到一户，农民都是乐呵呵地说：“一亩地能打1 000多斤，你们的工作没白干，配方施肥就是好。”3年来，除施肥外，其他管理措施基本没变，而产量却得到了均衡提高，充分说明临颍县农民的施肥水平有了一定程度提高、施肥结构更趋合理。

（二）从测土配方施肥方面看施肥情况更趋合理

2008年在临颍县推广测土配方面积3.13万hm^2，2009年临颍县配方施肥面积达4万hm^2，2010年配方施肥面积突破4.67万hm^2（达到81.9%）。配方施肥面积的逐年增加，说明临颍县农民接受配方施肥的意识在增强，同时也说明临颍县推广的施肥配方比较合理，能够给群众带来节本增效的好处。

（三）从施肥方法改变上看施肥情况更加合理

过去临颍县群众在施肥方法上多采用"一炮轰"的施肥技术，随着配方施肥技术的推广，群众的施肥习惯有了很大改变，特别是2009—2010年，小麦在返青期追肥比例达66%，比2007年追肥比例27%提高了39%。这说明农户的施肥方法更加合理了。

（四）提高农民科学施肥意识的方法和措施

提高农民科学施肥意识，是测土配方施肥项目的重要工作，是提高农业综合生产能力、促进粮食增产、农民增收、农业增效的一项重要措施，是建设社会主义新农村、加速现代农业发展的一项基础性工作。结合临颍县实际情况，采取了以下提高农民科学施肥意识的方法和措施。

1. 打造一支强大的测土配方施肥技术队伍

通过补充年轻的新生力量、加强技术培训不断更新技术人员专业知识水平，到外地市进行参观学习不断开阔视野、提高专业技术人员知识面等方法，不断向测土配方施肥技术队伍输入新的血液，努力打造一支专业水平高、服务能力强、道德品质优、能打能拼的测土配方施肥技术队伍，为做好测土配方施肥工作、进一步提高农民科学施肥意识提供基础保证。

2. 创新一套优良技术推广服务模式

通过广播、电视、报刊、杂志、出动宣传车、现场会等多种形式和渠道全方位、多角度、深层次地对测土配方施肥技术进行宣传；通过发放施肥建议卡对农民进行技术指导；通过田间试验示范树立样板田，使农民切实看到测土配方施肥的应用效果等方法，为提高农民科学施肥意识提供强有力的技术保证。

四、结论

实行测土配方施肥后，农户施肥观念有了很大改变，氮、磷、钾的施肥比例更趋合理，施肥方法得到进一步改进，单一施肥的现象已经消失，施肥时期也由原来的一次施肥改为多次施肥，农民对施用有机肥、微量元素肥料有了进一步的认识，科学施肥的氛围逐步形成。

第十八章

土壤样品采集与测试技术创新情况专题报告

土样采集与测试是测土配方施肥项目的基础环节，可为测土配方施肥项目提供大量的基础数据，是十分关键的一项工作。为了做好该项工作，自项目确定实施后，临颍县领导高度重视，不等不靠，立即成立了以主抓农业的副县长为组长的领导小组和以农业局局长为组长的技术小组，并对参与该项工作的同志多次进行了技术培训。同时，还组织人员到孟津、许昌等2005年项目县参观学习，掌握各项技术要领，为开展好该项工作起到了积极的推动作用。3年来，临颍县共取土样6 300个，化验50 500项次，采集植株样品800个，化验2 400项次。通过大量工作，临颍县土样采集技术和测试技术有了很大程度的提高，也积累了一定的工作经验。

一、取样方法和工具

（一）取样方法

1. 室内布点

准备采样前参照临颍县行政区划图、土壤图、土地利用现状图，结合各乡镇耕地面积和准备取土样数量，绘制土样分布图和取样路线图，确保取土样时少走弯路，提高工作效率和取土质量。

2. 合理分配

按照土样分布图，把各乡镇和涉及的各行政村所要取土样的数量制成表格，依据表格内容合理分配取土小组和小组人数。

3. 确定采样单元和代表面积

按照临颍县耕地面积和地形地貌，11.33hm^2左右为一个单元，取样时选择在这11.33hm^2地相对中心位置的农户的典型地块，为了防止土壤肥力不均匀造成误差，一个土样尽量在一户农户的耕地内取完。采样点要分布均匀，避开田边、路边、沟边、坟边、肥堆边和前茬作物施肥处等特殊部位。

4. 确定采样时间

由于取土任务量较大，需要时间较长又集中，根据临颍县小麦收获后立即贴茬抢种玉米的实际情况，临颍县一般定在9月中下旬，即玉米成熟后小麦播种前这段时间内集中取土。

5. 采样深度及样点数

一般田块采样深度为0～20cm，试验田按照试验方案取0～20cm和20～40cm两个土样。临颍县是平原地区，地势平坦，肥力比较均匀，一个土样取7～10个混合样，然后按四分法取舍（图18－1），留取1kg左右为一个土样。

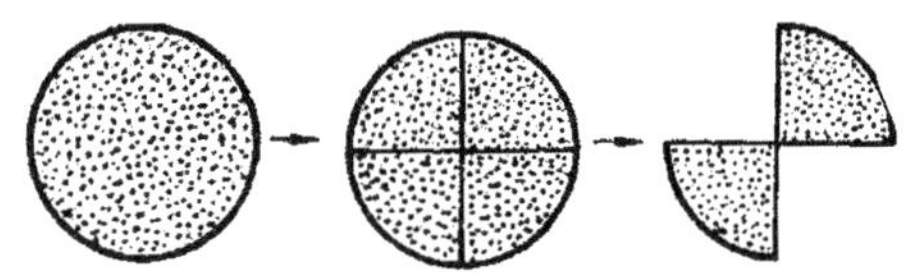

图 18－1　土壤四分法示意

6. 取样方法

临颍县自制了 20 多把取土器，在取土器上标有 20cm 刻度线，取土时先用小铲铲去地表杂物，然后取土器垂直于地面入土，使地面与 20cm 刻度线水平时，旋转拔出取土器，把土样装入土样袋里，填写两张标签一并放入。采样时为便于田间示范追踪和建立施肥分区需要，采用 GPS 定位，记录经纬度、海拔。

7. 采样路线

为了克服耕作、施肥等所造成的误差，在一块地里按照“随机、等量、多点混合”的原则，采用蛇形布点采样的方法进行取样（图 18－2）。

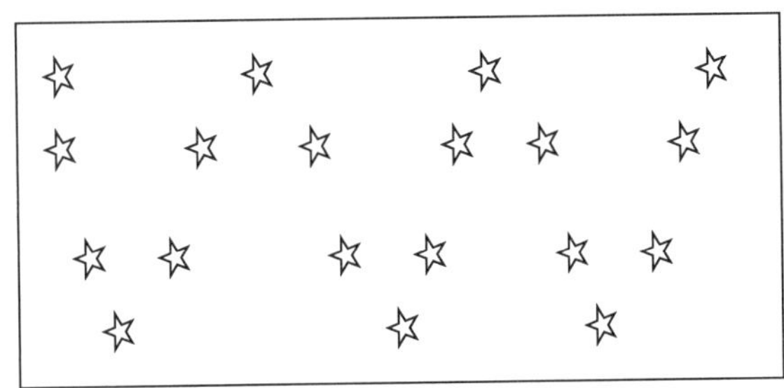

图 18－2　蛇形采样图（小星代表采样点位置）

8. 采样标签的填写

每个土样填写两张标签，注明采样时间、采样地点（包括乡镇、村组、地块名称、地块面积）、农户姓名、联系电话、地块在村的部位、采样深度、采样点数、经度、纬度等。

（二）取样工具

1. 取土器

临颍县所用的取土器是用不锈钢管焊制而成，长 80cm，上端细，下端粗，钢管外壁标有 20cm 刻度线，上端带有手柄，省时、省力、使用方便。使用这种自制的取土器，可以准确取出 0～20cm 和 20～40cm 的土样，取出的土样可以从一端完全倒出，并且土样上下层比例相同，没有损失和污染。

2. 采样袋

采样袋采用干净、透气带自拉封口的白色布袋，每天所采土样随即解口凉晒，防止土壤湿度大毁坏标签。

3. 标签

标签采用结实耐用的牛皮纸制作，标签内容包括编号、采样地点、采样深度、地块位置、经纬度、农户、采样时间、采样人等，一律用铅笔填写。

（三）取样质量控制

土样采集工作量大、技术性强，土样采集准确与否，直接关系着化验结果及其使用价值。2007年8月临颍县测土配方施肥项目领导小组召开了由各乡镇农业乡（镇）长、农办主任和农业局农技人员参加的土样采集专题培训会议，技术指导人员详细讲解了土样采集的技术要求和操作规程，并到田间进行了现场示范。临颍县取土技术指导组抽调20余名技术干部分包乡镇，召开专题培训会议，对各乡镇土样采集工作任务进行了具体部署，同时与包村干部一道深入采样区，进行了土样采集，确保采样准确。

二、新技术在取样中的应用

（一）GPS定位仪

按照农业部土壤样品采集要求，在土壤样品采集的过程中，我们使用的有单一的GPS定位仪。这种定位仪的优点是价格低廉、操作简单、使用方便、节省时间，能使我们快速、准确地了解到所采土样地块的海拔、经度、纬度，数据可以直接填表和记录，特别适用于采土样时间集中、人手紧张的工作性质和高温烈日下进行操作的工作环境；缺点是功能少，没有田间信息的其他内容。总体来说，利大于弊，通过3年来在土样采集过程中的使用与对比，感觉到这种简单的GPS定位仪很适用。

（二）PDA田间信息调查仪

PDA田间信息调查仪是带有田间信息调查的GPS定位仪，使用中发现，这种定位仪虽然比单一GPS定位仪功能多，数据详细准确，可以在田间完成农户基本情况调查工作，不需要回室内后再用手工填写大量的农户施肥情况调查表格，也不用再往电脑输入农户调查信息，后期会节省很多人力物力，但是在实际工作中不太适用，因为在田间进行信息输入速度慢，强光下视线模糊，工作量较大。取土工作一般在9月中下旬，时间紧，工作量大，特别是在玉米没有收获时，高温烈日下在玉米田里作业，再进行大量的信息输入，取一个土样需要很长时间，这样根本无法按要求高标准高质量完成取土任务。而且这种定位仪价格高、功能复杂，很不好操作。

通过大量取土工作经验，建议如果是大批量的取土工作，用简单的GPS定位仪比较适宜，如果取土样量少，可以用带有田间信息、功能齐全的PDA技术。

三、土壤测试技术与创新

（一）土壤样品的前处理技术

1. 土样风干

按照农业部《测土配方施肥操作技术规程》的要求，从野外采回的土壤样品，放在晾土纸上捏碎、摊开，置于干净、整洁的室内自然风干，不能放在太阳直射的地方，否则会发生土壤成分与性质的改变。在摊开前一定要先把大土颗粒捏碎，因为土粒干燥后再弄碎非常困难，特别是砂姜黑土，干燥后十分坚固，给后期粉碎工作带来困难。

2. 土样粉碎过筛

土壤风干后，剔除掺入杂物，将风干土样用土壤粉碎机进行粉碎，全部过2mm孔径筛，过2mm孔径筛的土样可供pH值等项目测定；将通过2mm孔径筛的土样用四分法取出一部分继续粉碎，使之通过0.25mm孔径筛，供有机质、全氮等项目的测定；过1mm、0.149mm孔径筛的土样用于待测项。最后把4个不同细度的土样分别装入干净的外表印有标签内容的纸袋中，分区域摆放在自制的土样架上待用。

（二）土壤样品分析规程及内容

土样分析按照农业部《测土配方施肥操作技术规程》的要求进行，分析内容：全氮、有效磷、速效钾、缓效钾、pH 值、有机质、微量元素（铜、铁、锰、锌）、硫、硼、钼等项目。

（三）土壤样品的分析化验方法及技术

1. 土壤全氮的测定

土壤全氮用凯氏蒸馏法进行测定，在进行测定时要掌握以下技术。

（1）要严格控制消煮炉的温度和消煮时间。如果温度低于 360℃或时间不够时，会使部分含氮化合物不易分解，导致结果偏低，温度高于 400℃，会导致氮素损失。

（2）使用硼酸指示剂时，一定要把 pH 值控制在 4.5，指示剂用量不能低于 1mL，否则冷凝器承接管管口不能置于液面下，造成氨吸收不完全，导致结果偏低。

（3）蒸馏时加入的氢氧化钠应适量稍多，以利于把铵态氮完全蒸馏出来。

（4）在仪器使用上，新型的定氮仪简单实用，氢氧化钠和水自动加入，没有倒吸现象，成功率较高，而且操作简单，使用安全，大批量化验用起来非常方便。

2. 土壤有效磷的测定

土壤有效磷采用碳酸氢钠提取——钼锑抗比色法进行测定，在进行测定时要掌握以下技术。

（1）在化验中温度的影响较大，一定要控制在（25 ± 1）℃，它包括恒温振荡器的温度和室温。

（2）要严格土液比为 1∶20、振荡提取时间为 30min（频率控制在 180r/min）。

（3）要选择知名厂家的试剂，如使用不合格的钼酸铵，配制显色剂时会出现样品显色不明显，导致结果不准确。

（4）每次进行比色前，要将分光光度计提前最少 30min 开机，使机器稳定后再进行操作。

（5）所使用的比色皿必须保持无划痕和无污染，有划痕时会影响结果，每次用完以后可以用 10% 的铬酸溶液浸泡 1～2min，再用清水冲洗。

（6）每做一批土壤样品都要同时做标准曲线，使样品的处理与标准曲线处理同步进行。

（7）必须使用无磷碳粉和无磷滤纸（注：用紫外分光光度计测有效磷时采用 880nm 波长，浸提时可不加活性碳）。

（8）要保持紫外分光光度计内部干燥。

3. 土壤速效钾的测定

土壤速效钾的测定采用乙酸铵浸提——火焰光度计，在进行测定时要掌握以下技术。

（1）要严格土液比为 1∶10，振荡提取时间为 30min（频率控制在 150～180r/min）。

（2）室内温度要求严格，要控制在 15～25℃。

（3）钾标准液一次不要配太多，因为放置时间长容易长霉，影响测定结果。

（4）每批土样做完时要用纯水冲洗火焰光度计至少 5min。

4. 土壤有机质测定

土壤有机质的测定采用油浴加热重铬酸钾氧化——容量法，在进行测定时要掌握以下技术。

（1）有机质化验时油浴温度要控制在170～180℃，煮沸时间（5±0.5）min。温度和时间不准时结果的偏差较大。

（2）加入0.4%重铬酸钾时，必须精确到0.01mL。

（3）必须冷却后再滴定。

（4）每批次分析时必须同时做2个空白试验。

5. 土壤pH值的测定技术

（1）甘汞电极要放在上层澄清液中；否则，结果很不稳定。

（2）一批样品尽量快速做完，否则结果偏小。

（3）每次使用前和测试5～6个样品后，要用标准缓冲溶液校正仪器。

6. 微量元素测定技术

（1）每次测样前都要绘制标准液曲线。

（2）在铜、锌、铁、锰化验中，DTPA提取是一个非平衡体系提取，因此提取条件必须标准化。包括土样的粉碎程度、振荡时间（2h）、振荡器频率（180±20r/min），提取液温度控制在（25±2）℃、酸度pH值应控制在7.30。化验所用玻璃器皿应用10%的硝酸溶液浸泡过夜，洗净备用。

（3）在微量元素化验中结果偏大时，应稀释倍数再读数，测定值要把稀释倍数计算上。

（四）土样分析质量控制

在质量控制上我们采取的主要措施：一是严格各项操作规程；二是采用加标准试剂；三是每批都要做平行试验；四是不定期对样品抽检、加盲样考核。

四、结论

在测土配方施肥项目实施过程中，通过3年来大量的测试工作，全县的化验技能和水平有了很大提高，但采用常规操作方法化验速度慢、费时费工。急需对化验方法的更新、批量化操作、自动化分析、信息自动化采集等新技术和新设备进行引进。同时，建议对化验人员定期进行专业培训，进一步更新知识，提高化验技能，为测土配方施肥项目建立长效机制奠定基础。

第十九章

测土配方施肥专家咨询系统开发应用

在中央各项强农、惠农政策的鼓舞下，临颍县农民科学种田的积极性空前高涨，他们期盼高新农业成果早日下乡。为了适应这一来之不易的新形势，借助这次农业部下达的测土配方施肥项目的实施，我们加大了对农业专家服务“三农”咨询系统的开发，经过近两年多的实践，取得了一定的成效。现将临颍县测土配方施肥专家咨询系统开发应用的情况介绍如下。

一、进一步完善测土配方施肥专家咨询系统

针对工业基础薄弱、农民经济收入偏低的现状，为尽快推进社会主义新农村建设的步伐，临颍县成立了由主抓农业的副县长牵头，相关局委主要领导以及具有中、高级技术职称农业科技人员参加的农业生产合力团。主要从事农业生产调研，科技咨询，应对农业生产的突发问题，及宣传、普及农业新品种、新技术及农业开发项目的评估、论证、评价工作。临颍县实施测土配方施肥项目后，经县政府研究决定，完善测土配方施肥专家咨询系统，由农业局牵头，农、林、水、畜、机专家参与。各乡镇中、高级技术人员配合，工作重点是深入进行农业生产施肥情况的调研，对县农业局发放的施肥建议卡跟踪服务及检查。并充分利用测土配方施肥项目所建立的数据库资料，客观评价临颍县的地力状况，分区指导农民按配方施肥，确保农民种田的科技含量全面提升。

二、建立完善测土配方施肥专家咨询系统的功能

测土配方施肥专家咨询合力团成立以后，重点是建立完善服务功能，提高服务能力，创建出一条符合当地主要农作物生产实际，使农业生产沿着高产、优质、高效的可持续发展道路前进，充分显示专家咨询合力团在农业综合生产能力提升中不可替代的作用。

（一）测土配方施肥专家咨询系统的功能

测土配方施肥专家咨询系统的一个首要功能是广泛的开展技术培训。农业综合生产能力的提升靠的是农业科学技术的创新，农业科学技术的创新又需要坚强的农业科技专家团的协助攻关。基层农业生产第一线的农业技术人员主要攻关课题是把最先进的科研成果尽快的转化为生产力，促进科研成果尽快转化的最有效的方法是广泛的开展技术培训工作。为了全面提升培训质量。县农业局采取请进来、走出去的方法，最大限度的对临颍县现有的农业专家充电加油，掌握更多的农业技术推广的新方法、新思路、新信息、提升综合服务能力。专家自身素质提高后，重点是通过技术培训，带好团队，并运用好团队的力量，把现有的测土配方施肥的科研成果普及到千家万户。

测土配方施肥专家咨询系统的第二个功能是农业技术的指导和服务。在测土配方施肥的技术服务工作中，首先是对数据库资料整理分析，制定符合临颍县农业生产实际的肥料配方和施肥方式、方法，将其运用到生产实践中检验，并将所获得的科研成果通过试验示范带动，树立典型农户促动，广泛宣传发动及举办科技成果展示拉动，使测土配方施肥技术在临颍县农村生根发芽、开花结果。临颍县专家咨询系统为强化服务功能，配备有数据资料处理系统，广泛宣传的软硬件多媒体设施，同时开通农技“110”咨询电话，与农民保持密切的联系。专家成员包乡镇，乡直成员包片，对重点农户跟踪服务等，经两年多的实践证明，成效显著，群众满意度高。

测土配方施肥专家咨询系统的第三个功能是对肥料质量的监控功能。为减少假、劣农资在市场上销售，专家咨询团成员特别注重肥料质量的监控工作，在肥料销售的旺季，组织相关的人员对肥料质量进行调研，并与宣传媒体建立密切联系，把调研情况及时报道。这样的行动，一方面打消群众怕买到假化肥的顾虑，另一方面也震慑了不法商户经营假劣农资的行为。经两年的实施，临颍县没有发生因假劣化肥引发的上访事件。

测土配方施肥专家咨询系统的第四个功能是土壤肥力动态研究。这一功能是专家咨询系统建设的重要内容。为了完善此项功能，临颍县建立了高标准的土壤养分的化验室，已全面投入使用，对临颍县耕地肥力状况进行科学的评定，根据耕地等养分变化提出用地、养地意见，今后工作重点放在定点土壤肥力监测的研究上，为临颍县农业可持续发展保驾护航。

测土配方施肥专家咨询系统的第五个功能是应对农业生产突发问题功能。县农业局为了完善此项功能，在办公经费十分紧张的情况下，专门配备一辆宣传展示、测土配方施肥的工具车，给专家成员提供解决生产上突发问题的交通便利，专家成员能在第一时间内到现场，及时准确解决农业生产的问题，为临颍县小麦、玉米每亩平均单产双双跨越500kg做出了应有的贡献。

（二）测土配方施肥专家咨询系统的运作模式

为了充分发挥测土配方施肥专家咨询系统的作用，广泛借鉴兄弟县区的运作模式，结合本地的实际，在专家咨询系统的建设上，密切与省内大专院校有关专家保持联系，充分利用人才，先进的科研手段，将临颍县的地力状况图表化，数字化，并根据数据库的农户施肥情况、试验、示范资料、动态化的建立起施肥指标数学模型，通过专家的示范演示，掌握其运作要领，并充分发挥临颍县专家成员的基层工作经验丰富的优势，将其转化为群众语言，运用到生产管理之中。而在实际运作中，采取了统筹兼顾的方法，即专家成员无论是在宣传发动，或是指导群众实际施肥过程中，只要发现难问题，就及时通报，及时研究对策，避免了其他同志在测土配方施肥工作中走同样的弯路。因为专家成员拥有广泛的试验示范信息、农业施肥信息、土壤养分含量变化信息及根据不同地力调整施肥量和施肥方法实现最高产量的信息，所以无论在指导生产上的科学施肥，还是回答群众反映到地力如何培肥问题，均能给群众满意的回复，并通过跟踪调查达到预期目标。

（三）测土配方施肥专家的技术水平有显著的提升

经过临颍县的测土配施肥项目的实施，临颍县的农业科技人员的技术水平有了显著的提升，两年来，先后有3名技术人员被晋升为高级技术职称；有4名初级技术人员被晋升为中级职称；另外有一名高级技术人员被评为市青年科技工作带头人，有6人次的专家成员被评为省、市、县的先进个人，这些成绩的取得，表明临颍县测土配方施肥的专家成员的工作得到了省、市、县政府的认可，也是专家成员，任劳任怨的奋力拼搏的结果。

（四）强化测土配方施肥专家咨询系统的作用

随着测土配方施肥专家咨询系统的进一步完善，在指导临颍县农民科学施肥中发挥出越来越大的作用。无论是在测土配方施肥的宣传，还是在举办农业科技成果的成就中，无论是在测土配方施肥的技术培训时，还是在指导群众按配方施肥的工作中，专家咨询系统均起到十分重要作用。这一咨询系统的实际运用，将许多测土配方施肥的工作更加条理化、程序化，更加切合了农民的生产实际，特别是改变农民传统施肥习惯作用更加突出。测土配方实施程序出台后，通过算账使群众明白了报酬递减规律，认识到过量施肥，田间易形成过早的郁蔽，基部通风透光差，抗倒抗病能力差，易形成作物贪青晚熟，这不仅会造成下茬作物误期播种，同时还会遭遇到干热风或低温阴雨等给农业生产带来损失。通过这一实际的例子，使群众明白了平衡施肥的道理。另外，部省测土配方施肥的计算机软件的开发运用，提高了工作效率，使更多的科技人员投入到指导群众科学施肥上，在一定程度上缓解了农技人员不足的问题。

三、测土配方施肥专家咨询系统取得了预期效果

测土配方施肥专家咨询系统，不再是以往的专家团队推广组织形式，而是掌握了先进的推广手段，又能够有根据、有方法、有步骤的综合服务体系。它能帮助解决群众施肥中的难题，还能对化肥的贮备，供肥能力的预测和配方的制定，施肥量和施肥方法的研发，均能快速准确提供给各级领导和千家万户的群众，为确保科学施肥工作早准备、早行动、早实施，提供了坚强的保障。2008—2010 年，通过推广测土配方施肥项目，3 年累计推广小麦测土配方施肥面积 7.03 万 hm^2，配方施肥区每亩平均单产 465kg，较非配方施肥区平均单产 442.4kg，增加 22.4kg，增产 5.1%，测土配方施肥区较区外每亩节约化肥 2kg，增效节支 47.84 元；累计推广玉米测土配方施肥面积 4.81 万 hm^2，配方施肥区每亩平均单产 495kg，较非配方施肥区平均单产 473.4kg 亩增产 21.9kg，增长 4.6%，测土配方施肥区较区外每亩节约化肥 1.5kg，增效节支 35.88 元；3 年共增产小麦 2 363.2万千克，玉米 1 581.2万千克，合计增加经济效益 9 820.2万元，经济效益和社会效益十分显著。

第二十章

测土配方施肥技术示范和推广模式

临颍县地处河南省漯河市的北部，地势平坦，土壤肥沃，易灌能排，光热资源充沛，适合多种作物生长，无论是农产品品质，还是产量及经济效益一直处在全市的领先地位。临颍县的粮食生产正处在中产向高产的过渡时期，传统的大水、大肥管理方法，严重制约着临颍县农业生产水平的进一步提升。自从实施测土配方施肥项目以来，在县委县政府的高度重视和大力支持下，经过技术人员的广泛宣传、指导及广大群众的积极配合，临颍县农业生产已经纳入了节本、增效低碳经济发展的轨道。

一、实施测土配方施肥技术狠抓的关键环节

（一）用科技指导农民科学施肥

在配方施肥项目实施之初，通过对群众施肥情况调查摸底，发现临颍县粮食作物的生产管理中每亩追肥量达125kg，且品种较为单一。这种施肥方法只能维持目前的产量水平，很难取得高产、稳产。但是，这种施肥习惯很难改变，让他们降低施肥量他们怕减产，改变施肥品种他们怕不保险。对此，项目组采用算账的形式打消他们的顾虑：如玉米每生产100kg籽粒需要纯N 2.75kg，P 0.86kg，K 2.14kg，目前的产量水平基本上为每亩单产500kg左右，那么所需要的纯N为12.8kg，折合碳铵约75kg。而现在的施肥量已超过需要的一倍，这样不仅不能高产，往往会造成倒伏、贪青、晚熟以及多种病害发生，并且造成肥料的大量浪费。提倡每亩施用氮—磷—钾含量为20－12－8的玉米专用复合肥40kg＋10kg尿素，这样不仅能够满足玉米生长对氮的需求，同时又补充了土壤磷、钾的含量不足问题，作物所需的营养平衡了，生长就会健壮，抗病虫倒的能力就会增强，稳产的把握就会明显提升。

（二）靠典型农户带动科学施肥

临颍县的个别群众受伪科学欺骗，对新技术使用产生一些动摇，但是只要见到实事，就会立即采用。因此，典型带动成了决定能否完成推广任务的关键。为此，技术组的成员分工负责，每位主要领导成员分包一个乡镇，具体负责人员组织、督促、落实。每位技术成员分包10个村，每村培训出50名技术骨干，由村干部带头示范，并指导重点农户做好示范。通过一个生产季节的实施，使群众认识到技术组是为人民办事的，开出的配方不仅节约了肥料，粮食确实也没有少收。典型农户的现身传教，推动了临颍县迅速掀起使用配方肥的热潮。

（三）充分发挥试验示范的辐射作用

试验示范、现场说法，能够解决群众的重重顾虑，因此我们将试验安排在交通便利的地块，分布尽可能的广泛。从选试验地点，到试验收获，均让村组负责人参加。在将近成熟

时，让村里组织估产，并结合调查预产，对试验有一个初步的评估，再由试验田的户主现场说法，使所在村的群众认识到盲目的多施肥并不能获得高产。为了扩大影响，技术人员及时总结经验，向领导小组汇报，并要求各乡镇组织骨干，到试验田参观，充分发挥了试验、示范的辐射带动作用。

（四）广泛宣传发动完成测土配方施肥的目标任务

在充分动员、解除群众对配方肥的顾虑之后，技术组在关键时期出动宣传车，广泛宣传临颍县的施肥配方。全年共出动宣传车50多辆次，把测土配方施肥技术宣传到千家万户。在流动宣传车宣传的基础上，每个技术人员分包5～7个行政村，利用中午和晚上，通过村高音喇叭宣讲测土配方施肥技术。通过项目组的共同努力，圆满完成了临颍县测土配方施肥任务，并得到了群众的一致好评，他们高兴地说："过去施肥凭感觉，多了怕倒伏，少了怕减产，现在好了，施肥看卡片，啥都清楚了，这样施肥既省肥又增产，为我们解决了困扰多年的难题。"

二、实施测土配方施肥技术的保障措施

（一）宣传到位

为了把项目的关键技术宣传好、落实好，技术组把主要技术力量充实到宣传发动上，要求每个技术骨干分包5～7村，利用高音喇叭宣传，利用群众集会宣讲，到田间地头指导，出动宣传车发动，把测土配方施肥技术宣传到家喻户晓，人人皆知。群众高兴地说："过去施肥凭感觉，现在有你们指导，我们种田就省心多了。"

（二）指导到位

项目实施后，在技术指导中，群众问到最多的问题是如何施肥才能实现高产。例如："我家的那块地，无论怎样施肥，产量都没有人家的高?"、"我家的地小麦越长越稀是因为啥?"、"我家的番茄为啥个头没有以前大，产量也没有以前高了?"等问题，技术指导人员除了耐心询问施肥情况外，还到田间地头查明原因，针对存在的问题，该增施粗肥的要多施粗肥，没有粗肥的要连续多年进行秸秆还田，该压缩氮肥用量的可以使用低氮含量的复合肥，长期连作的建议换一块地种植。按照群众问题无小事的原则及时解决，把测土配方施肥的问题解决在地头，落实到群众的生产实践中。

（三）协调到位

在推广专用配方肥的工作中，农户和供肥商之间难免出现这样和那样的矛盾。为了缓解矛盾，确保项目顺利实施，配合肥料供应商搞好宣传，并请附近作过试验、示范的农户现场说法，这样很容易就打消了农户的顾虑，确保了测土配方施肥推广工作的顺利进行。

（四）服务到位

在项目实施中，除了技术宣传、技术指导、发放施肥建议卡及技术资料外，还要帮助群众解决抵御自然灾害等相关的服务工作。特别是在田间指导中，发现有个别农户没有按照施肥建议卡进行施肥，田间郁蔽严重，有倒伏危险。技术人员及时向他们提出解决办法，采用喷施控制生长的助壮素、缩节胺等措施，降低了因倒伏造成的损失。这种技术服务的开展，既有利于配方施肥的推广，又提高了技术组在群众中的威信，为项目的顺利实施奠定了良好的基础。

三、测土配方施肥成效

通过3 年的测土配方施肥项目实施，累计推广小麦配方肥42 000t，玉米配方肥29 000t；推广小麦测土配方施肥面积7.03 万 hm^2，配方施肥区平均每亩单产465kg，较非配方施肥区增加22.4kg，增产5.1%，较区外每亩节约化肥2kg，平均增效节支47.84 元；推广玉米测土配方施肥面积4.81 万 hm^2，配方施肥区每亩平均单产495kg，较区外增产21.9kg，增长4.6%，每亩节约化肥1.5kg，增效节支35.88 元；3 年共增产小麦2 363.2万千克，玉米1 581.2万千克，增加经济效益9 820.2万元，经济效益和社会效益十分显著。

第二十一章

临颍县主要农作物分区施肥指导意见

临颍县承担农业部测土配方施肥项目以后，通过3年的实施，查找出了制约粮食生产能力的施肥制约因子，摸清了各类土壤养分的含量，建立起了临颍县主要农作物的施肥指标体系，为临颍县粮食生产能力全面提升奠定了坚实的基础。为确保农业生产的可持续发展，培肥地力、改善耕地质量是临颍县农民实现高产优质、节本增效的必由之路。因此，临颍县测土配方施肥技术组研究，特制定出主要农作物分区施肥指标、施肥方案和指导意见。

一、主要农作物分区施肥方案制定原则

为确保临颍县农业生产又好又快的发展，根据农作物的需肥规律，充分利用现行的主要科技成果，遵照报酬递减规律、最低限制因子和用地养地平衡施肥理论，参考本项目实施后所研究出的临颍县土壤供肥能力、肥料养分利用率和作物对养分吸收利用率等参数，制定出符合临颍县地力状况的肥料配方和主要农作物的宏观施肥指导意见。

经过我们多年的试验、示范和对测土配方施肥数据库资料分析，不同的土壤类型保肥能力和供肥能力差异较为显著。因此，紧紧抓住这一关键点，将临颍县的主要农作物施肥指标按照土壤类型分为3个区，制定切合农业生产实际的施肥方案。

二、测土配方施肥项目实施前施肥中存在的主要问题

临颍县是一个粮食主产区，广大农民为追求高产，舍得对耕地的投资，但由于测土配方施肥项目以前推广力度偏低，加之又没有设立土壤肥力监测点，农民和科技人员对土壤肥力状况了解较少，在施肥工作中出现了施肥品种单一、施肥量偏多、氮磷钾比例不协调、施肥方法不合理等问题。

（一）施肥品种单一，施肥量偏多

临颍县部分农户，为了追求粮食能够获得更高的产量，误认为施肥量越多，产量就会越高，因此产生了盲目施肥的现象。据农户基本情况调查，部分农户小麦每亩施碳铵在150kg，玉米亩施碳铵200kg，重氮轻磷不施钾。这种使用化肥的结果，不仅不能获得预期的高产目的，往往造成病虫害的流行。近年来，小麦、玉米倒伏面积逐年扩大，倒伏时间逐渐提前，虽然在正常年份没有造成倒伏，但因氮肥施用过多而贪青晚熟，易遭遇到干热风，或生长后期温度偏低，灌浆不充分而造成严重减产，因此临颍县的粮食产量表现为产量变幅较大的现象。

（二）氮、磷、钾比例不协调

氮、磷、钾是农作物正常生长发育需要量最多的营养元素，而土壤的供应量不能满足作

物的需要，需通过施肥满足作物的需求。长时间以来，由于我国化肥工业相对落后，肥料品种单一，加之农民经济收入偏低的制约，养成了单一施肥的习惯。近年来虽然复合肥供应品种较多，但真正符合临颍县生产实际的品种较少，因此造成了一部分群众虽然施用高价复合肥而产量却和单一施肥差不多的现象，这在很大程度上制约了复合肥的推广，群众重氮、轻磷、不施钾的现象没有得到根本转变。近几年，虽然加大了科学施肥的宣传，但钾肥价位较高，农户使用量偏少，由于农作物产量受最低养分含量的制约，临颍县每亩小麦、玉米的平均单产一直在 400 ~450kg 徘徊。

（三）施肥方法不合理

早在 20 世纪 80 年代，临颍县粮食作物每亩平均产量在 300 ~350kg 水平下，施肥量和施用方法试验中“一炮轰”的施肥方法产量最高，全县将此技术进行推广，取得了较为满意的效果，使临颍县的每亩小麦产量很快突破 400kg。但随着产量水平的提高，小麦增产已不能单靠增加亩穗数这一个因素，只有三要素协调才能获得更高的产量，仍然沿用“一炮轰”的施肥方法，造成了每亩小麦最高成穗突破 50 万，而穗粒数降到 29 粒，且千粒重不稳，这也是导致临颍县产量变幅大的一个关键原因。

三、主要作物分区施肥指标及施肥方案

临颍县经过 3 年的取土化验，目前县耕地的土壤有机质平均达到 16. 35g/kg，全氮含量平均达到 0. 90g/kg，有效磷平均含量达到 13. 05mg/kg，速效钾平均含量达到 117. 29mg/kg，证明临颍县耕地大多数已经达到中等偏上的地力标准。近 3 年，每亩小麦、玉米单产基本上稳定在 450kg 左右，2008 年两作物双双突破 500kg 大关，这也说明目前的产量水平再也不能沿用以往的施肥方法。同时，临颍县的潮土类特别是沙壤土养苗不拔籽，而砂姜黑土类拔籽不养苗。根据这一特性，按照第二次土壤普查资料，现将临颍县耕地划分为砂姜黑土区、潮土区，分别建立施肥指标，制定施肥方案。

（一）砂姜黑土小麦、玉米连作区施肥指标及施肥方案

砂姜黑土区各乡镇均有分布，总面积 30 037hm^2，是临颍县的最大的土种，从统计资料上来看，该土类有机质含量在 6. 9 ~25. 2g/kg，平均值为 17. 44g/kg；全氮含量在 0. 33 ~1. 68g/kg，平均值为 0. 98g/kg；有效磷含量在 5. 6 ~25. 6mg/kg，平均值为 13. 36mg/kg；速效钾含量在 59. 23 ~251. mg/kg，平均值为 118. 78mg/kg，该区土层深厚，潜在肥力高，保水保肥能力强，但因土壤较为黏重，农作物呈现出拔籽不养苗的现象，根据此特点，小麦应重施底肥，玉米前重后轻，其每亩施肥量小麦应控制在 N 7 ~11kg、P 3. 5 ~7. 5kg、K 3 ~7kg。每亩玉米施肥量应控制在 N 8. 21 ~14. 44kg、P 3. 4 ~7. 3kg、K 2. 7 ~8. 6kg。

（二）潮土类小麦—玉米连作区

该区是临颍县的第二大类型区，临颍县各个乡镇均有分布，总面积 27 176hm^2。从统计资料来看，该土类有机质含量在 5. 54 ~22. 8g/kg，平均值为 16. 10g/kg；全氮含量在 0. 30 ~1. 59g/kg，平均值为 0. 88g/kg；有效磷含量在 5. 0 ~24. 9mg/kg，平均值为 12. 28mg/kg；速效钾含量在 56. 00 ~251. 0mg/kg，平均值为 114. 99mg/kg。该区虽然土层深厚，但因土壤较为疏松，保肥、保水能力稍差。该区主要特点是养苗不拔籽。在施肥方法上，原则上采用少吃多餐。小麦在施足底肥的基础上，适当推迟追肥时间，待小麦拔节后追肥，后期要进行叶面补肥。玉米施肥则分别在定苗后、拔节期追肥及灌浆期进行叶面补肥，其每亩施肥量为小

麦 N 10 ~ 12. 8kg、P 3. 8 ~ 6. 9kg、K 2. 8 ~ 8. 3kg。每亩玉米施肥量应控制在 N 9. 5 ~ 15kg、P 3 ~ 9. 3kg、K 2. 9 ~ 8. 9kg。

四、主要作物分区施肥指导意见

全县根据上述推荐的施肥量，结合现有的科研成果，提出了小麦专用的肥料配方，每亩使用量应控制在 40 ~ 50kg，配方肥的使用主要作为基肥，满足小麦前期生长，在小麦返青拔节期每亩追肥施 5 ~ 7kg 尿素，高产麦田追肥时期控制在拔节期，一般麦田则在小麦返青期，追肥量高产麦田走下限，一般麦田走上限。根据上述理论，结合临颍县农民的施肥习惯，也提出了玉米专用肥的肥料配方，每亩使用量应控制在 35 ~ 40kg，其施肥方法上采用玉米定苗后，每亩追施 10kg 尿素，拔节后追施玉米配方肥，高产田追肥量走下限，一般田块走上限；密度高的田块追肥量走上限，密度低田块追肥量走下限。

附　　图

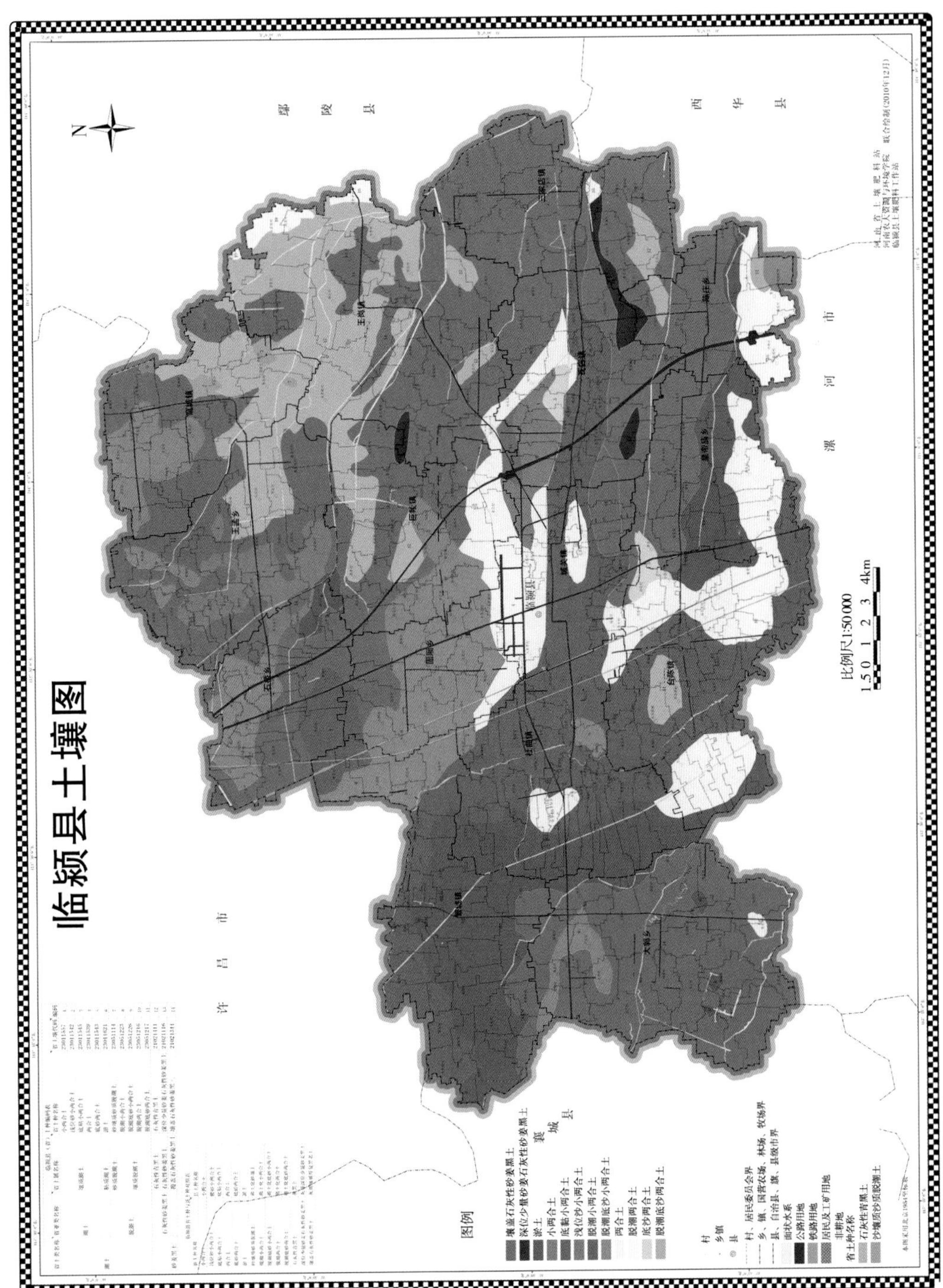

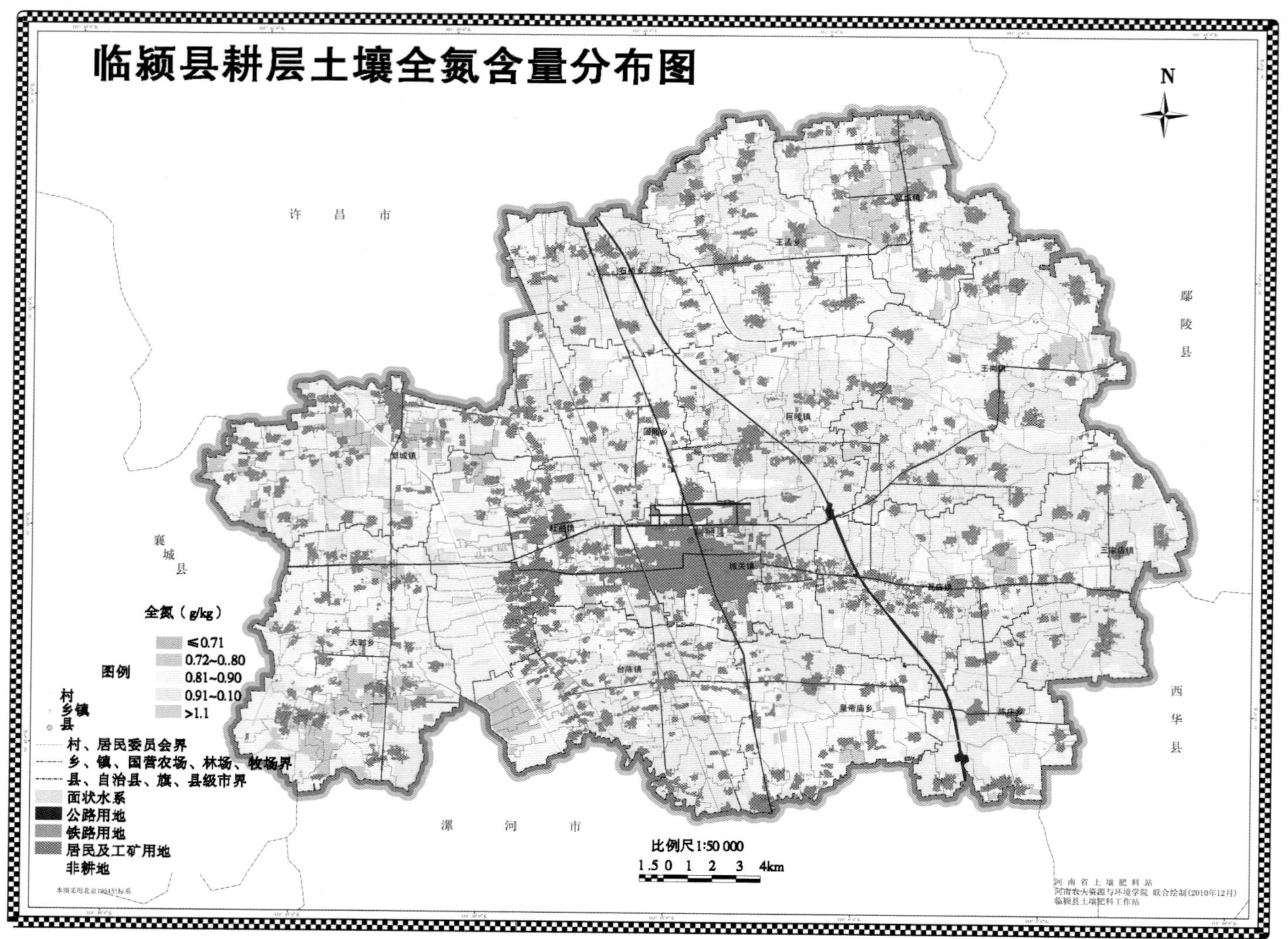
临颍县耕层土壤全氮含量分布图
N
许昌市
鄢陵县
襄城县
西华县
漯河市
全氮（g/kg）
图例
≤0.71
0.72~0..80
0.81~0.90
0.91~0.10
>1.1
村
乡镇
县
村、居民委员会界
乡、镇、国营农场、林场、牧场界
县、自治县、旗、县级市界
面状水系
公路用地
铁路用地
居民及工矿用地
非耕地
比例尺1:50 000
1.5 0 1 2 3 4km
河南省土壤肥料站
河南农大资源与环境学院 联合绘制(2010年12月)
临颍县土壤肥料工作站

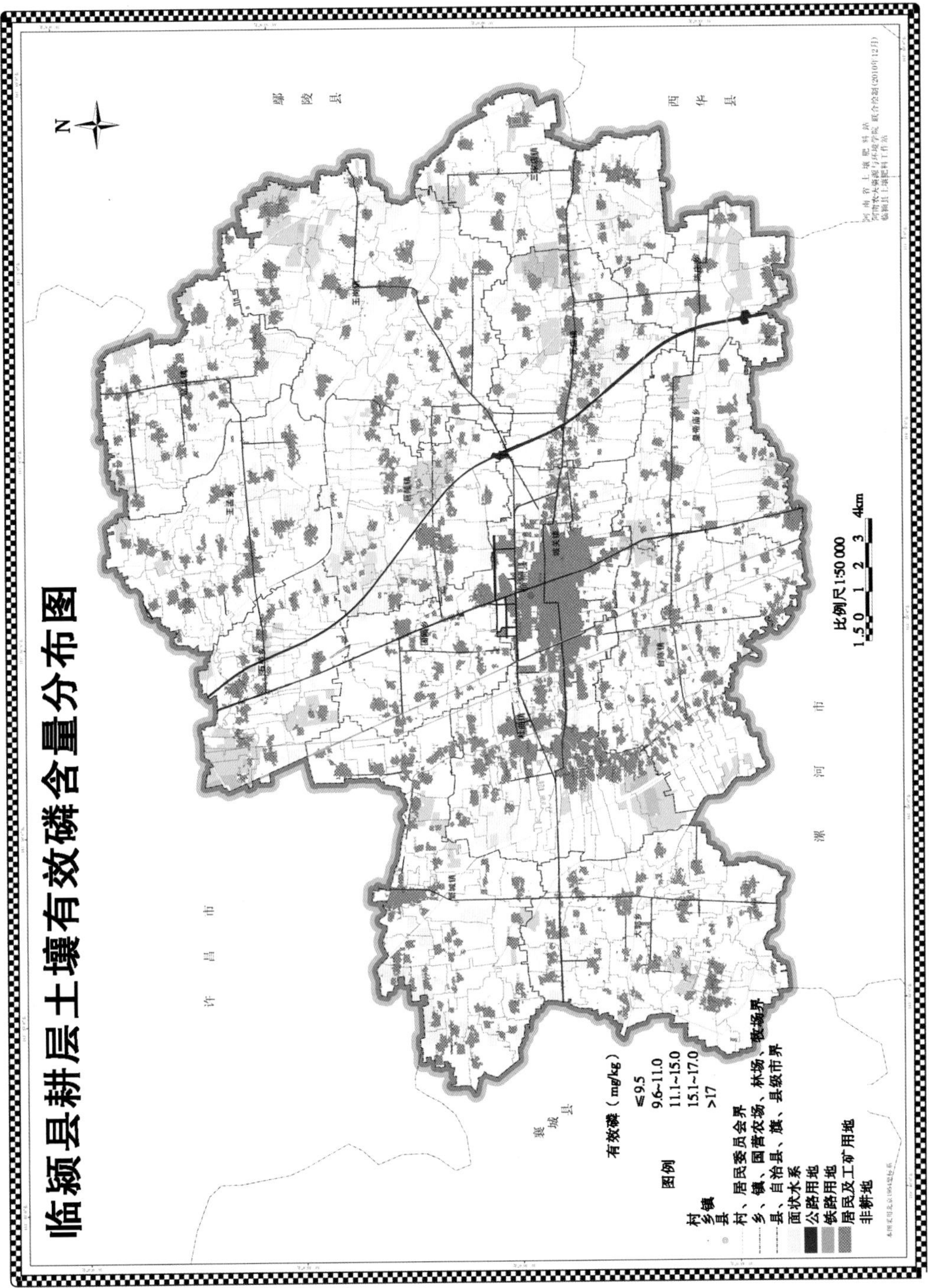
临颍县耕层土壤有效磷含量分布图
N
鄢陵县
西华县
许昌市
漯河市
襄城县
图例
有效磷（mg/kg）
≤9.5
9.6~11.0
11.1~15.0
15.1~17.0
>17
村
乡镇
县
村、居民委员会界
乡、镇、国营农场、林场、牧场界
县、自治县、旗、县级市界
面状水系
公路用地
铁路用地
居民及工矿用地
非耕地
比例尺1:50 000
0 1 2 3 4km

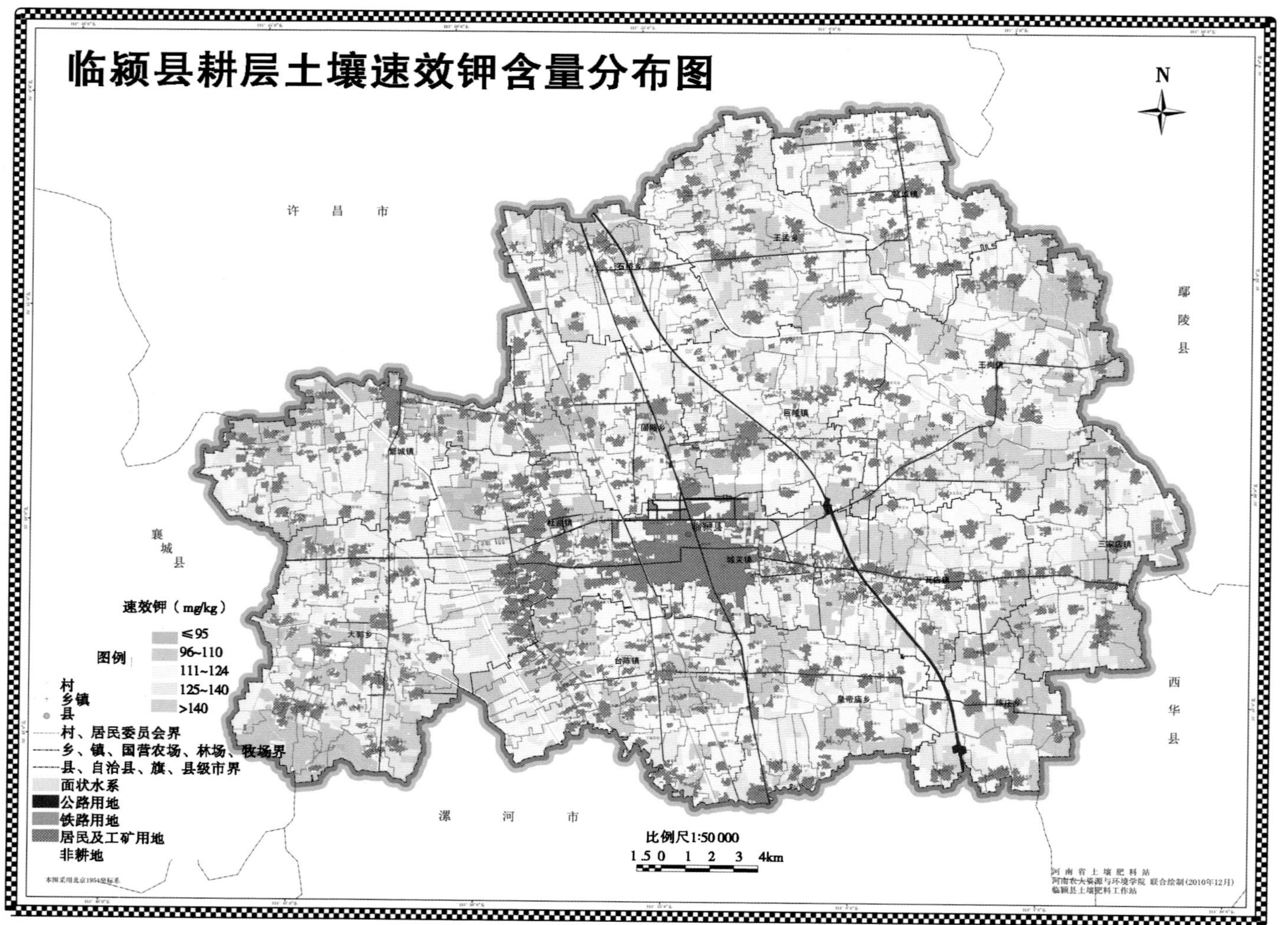
临颍县耕层土壤速效钾含量分布图
N
许昌市
鄢陵县
襄城县
西华县
漯河市
速效钾（mg/kg）
图例
≤95
96~110
111~124
125~140
>140
村
乡镇
县
村、居民委员会界
乡、镇、国营农场、林场、牧场界
县、自治县、旗、县级市界
面状水系
公路用地
铁路用地
居民及工矿用地
非耕地
比例尺1:50 000
1.5 0 1 2 3 4km
河南省土壤肥料站
河南农大资源与环境学院 联合绘制(2010年12月)
临颍县土壤肥料工作站
本图采用北京1954坐标系

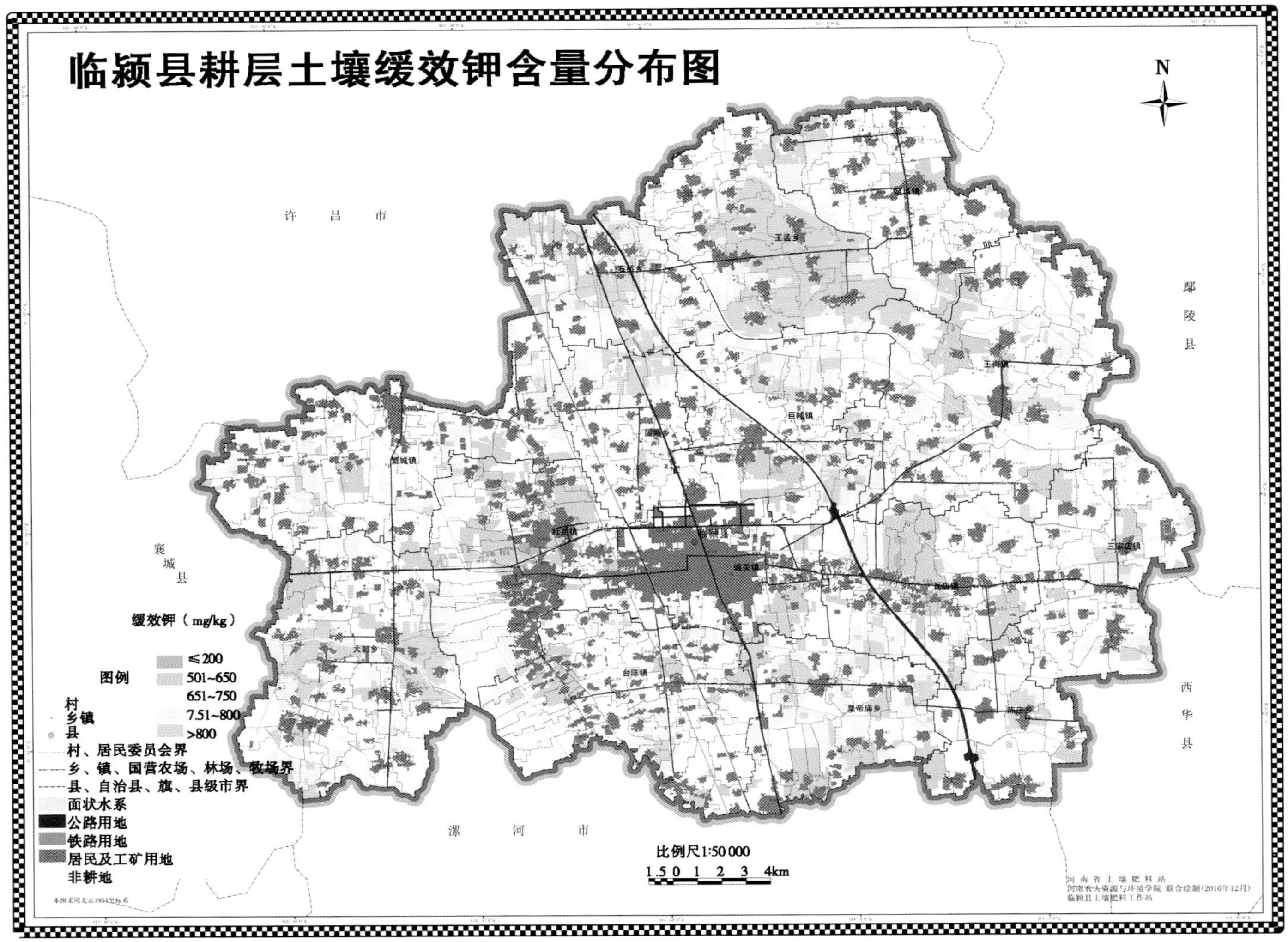
临颍县耕层土壤缓效钾含量分布图
N
许昌市
鄢陵县
西华县
襄城县
漯河市
缓效钾（mg/kg）
图例
≤200
501~650
651~750
7.51~800
>800
村
乡镇
县
村、居民委员会界
乡、镇、国营农场、林场、牧场界
县、自治县、旗、县级市界
面状水系
公路用地
铁路用地
居民及工矿用地
非耕地
比例尺1:50 000
1.5 0 1 2 3 4km
河南省土壤肥料站
河南农大资源与环境学院 联合绘制（2010年12月）
临颍县土壤肥料工作站
本图采用北京1954坐标系

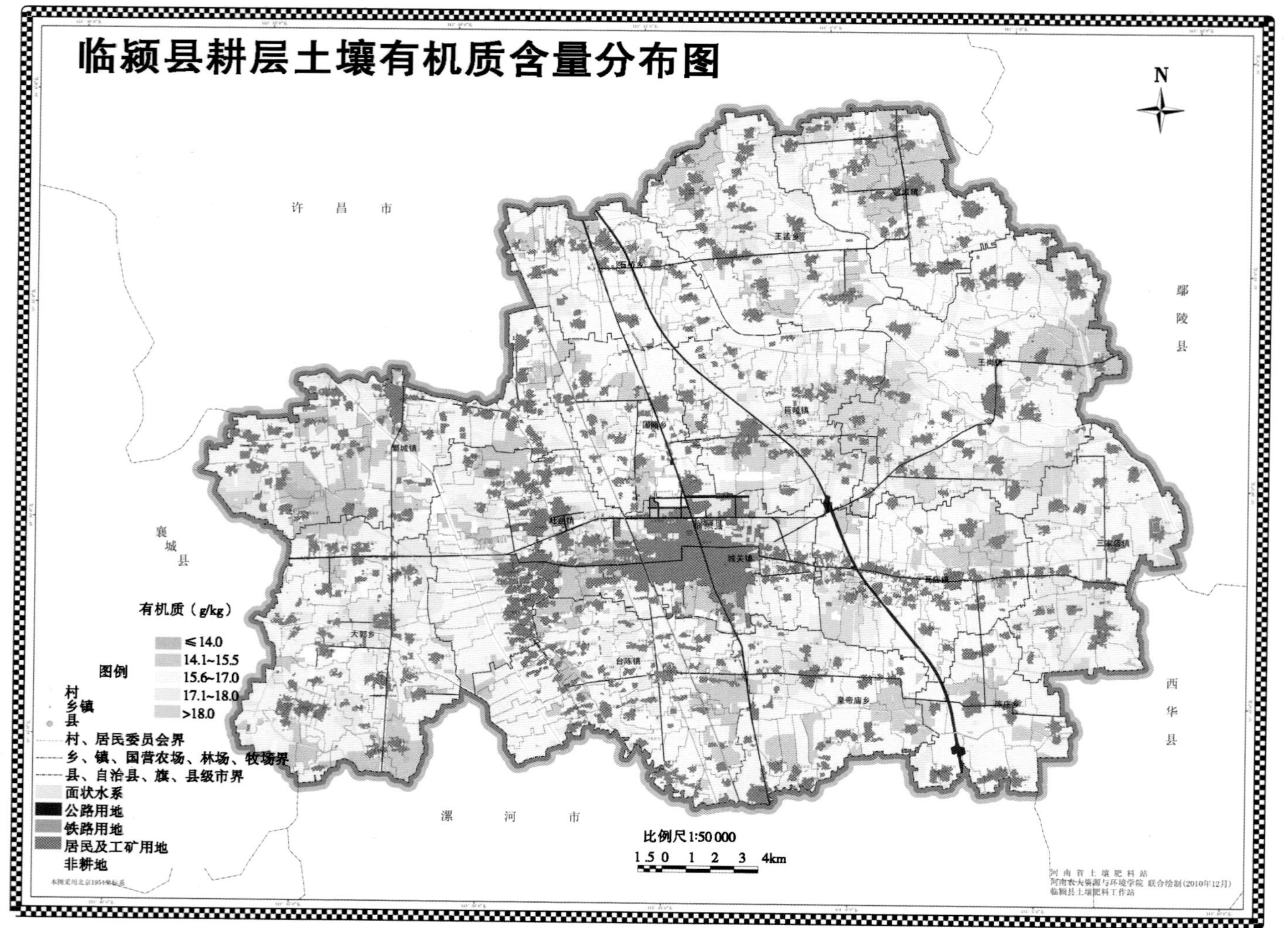
临颍县耕层土壤有机质含量分布图
N
许昌市
鄢陵县
襄城县
西华县
漯河市
有机质（g/kg）
≤14.0
14.1~15.5
15.6~17.0
17.1~18.0
>18.0
图例
村
乡镇
县
村、居民委员会界
乡、镇、国营农场、林场、牧场界
县、自治县、旗、县级市界
面状水系
公路用地
铁路用地
居民及工矿用地
非耕地
比例尺1:50 000
1.5 0 1 2 3 4km
河南省土壤肥料站
河南农大资源与环境学院 联合绘制(2010年12月)
临颍县土壤肥料工作站

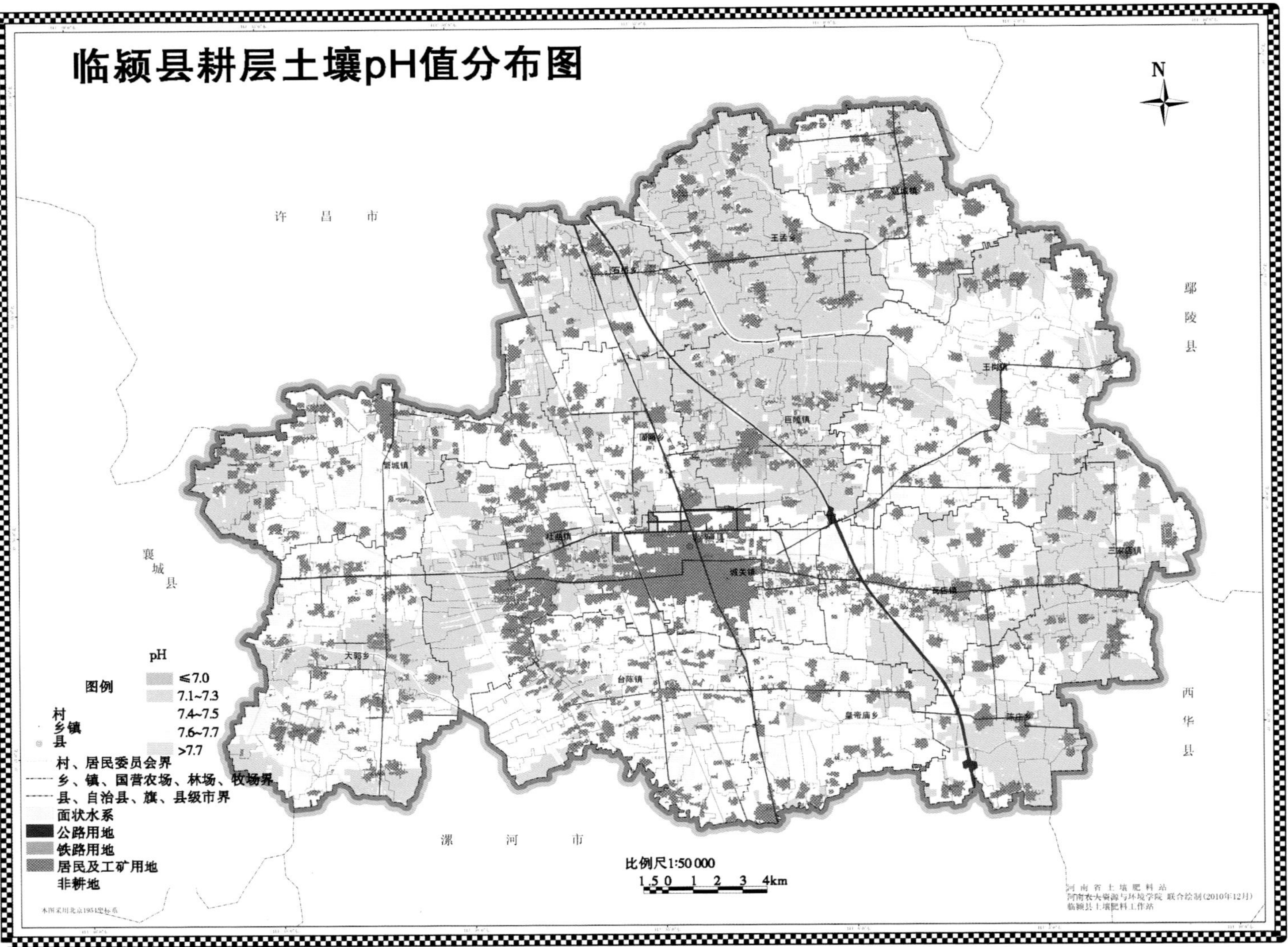
临颍县耕层土壤pH值分布图
N
许昌市
鄢陵县
西华县
漯河市
襄城县
城关镇
台陈镇
杜曲镇
大郭乡
王孟乡
王岗镇
巨陵镇
三家店镇
皇帝庙乡
图例
村
乡镇
县
村、居民委员会界
乡、镇、国营农场、林场、牧场界
县、自治县、旗、县级市界
面状水系
公路用地
铁路用地
居民及工矿用地
非耕地
pH
≤7.0
7.1~7.3
7.4~7.5
7.6~7.7
>7.7
比例尺1:50 000
1.5 0 1 2 3 4km
河南省土壤肥料站
河南农大资源与环境学院 联合绘制(2010年12月)
临颍县土壤肥料工作站
本图采用北京1954坐标系

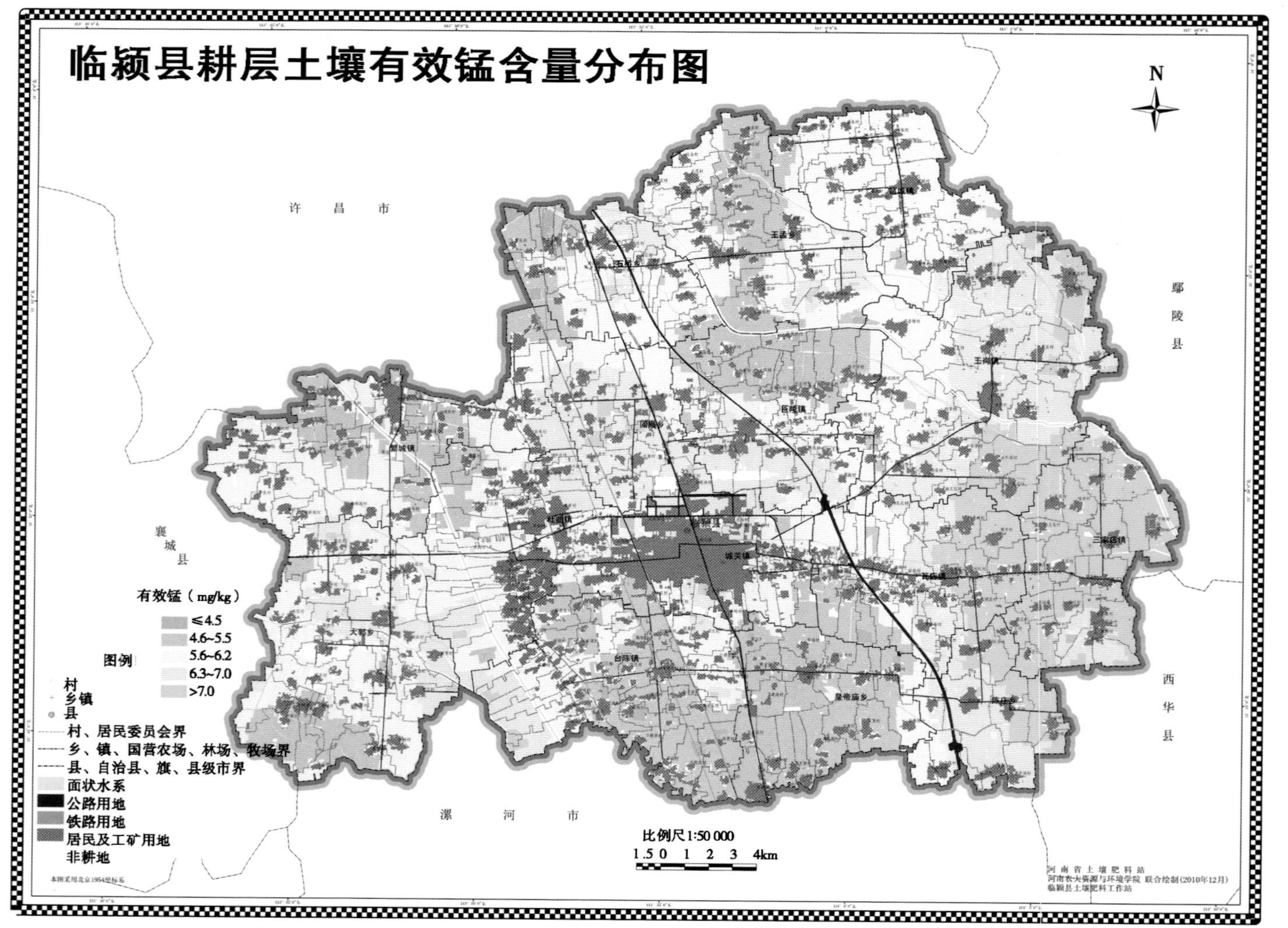
临颍县耕层土壤有效锰含量分布图
N
许昌市
鄢陵县
西华县
漯河市
襄城县
有效锰（mg/kg）
≤4.5
4.6~5.5
5.6~6.2
6.3~7.0
>7.0
图例
村
乡镇
县
村、居民委员会界
乡、镇、国营农场、林场、牧场界
县、自治县、旗、县级市界
面状水系
公路用地
铁路用地
居民及工矿用地
非耕地
比例尺1:50 000
1.5 0 1 2 3 4km
河南省土壤肥料站
河南农大资源与环境学院 联合绘制(2010年12月)
临颍县土壤肥料工作站

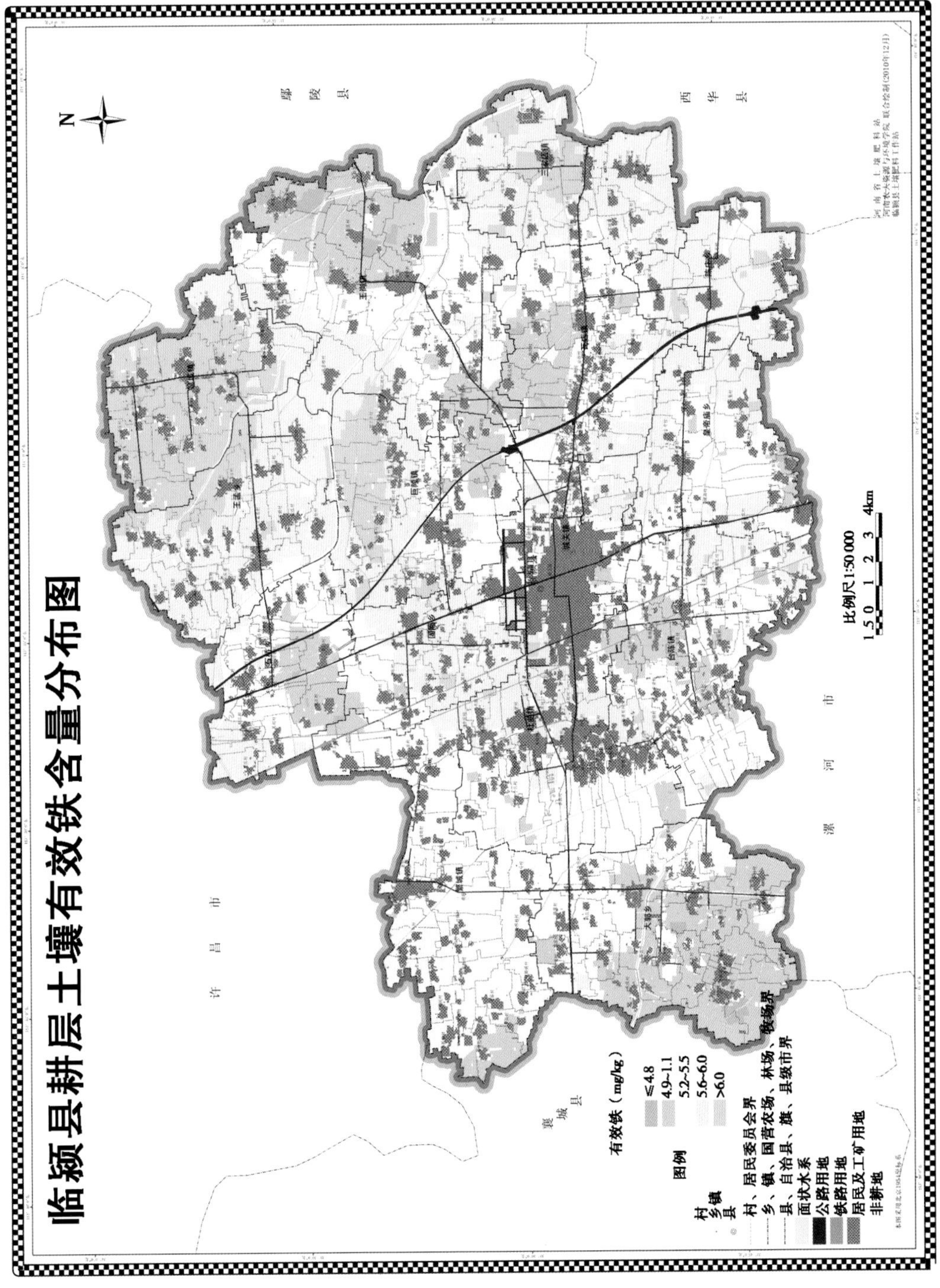
临颍县耕层土壤有效铁含量分布图
鄢陵县
西华县
许昌市
漯河市
襄城县
N
图例
有效铁（mg/kg）
≤4.8
4.9~1.1
5.2~5.5
5.6~6.0
>6.0
村
乡镇
县
村、居民委员会界
乡、镇、国营农场、林场、良种场界
县、自治县、旗、县级市界
面状水系
公路用地
铁路用地
居民及工矿用地
非耕地
比例尺1:50 000
1.5 0 1 2 3 4km

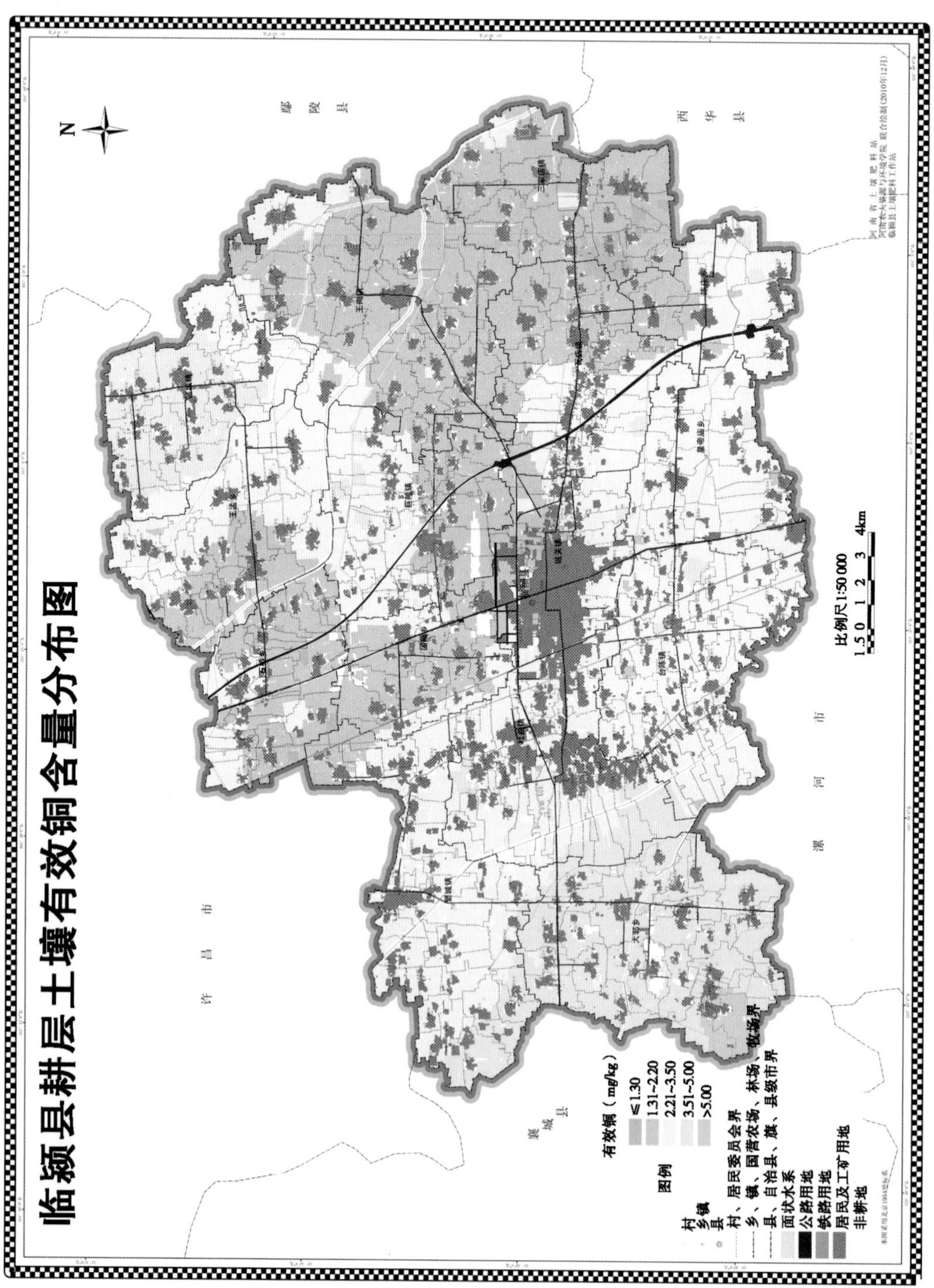
临颍县耕层土壤有效铜含量分布图
N
鄢陵县
西华县
许昌市
襄城县
漯河市
图例
有效铜（mg/kg）
≤1.30
1.31~2.20
2.21~3.50
3.51~5.00
>5.00
村
乡镇
县
村、居民委员会界
乡、镇、国营农场、林场、牧场界
县、自治县、旗、县级市界
面状水系
公路用地
铁路用地
居民及工矿用地
非耕地
比例尺1:50 000
1.5 0 1 2 3 4km

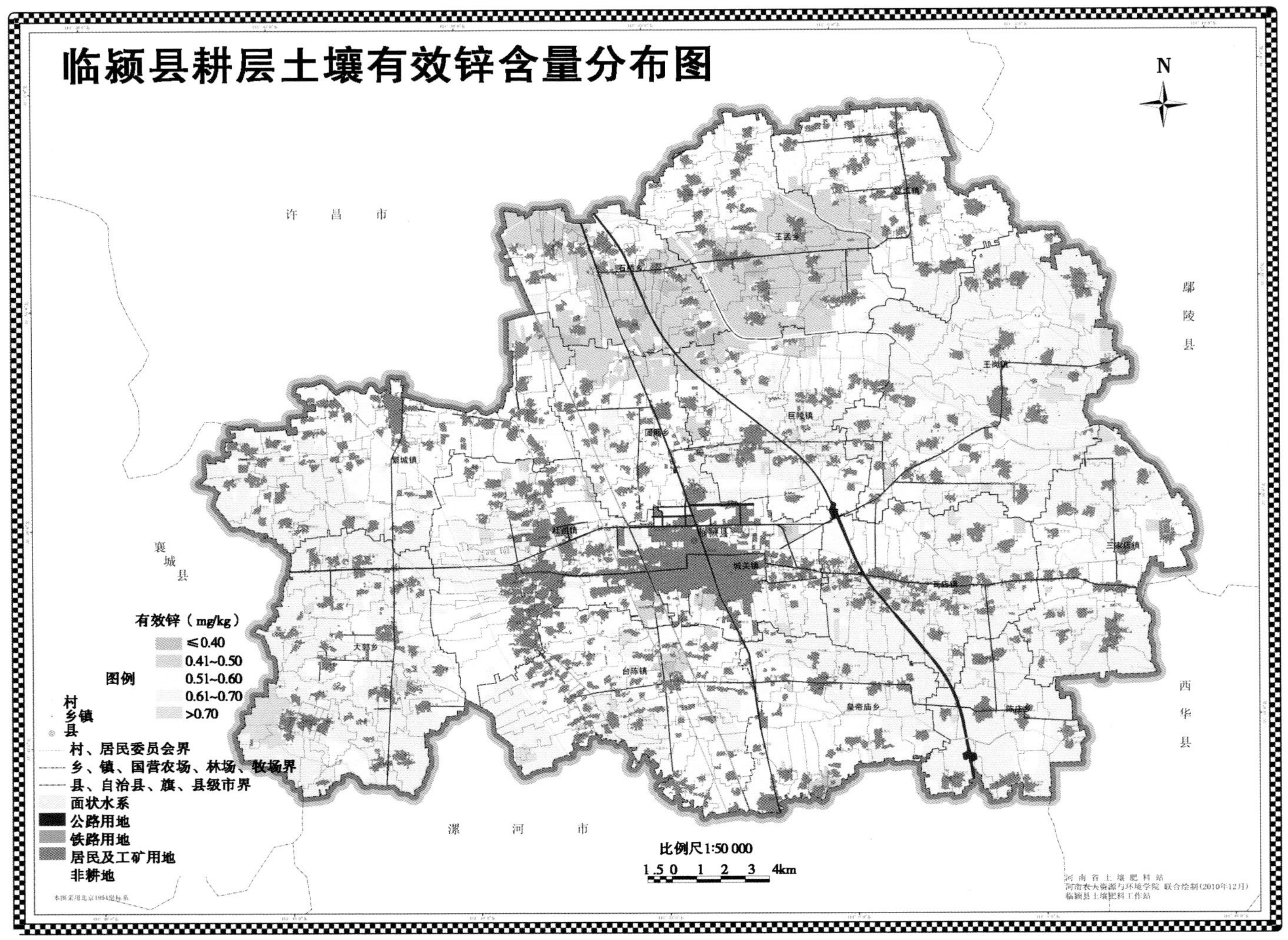
临颍县耕层土壤有效锌含量分布图
N
许昌市
鄢陵县
襄城县
西华县
漯河市
城关镇
有效锌（mg/kg）
≤0.40
0.41~0.50
0.51~0.60
0.61~0.70
>0.70
图例
村
乡镇
县
村、居民委员会界
乡、镇、国营农场、林场、牧场界
县、自治县、旗、县级市界
面状水系
公路用地
铁路用地
居民及工矿用地
非耕地
比例尺1:50 000
1.5 0 1 2 3 4km

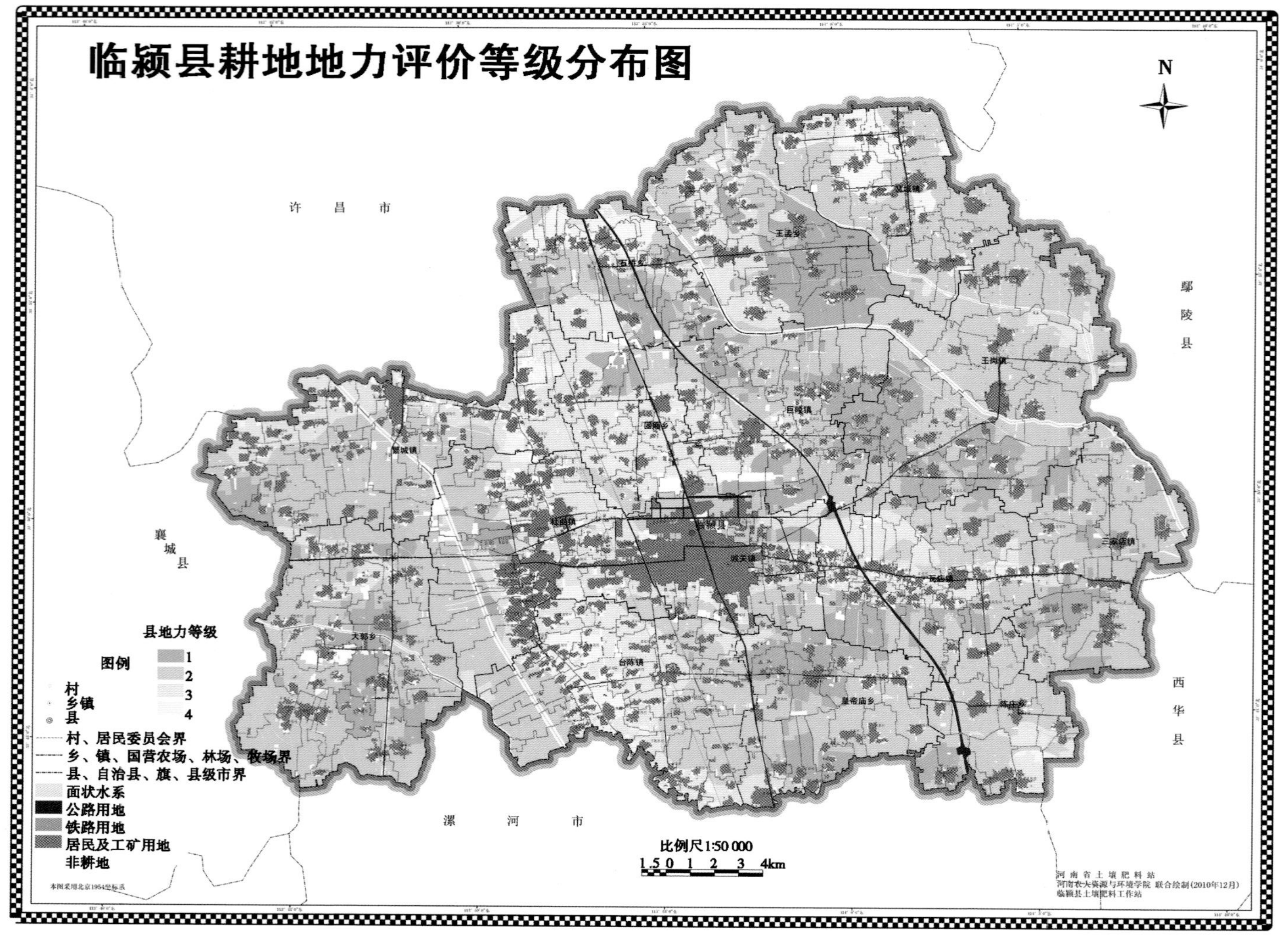
临颍县耕地地力评价等级分布图
N
许昌市
鄢陵县
襄城县
西华县
漯河市
县地力等级
图例
1
2
3
4
村
乡镇
县
村、居民委员会界
乡、镇、国营农场、林场、牧场界
县、自治县、旗、县级市界
面状水系
公路用地
铁路用地
居民及工矿用地
非耕地
比例尺1:50 000
1.5 0 1 2 3 4km
河南省土壤肥料站
河南农大资源与环境学院 联合绘制(2010年12月)
临颍县土壤肥料工作站

临颍县小麦适宜性分布图
N
许昌市
鄢陵县
襄城县
西华县
漯河市
图例
适宜性
勉强适宜
适宜
高度适宜
村
乡镇
县
村、居民委员会界
乡、镇、国营农场、林场、牧场界
县、自治县、旗、县级市界
面状水系
公路用地
铁路用地
居民及工矿用地
非耕地
比例尺1:50 000
1.5 0 1 2 3 4km
河南省土壤肥料站
河南农大资源与环境学院 联合绘制(2010年12月)
临颍县土壤肥料工作站
本图采用北京1954坐标系

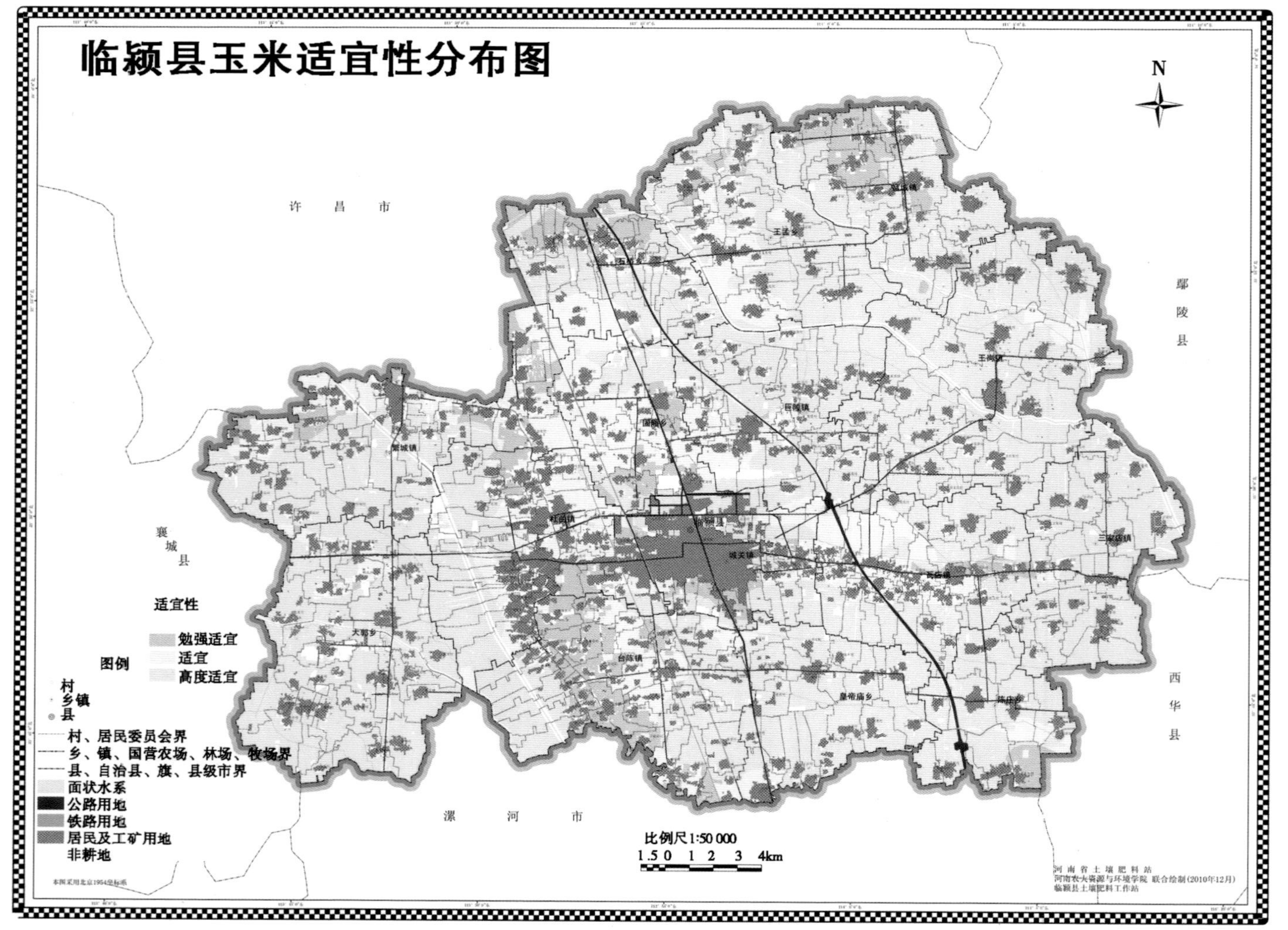
临颍县玉米适宜性分布图
N
许昌市
鄢陵县
西华县
漯河市
襄城县
适宜性
勉强适宜
适宜
高度适宜
图例
村
乡镇
县
村、居民委员会界
乡、镇、国营农场、林场、牧场界
县、自治县、旗、县级市界
面状水系
公路用地
铁路用地
居民及工矿用地
非耕地
比例尺1:50 000
1.5 0 1 2 3 4km
河南省土壤肥料站
河南农大资源与环境学院 联合绘制(2010年12月)
临颍县土壤肥料工作站
本图采用北京1954坐标系